조엘 드 로스네

미래를 원한다

공생적 인간 : 2000년대 인간형

김덕희＋문 선 옮김

東文選

L'HOMME SYMBIOTIQUE
by Joël de Rosnay

Copyright © 1995 by Joël de Rosnay
All rights reserved.
Korean Translation Copyright © 1998 by Dongmoonsun

Korean edition is published by arrangement
with Editions du Seuil through Imprima Korea Agency

머리글

나는 항상 분자에 대해 흥미가 있었다. 1965년 파스퇴르연구소에서 박사학위를 마친 뒤, 분자생물학이라는 신생 분야에 대한 책을 썼다. 일종의 대중서인 이 책에 《생의 기원》이라는 제목을 붙였다. 그 당시 나의 흥미를 끌었던 것은, 대기와 해양에서 생겨난 구성 물질로부터 비롯된 생명체가 지구상에 출현했다는 사실이었다. 생명체의 가장 미시적 단위인 세포의 그 복잡한 형태가 어떻게 생겨난 것일까?

1967년부터 1971년까지 보스턴의 매사추세츠공과대학(MIT)에서 연구와 강의를 한 후——그때 컴퓨터에 대한 지식을 덤으로 얻게 되었다——기술기업 창업 및 재정지원 전문 벤처기업에서 일하게 되었다. 그리고 그곳에서 일한 것이 나에게는 기업체·경제, 그리고 법규 사이에 일어나는 대순환의 복합성을 새로이 발견할 수 있는 기회가 되었다.

이 무한복합성을 보다 잘 표현하기 위하여, 나는 상징적인 도구를 만들어 '거시경'이라 부르기로 하였다. 그리고 보다 체계적인 접근법을 다룬 책이 1975년 출간되었을 때, 바로 이 거시경이라는 이름을 붙였다. 거시경은 무한소를 관찰하는 현미경과 무한대를 관측하는 망원경을 보완해 주었으며, 복합성을 보다 더 잘 파악하는 데 쓰이는 새로운 도구가 되었다.

개인용 마이크로컴퓨터를 사용한 지 12년이 흐른 지금, 내가 그려 왔던 그 상징적인 도구가 현존하고 있는 것처럼 보인다. 시뮬레이션 기능을 가진 컴퓨터가 거시경이 된 것이다. 컴퓨터를 사용함으로써 우리는 복합성에 대한 이해를 보다 잘할 수 있게 되었다. 그리고 우리가 세포가 되어 이루고 있는 이 거대한 체계 ——기업, 도시, 경제, 사회, 생태계 등——를 보다 더 효율적으로 구축하고 운영할 수가 있다. 이 새로운 거시경 덕분에 또 다른 세계관이 생겨나고 있다. 이런 세계관은 자체 조직작용(auto-organisation)과 복합구조 발전과정이 통합된 연구방법에 기초를 두고 있다. 이런 새로운 사상을 '복합과학' 이라고 부르기도 한다.

이 종합적 견해를 가지고, 나는 지구상의 새로운 형태를 띤 생의 기원에 대해 말하고자 한다. 그것은 인간과 기계, 조직, 정보통신망, 국가가 모두 모여 이룬 지구상의 거대 유기체의 기원이다. 아직 태동기에 있는 이 거대 유기체는 지구 생태계와 공생적 관계로 살고자 애쓰고 있다.

내가 이 책에서 말하고자 하는 것은, 이런 거대 생명체의 출현에 대한 이야기이다. 우리가 이번에는 직접 세포로 구성되어 들어가게 되는 생의 기원에 대한 새로운 이야기인 것이다. 그리고 우리가 아직도 어림잡아 만들어 가려는 미래에 대해 설명해 주고자 하는 이야기인 것이다. 그것은 공생적 인간의 미래이다.

나는 이 작업이 방대하다는 것과, 이런 계획이 야심찬 것이라는 사실도 잘 알고 있다. 이것은 미래에 대한 시나리오라기보다는 실현가능한 '유토피아'로 볼 수도 있을 것이다. 미래사회를 함께 건설하기 위한 현재의 우리 행동에 의미를 부여하기 위해 쓴 또 하나의 유토피아라고 볼 수도 있을 것이다.

* 참조: 내용의 이해를 돕기 위해 일상적으로 쓰이지 않는 어휘는 권말에 설명해 두었다.

차 례

머리글 3

서 론 11

역사와 자연 11
사이바이온트의 비유 13
신복합과학 15
범세계적 공생 17
만들어야 할 세계 19
프랙탈 구조로 씌어진 책 21

I 자연과 사회에 대한 통합적 시각

1 분자, 곤충, 인간 25

미래를 여는 열쇠 : 복합성을 잡아라 25
효용순환고리의 마술 29
21세기 과학의 창발 33
부분과 전체를 융화시킨다는 것 35
카오스 : 숨겨진 조직? 40
카오스 이론의 이해를 위하여 : 컴퓨터-거시경 43
신기한 새와 가상개미 47
꿀벌집단의 민주적 선택 53
질서와 무질서 사이, 그 이상한 경계 56
자체 조직작용의 일반적 이론 59

2 사이바이온트의 탄생 : 새로운 생의 기원 65

우리들의 기원에 대한 회고 65

사이바이온트의 생명기능 출현 : 공동진화 —————— 68

산업혁명 : 석탄에서 자동차로 —————— 72

생물학적 혁명 : 농장에서 DNA 조절까지 —————— 75

정보혁명 : 문자에서 마이크로프로세서로 —————— 79

정보통신매체의 변형 : 멀티미디어에서 유니미디어로 —————— 82

인터넷 : 범세계적 두뇌의 생성 —————— 88

종합적 삶을 향하여? —————— 95

컴퓨터상의 생물학적 진화 —————— 98

곤충로봇 군단 —————— 101

Ⅱ 공생적 인간으로

3 지구의 뉴런들 ————————————————————— 107

자연의 위대한 발견 —————— 107

공생의 이점 : 이끼·산호초·난초 —————— 110

기계의 거시생물학 : 새로운 공생? —————— 112

인간과 기계와의 새로운 인터페이스 —————— 115

컴퓨터가 인간을 배울 때 —————— 119

두뇌에 접속된 컴퓨터 —————— 122

생물학과 컴퓨터공학의 결합 —————— 126

바이오컴퓨터를 위한 바이오칩 —————— 129

공생적 인간의 새로운 의미 —————— 132

망막-화면과 기억이식 —————— 136

가상현실 : 복제와 편재성 —————— 138

올리버와 사라 : 인텔리전트 에이전트 —————— 143

4 사이바이온트의 일상생활 ————————————————— 151

범세계적 거대 유기체 —————— 151

지구 차원에서의 필수 기능들 —————— 153

가이아와 데이지 꽃의 세계 —————— 158

환경 : 자연의 경제 —————— 162

경제 : 살아 있는 생태 시스템 —————— 164

이기적 시민에서 환경 시민으로 —————— 166

가이아와 사이바이온트의 공생 —————— 169

사이버 공간을 항해하는 사람들 —————— 173

정보권 속으로의 여행 —————— 175

하이퍼네트워크의 이상한 종족 —————— 178

상상을 넘어서 : 가상현실 —————— 181

사이바이온트의 정신 —————— 185

Ⅲ 미래를 원한다면

5 인도하는 것 : 복합성의 경영 —————— 191

세상으로 돌아와: 분열된 세계에의 도전 —————— 191

사이바이온트의 혜택 : 포섭술 —————— 195

정부, 인공지능학, 시민 —————— 197

대량 세계유통의 제어 —————— 200

카오스의 언저리 : 민주주의·독재·무정부주의 —————— 205

미래정부 : 결정론과 자유 사이에서 —————— 208

인간 : 개인적으로는 천재, 집단적으로는 바보 —————— 212

참정적 민주주의와 사회적 피드백 —————— 215

새로운 정치지도자들 —————— 219

언론 특권의 위험 —————— 222

경제제일주의의 한계 —————— 224

조절된 적응적인 발전을 위하여 —————— 228

미래를 위한 우선 과제 —————— 231

6 생산하는 것 : 2000년대의 산업 —————— 235

미래의 기업과 조직 —————— 235

지능적 기업, 가상기업 —————— 239

네트워크식 연구, 프랙탈식 생산 —————— 242

마법의 수정 구슬 : 시스템학적 미래 예견 —————— 247

무형산업 —————— 249

재택근무와 화상교육 —————— 252

네트워크의 경제 : 해킹과 비밀코드 —————— 257

배운다는 것은 제거한다는 것이다 —————— 260

사이버 공간의 새로운 시장 ----------- 263
역마케팅과 선별마케팅 ----------- 265
기생경제, 빅 브라더, 전자마약 ----------- 267
보이지 않는 산업 ----------- 270
초정밀공학의 비약적 발전 ----------- 273
다중성의 승리 : 병렬처리와 벨크로 효과 ----------- 276
거시계획과 거시조절 ----------- 280
미래의 특종 기사 : 다음 세기의 혁신 ----------- 284

7 원하는 것 : 새로운 세상을 위한 가치와 문화 ----------- 295
세상을 만드는 여성적 가치들 ----------- 295
공생적 인간의 프랙탈 지식 ----------- 298
레이스 · 모자이크 · 대성당 : 프랙탈 커뮤니케이션 ----------- 301
장시간 · 단시간 : 교육과 텔레비전 ----------- 304
전자오락 : 대화식 하이퍼미디어 ----------- 309
학교교육의 재편성 ----------- 312
라마르크식 문화 전달 ----------- 315
창발, 변이, 혁명 ----------- 319
정보 : 잠재적 시간? ----------- 321
프랙탈 시간 ----------- 325
시간-자본의 이익을 즐기는 것 ----------- 329
사이바이온트와 21세기 인간 ----------- 332
공생적 인간의 10가지 황금률 ----------- 336
새로운 인본주의의 가치들 ----------- 339

결 론 ----------- 345
벌써, 2500년? ----------- 345
다섯번째 패러다임 ----------- 347

어휘 해설 ----------- 349
색 인 ----------- 355

미래를 원한다

공생적 인간 : 2000년대 인간형

서 론

역사와 자연

　정치가들의 미래에 대한 근시안적인 태도는 때로 한심하기 짝이 없다. 10년을 마치 영원한 것처럼 보고 있다. 세상은 매우 복잡한 것이므로, 이 세상이 어떻게 변해 갈지는 아무도 예측할 수 없다. 미래는 베일에 가려져 있다. 비록 2000년을 눈앞에 둔 시점이라 하더라도 어느 누가 2030년경의(한 세대 후의) 기술선진국의 사회구조를, 그리고 또 이런 국가와 후진국과의 관계를 미리 그려 볼 수 있단 말인가. 다음 세기에 대한 인구증가(30년 후에는 1백억이 된다)와 분야별 기술발전의 외삽법적 시각은 차치하고라도, 미래는 여전히 불투명하다. 우리 앞에는 벽이 하나 놓여 있다. 2000년, 오랫동안 신비한 미래의 지평선처럼 여겨왔던 2000년은 이제 진부한 것이 되어 버렸고, 2100년조차도 현재 진행중인 사업운영적 측면에서 거의 흥미를 끌지 못한다. 미래는 주로 차기 선거기간에 초점이 맞추어진 사람들간의 토론으로 한정될 뿐이다.

　전문가들은 예측이란 불가능하다고 말한다. 왜냐하면 변화는 혼란스럽고 일관성이 없거나 우연하게, 또는 가시덤불처럼 뒤엉켜 이루어지며, 때로는 침체기 후 갑작스럽게 가속이 붙은 형태로 이루어질 수도 있기 때문이다. 뜻밖에 일어난 어떤 진부한 사건이 매스컴에 의해 부풀려져서 한 나라의 운명을 바꿔 놓을 수도 있다. 이것이 바로 카오스 이론의 주창자 중 한 사람인 에드워드 로렌츠에 의해 널리 알려진 '나비 효과'라는 것이다. 그의 유명한 표현을 빌리자면, 싱가포르의 한 나비의 푸드덕하는 날개짓이 대기 중 기단(氣團)의 불안정 때문에 카리브 해의 돌풍을 일으킬 수도 있다는 것이다.

  3년 후의 이 상황에 대하여 어떤 전반적 예측도 현실성이 없는 것처럼 보인다. 베를린 장벽 붕괴에 이은 구소련의 붕괴, 이스라엘과 팔레스타인과의 평화협정, 혹은 에이즈의 경제적·정치적 충격을 그 예로 들 수 있을 것이다. 이 모든 사건들은 15년 전만 하더라도 상상할 수 없는 일이었다. 물론 사건은 역사를 만들어 간다. 그렇지만 변화의 과정과 더불어 역사를 기록한다는 것은 더 이상 정치가·경제인·실업가·언론인·사회학자 들만의 몫은 아니다. 우리 사회를 지배하는 법칙보다 더 강한 자연의 법칙이 있다. 분자와 세포, 곤충과 인간이 이룬 조직, 즉 자연계가 지키고 있는 법칙이다. 수용하기 어려운 이 법칙들을 더 잘 알게 되면, 우리들이 나아갈 길을 더 잘 알게 될 것이다.

  이 법칙들을 파악하려는 학문이 생겨나려고 한다. 이 학문은 사회의 전통적 정치경제 운영방식과, 복합과학의 통합에서 생겨난 계기판과 도구들을 이용한 운영방식과의 타협에 기초가 되는 학문이다. '인공지능학(cybernetics; 기계를 다루는 기술)'이라는 말과 '정부(gouvernment; 복합적인 조직을 운영하는 기술)'라는 말은 같은 어원을 가지고 있음에 주목하도록 하자. (그리스어로 kubernetes는 배의 키, 혹은 키잡이라는 뜻이다.)

사이바이온트의 비유

역사도 정치도 우리에게 미래를 설명해 줄 수는 없다. 그렇다면 자연의 여러 가지 상황이 우리에게 보여 주고 있는 것은 무엇인가? 많은 혼란이 일어날 것이라는 사실을 가르쳐 주고 있다. 예컨대 지구상에 새로운 생명이 싹트리라는 것을 말이다. 물론 생명이 사라진 적은 없다. 오히려 번창일로에 있을 뿐이다. 바로 인구폭발과 같은 것이 그러한 생명의 활기를 상기시키고 있지 않은가? 그렇지만 이번에는 새로운 형태의 생명이다. 진화의 법칙으로는 아직까지 다다른 적이 없는 조직을 가진 생명 말이다. 다시 말하면 인류와 공생관계에 있게 되는, 범세계적 규모의 '거대 생명체'이다. 생물학적이면서 동시에 역학적이고 전자학적인 이 '혼합' 생명이 우리 눈앞에서 태어나고 있다. 우리는 이 생명체의 세포이다. 모르는 사이에, 우리는 이 생명체의 신진대사와 순환 및 신경계를 만드는 일에 기여하고 있다. 이러한 조직을 우리는 경제·시장·도로망·통신·정보고속도로망이라고 부르고 있으며, 이것이 바로 현재 생성중에 있는 거대 유기체의 생명 유지에 필요한 기관과 조직인 것이다. 2000년대에는 이 유기체가 인간의 미래를 뒤흔들어 놓을 것이고, 인류의 발전 방향을 결정할 것이다.

이러한 조직의 탄생, 그리고 그것이 우리의 실생활에 주는 의미, 또한 미래를 건설하는 데 있어서 우리의 개별적 혹은 공동의 결정사항은 무엇인가를 짚어 보는 것이 바로 이 책의 주제가 될 것이다.

전혀 새로운 형태의 이 생명체에 이름을 붙여야 한다. 나는 이 세계적 규모의 유기체에 인공지능학(cybernetics)과 생물학(biology)에서 따온 '사이바이온트(cybionte)'라는 이름을 붙이고자 한다. 이제 알게 되겠지만, 이 유기체는 가정된 모델이다. 즉 앞으로 지구상에 있을 법한 인간사회와 생활, 물질의 발전과정을 예측해 보는 데 유용한 일종의 비유인 셈이다. 이 거대 유기체는 정확히 어느 시기라고는 할 수 없는 미래에(그 시기는 별로 중요하지 않다. 2500년 이전이 될지 2500년 이후가 될지는 모르지만) 이미 원시적인 상태로 존재하면서, 그 총체적 삶을 누리고 있을 것이다. 이 유기체는 단번에 탄생되지도 않을 것이고, 또 완성되지도 않을 것이다. 나는 단지 그것에 대해 일화적이고 서술적인 방식으로 가능한 한 멀리까지 그려 보고자 할 따름이다.

이러한 모델을 설정한 이유는, 그것이 미래사회를 전망하는 데 필요한 방법이라고 생각하기 때문이다. 그리고 그 이점은 우리에게 회고전망적 방법으로 바로 현재를 파악할 수 있게 해준다는 데 있다. 인간과 사이바이온트 사이의 공생관계를 상상하면——아니 그보다는 눈앞에 생생하게 그려 보면——어떤 방식, 어떤 구조, 어떤 단계를 선택해야 할 것인가가 가능해진다. 한 모델로부터 출발한——도착점이 아니고 출발점이다——현재와 미래 사이의 반복된 진행과정 덕분에 제반 사건이나 상황·경향·진화과정 들은 다른 양상을 띠지만, 예측하기와 가치등급을 매기고 결정을 내리기가 용이해진다. 고전적 외삽법으로 보면 예측불가능한 미래세계는, 회고전망적 방법을 쓰면 건설적인 가설로 예측가능해진다. 예견, 검증, 논리적 일관성 사이를 오간다면 어떤 사실의 가치평가가 가능해진다. 불확실한 미래를 향해 떨어져 나간 어떤 상황에 대한 분석보다는 그 안에 미래를 담고, 과도기적인 모델로 수렴되는 사실들을 종합하는 일이야말로 이 새로운 예측방법을 풍부하게 해주는 것이다. 미국 컴퓨터회사인 제록스사의 연구원들의 구호처럼, 내일이 어떤지 가장 잘 예언하는 방법은 바로 내일을 창조하는 것이다.

신복합과학

물론 이를 위해서는 고성능의 새로운 도구가 있어야 한다. 복합적인 것을 단순한 요소로 나누는 데카르트적인 분석방법은 더 이상 한 시스템의 역학관계와 진화과정을 파악하기에 충분치 않다. 결정요인들을 이러저러한 메커니즘의 기능 속에 고립시키기에 알맞은 이 분석방법은, 자체 조직이나 자율선택과 같은 과정은 파악할 수 없다. 그래서 1950년대에 인공지능학과 시스템 이론의 비약적 발전에서 생겨난 시스템론적 방법이 전통적 분석방법을 보완하기 시작했다. 시스템 이론은 시스템을 이루고 있는 다양한 요소들 사이의 관계, 그것들의 조직화 정도와 그 상호작용의 역학관계에 중점을 둔다. 그렇게 함으로써 복합성을 더 잘 표현하는, 특히 이에 대해 더 효과적으로 대응할 수 있게 해주었다. 데카르트적 방법과 시스템론적 방법은 상호보완적 관계라는 사실을 이 책의 첫장에서 보게 될 것이다.

최근 몇 년간 이 서로 다른 분석법간의 수준 높은 통합이 이루어졌다. 이 통합은 카오스 이론과 자체 조직이론을 합한 복합과학에 의해 완성되었다. 이 통합을 통해 물리적·생물학적·사회적, 혹은 환경적 구조를 새로운 시각으로 보게 되었다. 이 접근법은 자연에게 위에서 언급한 그 거대한 불변성을 벗어 버리고, 보편성을 드러내게 한 것이다. 거시경의 대상인 시스템 이론은 이 복합성을 더 잘 '이해할 수' 있도록 해주는 서술적·교육적 과정이었다. 이 새로운 접근법은 복합성에 '대응하는' 방법을 제시한다. 그리고 이 방법을 통해 우리는 어떤 한 수준의 조직체와, 이 조직체가 그 구성 요소가 되는 다른 조직체 사이의 전이가 어떻게 일어나는지를 알 수 있다. 자연은 사실상 조직들 혹은 기능들의 상하간 통합이 이루어지며, 그렇게 모인 것은 더 높은 층위에서 재통합되는 과정이 진행되는 것이다. 세포에서 유

기체로, 유기체에서 동식물군으로, 동식물군에서 생태계로……. 이 책
제I부의 마지막 부분에서 언급하게 되겠지만, 이래서 자체 조직체계
와 복합 시스템역학의 합성이론을 내놓는 것이 가능하다. 이 이론은
우리가 공생적 인간으로서 자유롭게 살아가는 데 필요한 최적의 구조
와 기능을 자연과의 조화를 통해 선택할 수 있게 해주어, 우리의 미
래를 밝혀 주는 데 없어서는 안 될 이론이 될 것이다. 그러므로 이 통
합이론이 이 책의 주제를 이끌어가게 될 것이다.

이 모든 과정에서 내가 사용하는 도구는 컴퓨터이다. 촉매 역할을
하는 컴퓨터뿐만 아니라, 복합성의 직접적인 관찰도구로서의 컴퓨터
도 포함된다. 즉 '거시경'——컴퓨터를 말한다. 컴퓨터의 모사기능 덕
분에 실험실에서 전통적 방법으로 했던 실험을 컴퓨터상에서 할 수
있게 되었다. 예를 들면 복합과학의 선구자들은 컴퓨터를 사용하여
생명의 기원, 생물학적 진화, 혼돈에서 질서가 창조되는 과정, 생태계
나 경제의 통제된 작동상황 등을 더 잘 이해할 수 있었다. 컴퓨터의
이 새로운 기능은——복합성을 연구하는 도구와, 자체 조직작용의 기
본 법칙을 끌어낼 수 있는 모의실험을 다루게 되는——이 책의 첫장
에서 설명될 것이다.

자연에 대한 이런 새로운 형태의 연구방법은, 바로 이 도구들의 사
용에서 생겨나고 있다. 그것은 바로 분석보다는 종합을 통한 방법이
다. 물질이란 점점 더 복잡한 방향으로 궁극적 진화를 한다는 소립자
론의 인과법칙적 탐구는, 세계를 더 잘 알게도 더 가깝게도 만들어
주지 않는다. 오히려 분석하면 할수록 의미 있는 설명은 불가능해진
다. 반면 종합이라는 방법을 써서——물론 컴퓨터를 사용하여——보다
복잡한 생명체에서 요소들이 어떻게 조합되는가, 혹은 이 상호작용들
로부터 생겨난 물질이 어떻게 일반화된 진화과정을 거치는가를 보면,
우리는 자연에 더 가까이 갈 수 있다. 우리들도 자연의 일부분이다.
모든 의식적인 행동을 세우고 또 그 의미를 부여하면서, 이 세계에서

우리의 위치와 우리의 역할도 더 잘 이해할 수 있게 된다. 인공생명 혹은 가상현실과 같은 새롭기도 하고, 또 때로는 불안하기도 한 분야들이 등장하는 것은 복합과학의 새로운 패러다임의 범주에 속한다.

범세계적 공생

21세기 인류의 가장 큰 과제 중 하나는, 인류를 위해 사려 깊고 현명한 공생적 동반자를 구축하는 것이다. 생물학적·사회기술적 진화의 다음 단계인 이 단계는 이미 시작되었다. 생명체의 기본 조직과 기능은 원시세포의 근원을 연구하는 분자생물학적 진화론에서 선별되었다. DNA, 세포막, 에너지 중심체계, 운반체계, 발효, 광합성, 호흡작용으로 된 기초 대사체계 등이 그것이다. 그러나 오늘날 우리는 '내부로부터' 새로운 복합생명을 구축하고 있다. 우리는 생의 새로운 기원이라는 미완의 희곡 속의 배우인 것이다. 지구적 차원에서 보면 원시세포 효소로서, 우리는 우리의 능력을 넘어서는 건물을 전체적인 설계도나 구체적 목표도 없이 혼란스러운 방법으로 짓고 있다. 우리 사회의 에너지, 경제, 환경, 교육기능은 살아 있는 한 거대 유기체의 기초 기능이라는 사실을 인식해야 한다. 그리고 이런 인식은 동기부여도 하지만 책임감도 느끼게 한다. 또한 이런 인식은 세계 발전의 한가운데에서 개인의 역할을 재정립시켜 준다.

이런 시각에서 보면, 오랫동안 해왔던 미래인간의 성격에 대한 질문은 전혀 다른 양상을 띠게 된다. 그는 슈퍼맨도, 바이오로봇도, 슈퍼컴퓨터도, 거대한 기계도 아니다. 미래인간은 다만 자신의 두뇌와 감각과 근육을 외재화시켜 만든 사회체계와 긴밀하게 짝을 이루는 — 인간이 이룰 수만 있다면 — '공생적 인간'일 뿐이다. 우리는 세포의 생명에 의존해 살며 영양을 공급받는 하나의 거대 유기체, 지구의 뉴런(neuron)들이 되어가고 있는 것이다.

자신의 지능을 이용하여 생물을 지배하고자 했던 '호모 사피엔스(homo sapiens),' 도구와 기계를 사용할 줄 아는 '호모 파베르(homo faber),' 혹은 소비자이자 포식자인 '호모 에코노미쿠스(homo economicus)' 이후에, 자신보다 더 큰 존재와 더불어 사는 공생적 인간의 시대가 도래하였다. 공생적 인간은 이 큰 존재를 탄생시키는 데 일조하였고, 또한 역으로 후자도 전자를 탄생시켰다.

1975년에 발간된 《거시경》에서 나는, 여기서 내가 설명하고자 하는 새로운 집합적 생의 형태에 대한 윤곽을 그리고자 했었다.

지구는 한 육체의 태아와 한 정신의 초안을 품고 있다. 이 육체는 생태계를 구성하는 환경적·경제적 기능 덕택에 살아 있다. 집단의식은 인간두뇌들의 동시 커뮤니케이션으로부터 생겨난다. ……그것은 자연의 운영이라는 차원을 넘어, 서로의 이익을 위해 서로를 이용하는 인간사회와 생태계간의 관계가 공생적이라고 인식하는 것이다.

지구상의 이 거대 유기체의 출현과정과 공생적 인간의 출현조건이 이 책 제I부의 주제가 될 것이다. 그리고 그 출현과정의 주요 3단계를 강조하게 될 것이다. 자체 조직작용, 동반진화과정, 그리고 공생이 그것이다.

이 책의 제II부는 인간두뇌와 컴퓨터, 범세계적 지능 사이의 관계를 다루게 될 것이다. 다시 말하면 사이바이온트의 일상생활을 그려 보고, 그리고 통신에 의해 내면화된 새로운 공간 안에서 두뇌와 네트워크 사이의 공생에 의해 나타나는 집단의식에 대한 서술로 이어질 것이다.

만들어야 할 세계

　나는 이런 접근방식의 위험에 대해 충분히 인식하고 있다. '유일한' 범세계적 거대 유기체, 사이바이온트가 모든 인간사회 형태의 수렴점일까? 세계의 다양성이 이 단순한 모델로 축소될 수는 없을 것이다. 게다가 사이바이온트의 범세계적 두뇌(인간두뇌, 컴퓨터, 그리고 상호연결된 통신망)와, 이 유기체의 자기보전적 대사작용(경제, 세계 자원관리)은 기술산업적 선진국가들간의 동반진화로 이루어진다. 이 유기체의 구성에 나머지 다른 국가들은 어떤 의미가 있는가? 이런 초기술성에 대한 합법적 거부반응은 어떻게 해석될까? 통합주의와 이데올로기는 인간사회 밑바탕에서 작용하고 있다. 다음에 보게 되겠지만, 여러 사회는——비록 시계로 측정되는 보편적 시간 속에서 공존하고 있기는 하지만——상이한 밀도의 시간의 기포 속에서 존재하고 있다.

　이런 질문들에 답하기 위해 이 책의 제Ⅲ부에서는 정치·산업·교육방법, 미래에 대한 가치, 그리고 이에 대한 여타의 다양한 경향이나 방식을 다룰 것이다. 그러나 다시 한 번 강조할 것은, 사이바이온트의 비유는 어떤 인식을 돕기 위한 가정되고 단순화된 하나의 모델이라는 사실이다. 그 인식은 바로 인류가 자신들이 만든 기계·기구 들과 더불어 발전하는 단계, 나에게는 최소한 그렇게 여겨지는 미래의 단계라는 인식이다.

　나의 이런 시도는 많은 위험이 따를 것이다. 자연적인 것과 인공적인 것 사이의 경계를 무너뜨리려는 시도는 축소주의의, 혹은 사회과학 분야를 정복하려는 자연과학적 제국주의의 위험을 불러일으킬 수도 있다. 나는 인간이 발명한 것을 자체 조직화의 메커니즘에서 비롯된 자연발생적인 산물로 축소시킨다든가, 또는 물리학적·생물학적 법칙들을 사회제도로 확대 적용하려는 것은 아니다. 나의 목표는 유기물 전체의 진화에 적용되는 단순한 법칙들을 강조하고, 그것으로부터 사회 속에서의 우리들의 행동에 필요한 교훈을 끌어내고자 하는 것이다.

인간사회의 조직보다 더 '상위의' 복합성의 수준에 있는 조직체를 인간사회와 공생적 관계 속에 넣으면서 설명하기 시작하면 바이탈리즘과 애니미즘, 그리고 범신론적 측면에서의 비판이 생겨날 것이다. 나의 생각이 신인동형론(神人同形論)이나 애니미즘에 입각한 것은 결코 아니다. 다만 일반적인 시스템론적인 원칙만을 고려했다. 인간사회의 변천에서 생각해 볼 수 있는 미래단계의 이 집단 모델에서는, 어떤 이데올로기도 고려되지 않았다. 내 논리에는 집단주의나 전체주의적 시각은 없다. 다만 분자에서 인간사회에 이르는 복합 시스템의 구성 요소들이 갖는 집단성이, 단계적으로 모인 제반 조직의 본질만이 개입될 뿐이다. 사이바이온트의 생명기능을 부각시켜 주는 기술적인 진보를 강조하기는 하지만, 종교의 영향이나 경제적·사회적 불평등, 공포, 폭력, 질병, 기아, 전쟁도 고려하고 있다. 이 책의 마지막장에서 설명하겠지만, 우리의 세계관은 세상의 변천에 대한 대중매체의 전달 과정에서 왜곡되었다. 큰 재앙, 사회적 비극, 충격적 사건, 전쟁, 폭동, 테러, 마약, 전염병은 책임감 있는 구제활동 의욕을 저하시키는 가장 눈에 띄는 현상들이다. 그렇지만 세상이 더 좋아지도록 하기 위해서는 세상을 더 잘 이해하여야 한다. 포괄적인 접근방식으로 이루어진 자연계에서의 우리의 역할에 대한 새로운 시각은 이런 일을 가능케 해준다.

낙관적인 시각을 가지고 새로 만들어야 할 세상에 접근해 보자. 나는 나의 전문 분야인 과학기술 범주 안에서만 보도록 하겠지만, 사회 발달의 정신적·정치적·경제적 행위의 중요성으로 보완해야 한다는 점도 인식하고 있다. 인공지능학과 인간의 정치제도는 상호보완관계에 있기 때문이다. 그러나 나는 여기서 개인적·집단적 책임을 수행하는 일면만을 생각해 보겠다. 그것은 곧 과학기술의 진보에서 발생하는 일면을 말하는 것이다. 이 글은 논문도 아니고, 독트린도 아니고, 교훈도 아니다. 이 글은 우리 인류의 발전에 새로운 관점을 제시하고, 미래세계의 건설을 위한 새로운 여정을 발견하도록 하는 한 시도일 뿐이다.

프랙탈 구조로 씌어진 책

　이 책의 구조에 대해서 한 마디 덧붙이자면, 이 책은 새로운 의사전달방식을 제시하고 있다. 나는 이 형태를 프랙탈 전달방식이라고 부른다. 1969년 프랑스의 수학자 브누아 만델브로에 의해 처음으로 씌어진 이 단어는, 그것을 관찰하는 위상이 어떠하든지간에 그 형태나 구조가 자신과 유사한 모든 것에 사용된다. 그래서 큰 나뭇가지를 닮은 작은 나뭇가지, 그리고 나무 한 그루를 닮은 큰 나뭇가지, 고사리 한 포기를 닮은 고사리 한 줄기, 결정체 구조를 이루는 최소 구조를 닮은 눈〔雪〕 결정체, 언덕의 가장 작은 바위를 닮은 바위 언덕의 단면의 경우에서 보듯이, 프랙탈 구조는 이 모든 수준의 관찰에 섬세하게 적용된다. 이 책에서 나는 프랙탈식 전달방식을 사용하겠다. 논문에서와 같이 임의의 순서에 따라 논지를 늘어 놓는 선형적이고 연속적인 서술이 아니라, 프랙탈 형태로 조직된 일련의 모듈(modules)로 내 생각들을 전하려고 한다. 각각의 단어로부터 한 페이지가 나올 수도 있고, 한 페이지로부터 한 권의 책이 나올 수도 있다. 순서대로 늘어 놓는 전통적인 방식이 반복을 피할 수 있다면, 나는 반복을 걱정하지 않는다. 한 번 다루어진 주제가, 뒷부분에서 더 발전되어 더 명확하게 다른 맥락에서 다시 다루어질 수도 있다. 이 책의 세분화된 전달형식은 한 형식을 다른 형식 속에 끼워넣는 것이다. 단순한 한

서론 21

문장이 내 이론 전체를 내포할 수도 있다. 그리고 한 단원의 중복된 부분이 이미 다른 맥락에서 취급된 주제를 풍부하게 해줄 수도 있다.

단순 반복의 수학적 법칙으로부터 매우 복잡한 프랙탈 형식을 끌어낼 수 있다. 복합성은 공유된 단순성으로부터 나오는 것이다. 이것은 자연의 위대한 법칙들 가운데 하나이다. 이 책이 단순한 복합성의 시작이 되기를 바란다.

I

자연과 사회에 대한 통합적 시각

1

분자, 곤충, 인간

미래를 여는 열쇠 : 복합성을 잡아라

20세기 말에 우리는 진정한 미래의 충격을 생생히 겪고 있다. 그것은 주로 30년 전부터 있어 온 물리학적·생물학적 진보의 결과이다. 물리학과 전자공학은 컴퓨터공학과 통신기술의 발전을 가져왔고, 생물학은 생명공학과 생명산업의 발전을 가져왔다. 물론 인류는 이런 유의 역사적 과도기를 겪은 적이 있다. 농업혁명은 수천 년간 계속되었고, 산업혁명도 1세기 이상 지속되었다. 우리는 이제 정보통신혁명에 접어들었다. 이 혁명은 수십 년에 걸쳐 이루어질 것이다. 이 혁명은 우리가 맡고 있는 시스템과 네트워크인, 사회와 조직을 더욱더 복합적으로 만들어 줄 것이다. 이 복합성은 전통적 방법의 분석과 행동에 어긋나는 것이다.

우리는 이런 변화에 대한 준비가 되어 있지 않다. 복합성에 대한 우리의 이론은 아직 분석적인 상태로 있고, 우리의 세계관은 규율에 얽매여 있으며, 우리의 지식은 백과사전적인 채로 있다. 우리는 과거의 데이터를 선형적으로 외삽 추정하기를 계속하고 있다. 반면에 우리가 겪고 있는 변화는 비선형의 기하급수적으로 등가속되고 있다. 정치가,

경제전문가, 세계를 움직이는 사람들은 이 상황과 조직의 복합성을
19세기의 방법에서 따온 지적 도구와 방법을 사용하여 접근한다. 이
방식은 선형등차적(linear and homogeneous) 진보, 그리고 같은 원인
은 같은 결과를 초래하는 안정된 세계의 예를 근거로 한 것이다. 그
러나 결과가 원인에 역반응하고, 프로세스·네트워크·시스템이 풀
수 없는 조직망 속에 뒤섞여 버리는 변화가 일고 있다. 우리가 주역
이 되어 있는 변화를 이해하기 위해서는 새로운 도구와 새로운 사고
방식이 필요하다. 한 걸음 물러나 보는 것이 중요하다. 보다 더 잘 보
기 위해서는 높이 올라가고, 보다 더 잘 이해하기 위해서는 문제에
밀착되는 것이 중요하며, 보다 더 잘 대응하기 위해서는 위치 설정을
잘하는 것이 중요하다.

　생명 혹은 생태계의 복합성은 연역적이거나 귀납적인 논리로 접근
할 수 있다. 분석적 방법으로 단순한 요소로 된 복합성을 분해시키면
도중에 표면에 노출된 성질의 가치를 잃어버릴 수가 있다. 우리가 부
분적 사실로부터 전체를 재구성하면, 그 가정들을 만족시키는 실험적
인 증거들을 얻을 수가 없다. 복합성을 설명하는 데는 분석적 방법과
종합적 방법을 섞는 것이 바람직하다. 예를 들자면, 생태학적 방법은
분석학적 요소가 체계적으로 종합된 것이다. 이 방법은 보편적 법칙
에 맞는 자연현상들과 인간의 개인적·집단적 행위를 연결시킨다.

　최근까지 우리가 세계를 다스리는 방법은, 생태계·생물계·기술계
를 만드는 큰 흐름에 주의를 기울이지 않았다. 우리의 시각과 행동은
주로 역사적인 인간의 창조행위의 개념에 고정되어 있다. 이런 견지
에서 정치가는 세상을 변화시킬 줄 아는 유일한 합법적 존재로 인정
될 수 있다. 그리고 그들이 결정을 내림으로써, 그들은 선택된 방향으
로 사회들을 나아가게 할 수 있는 능력을 갖춘 존재로 인정될 수 있
다. 그러나 움직이고 있는 다른 힘이 있다. 관측할 기구와 방법이 없
어서, 해석할 능력이 없어서, 이 힘은 오랫동안 분석 대상에서 제외되

었다. 그래서 이 힘은 전통적인 정책 결정에서는 거의 다루어지지 않았다. 파악하기 어려운 이 힘은, 여러 분야와 여러 과목에 걸친 지식을 요구한다. 과도하게 전문화된 우리의 세계관 때문에 이 힘을 볼 수 없게 되었던 것이다.

이 큰 힘은 바로 자연의 힘이다. 자체 조직, 자가촉매, 자율선택, 복합성의 상하 등급, 진화의 역학, 자연선택의 법칙이 그것이다. 이 힘이 세상을 만들었다. 원자에서 분자까지, 지구에 살고 있는 생물의 세포도 만들었다. 이제 모든 복합 시스템을 운영하는 데 있어 무시할 수 없는 것은 강한 인력, 중력, 구속력과 같은 것들이다. 이런 기본적인 법칙에 연결되어 있기 때문에, 인간의 책임이 의미가 있게 되는 것이다. 이제부터 인간의 책임은 자연을 더 잘 이용하기 위해 자연의 구속력을 고려해야 하는 데 있다. 기계 에너지를 아끼듯이 인간 에너지를 아낄 줄 아는 것, 인간행위의 효율성을 증대시킬 줄 아는 것, 그리고 인간과 인간의 능력, 인간의 자유에 이로운 방향으로 거대한 변화의 흐름을 이끌어갈 줄 아는 것과 같은 일이다.

만유인력의 법칙과 같은 것은 인간이 자연의 구속력을 극복한 일례이다. 비행기가 나는 것보다 더 자연을 역행하는 일이 어디에 또 있을까? 물론 새는 가벼우므로 날 수 있다. 그렇지만 몇 톤의 무게를 가진 비행기는? 이 기적은 발명가들이 여러 가지 속성들을 조합시켰기 때문에 가능했다. 이런 조합이 없었더라면 모든 비행은 불가능했을 것이다. 예를 들면 중력의 법칙들과 연결된 유체역학의 법칙들, 모터의 추진력과 날개의 항공역학적 형태에 의해 만들어진 양력(揚力)과 같은 것들이다. 이 세 가지 요소 덕분에 비행기가 난다. 마찬가지로 사회제도의 역학도 인간의 법칙만으로는 이루어지지 않는다. 사회제도의 역학도 이제 과학이 이해하고 이용하기 시작한 자연의 보편적인 법칙들을 고려해야만 한다.

그렇다면 무엇이 기본적인 법칙들이며, 또 우리가 관찰할 수 있는 수준에서 그것은 과연 어떻게 나타나고 있는가? 유사성, 가치의 순위, 최적 조건으로 자연과 인간사회라는 매우 상이한 분야에 적용되는 몇 가지 예가 여기 있다.

• 생명, 경제, 생태계의 주요 기능은 같은 형태의 구조를 가지고 있다. 호환이 원활한 통신 네트워크, 에너지 사이클, 정보와 자원의 유통, 교류 인터페이스, 폐쇄제어회로와 같은 구조를 말한다. 또한 면역체계와 신경 호르몬계, 살아 있는 세포의 기능을 작동시키는 에너지를 세포에 공급하는 사이클들이 있다. 재화와 용역의 시장과 증권거래소가 있고, 그리고 생태계의 기본 요소들을 재순환시켜 주는 생물지리화학적인 거대한 사이클도 있다.

왜 이렇게도 다양한 분야간에 유사성이 존재하는가?

• 점점 늘어나는 복합구조를 만들기 위해 자연은 같은 법칙들을 이용한다. 기본 모듈 조합은 상위 레벨을 구성하는 요소가 된다. 소립자, 원자, 분자, 세포, 다세포 생물들, 가족, 부족, 민족, 기업, 도시, 사회, 국가, 생태계는 상호의존적 네트워크로 연결·조립되어진 구성 요소에 입각하여 이루어진다.

왜 이런 식의 구조일까?

• 생명체는 생명을 유지하기에 딱 들어맞는——마치 기적처럼——화학적·물리적 크기(온도, 빛, 대기 및 해수의 성분)를 갖춘 협소한 영역에서만 성장한다.

누가 이런 온도조절장치·광선조절장치를 맞추어 놓고, 이상적인 대기와 해수의 구성 성분을 정해 놓았을까?

• 어떤 형태나 구조 혹은 기능이, 서로 경쟁상태에 있는 다른 형태

들과 구조들·기능들의 집합 속으로부터 창발한다. 이러한 형태·구조·기능은 자율선택에 의해 그 우수성을 인정받아 반드시 거쳐야 할 교차점이 되며, 다음 진화과정의 조건을 결정짓는다. 미분화 액체상태에서 출현한 원시생명세포와 적자생존의 결과인 동식물 종(種), 시장에서 인정받은 신상품과 중심 개념, 필수 작동방법과 보편적인 규칙, 또는 표준의 경우가 그러하다.

왜 이런 것들은 성공하였는데, 자연과 인간의 또 다른 변화는 그럴 수 없었던 것일까?

·컴퓨터와 통신망의 발전은 멀티미디어와 디지털화, 데이터 압축 기술에 의해 가속화되고 있다. 인터넷은 이러한 발전에 힘입어 무질서할 정도로 자연스럽고 폭넓게 발전하고 있다.

누가 이런 발전의 기준과 법칙을 정하였는가?

이런 근본적인 질문에 대한 해답은 복합과학에 의해 처음으로 얻어질 수 있을 것이다. 그리고 일반적인 법칙은 기업, 시장, 국제기구, 경쟁관계에 있는 동물, 곤충사회, 세포진화, 화학반응, 바이러스 번식, 혹성 생성과 같은 분야에도 적용될 수 있다.

효용순환고리의 마술

많은 예를 들 수 있겠으나, 그 중 몇 가지는 잠시 후에 다루기로 하고, 우선 그 총괄성을 잘 보여 주는 번식과 자연선택의 메커니즘에 대해 설명하겠다.

분자학 분야에서는, 이 메커니즘을 자가촉매와 자율선택이라고 부른다. 경제학에서는 수확증가, 효용순환, 눈덩이 효과에 대해 이야기한다. 이런 말들 뒤에는 복합성의 수준이 상승하는 근본적 진화 메커니즘이 숨어 있다.

놀랍게도 분자는 생명이 출현하기 이전부터 번식해 왔다. 상상해 보자. 원시대양에서 한 분자가, 그 주변환경에서 분산된 형태로 존재하는 구성 요소로부터 우연히 조합되는 기나긴 단계를 거쳐 탄생하는 것을 말이다. 이 새로운 분자는 촉매 역할을 하는 특성을 지닌다. 또한 이 분자는 자신의 몇몇 '고유 결합'의 단계를 가속화시킨다. 두번째 분자는 첫번째 것보다 훨씬 빨리 생성되며, 그 이후로는 더욱 빨라진다. 양의 피드백 사이클이 형성된다. 이것이 자가촉매이다. 이 분자들은 주위에 있는 더 단순한 구성체를 분류·선택하여 자신의 고유 구조 속에 통합시킨다. 이 분자들은 점점 더 빨리 번식하고 주변을 침범하기 시작한다. 그리고 자체적으로 도태되기도 한다. 중간 개체의 전이속도를 조절하면서, 또한 더 느린 속도로 진행되는 다른 진화는 당연히 억제하고, 자신이 속해 있는 공간을 전부 점령하기에 이른다.

이러한 현상은 경제 분야에도 관련이 되었으나, 경제학자들은 그 보편성을 발견하는 데 시간이 조금 걸렸다. 전통적인 경제학에서는 진화란 수확체감의 법칙에 따라왔으나, (시장의 포화, 가격 인하의 필요성, 광고 선전, 마진 경쟁 등) 종합과학에서 비롯된 새로운 학파는 수확증대의 법칙에 관심을 갖는다. 이 법칙은 시장 팽창, 신재화 용역의 자율선택, 다른 재화 용역의 경쟁적 배제로 이어진다. 이 재화는 무시할 수 없는 필수적인 것이 되고, 자신과 유사한 상품의 제2, 제3 세대에 자신의 법칙을 가르치게 된다. 이런 재화와 용역이 자가촉매 작용과 자율선택의 법칙으로 한 부문을 점령하게 되는 것을, 신세대 경제학자들은 록인(lock-in) 반응이라고 부른다. '잠금' 혹은 '닫힘' 이라고 번역할 수 있다.

이 기본적인 법칙의 영향력을 이해하기 위해서는 최근의 기술 — 경제적·문화적·정치적 발전의 몇 가지 양상을 분석해 보는 것으로 충분하다.

팩스 초창기에는 팩스 보유율이 높지 않았다. 그래서 매우 비쌌으며, 가입자가 많지 않았으므로 굳이 이 기계를 사야 할 필요성을 느끼지 못했다. 그러나 점점 이 기계를 보유한 사람이 많아지자 사용가치도 커졌다. 새로운 사용을 창출하는 사람과 그 기계를 갖도록 하는 자극, 이 증폭의 순환고리가 형성되기 시작했다.

아스트라 위성 이 통신위성은 전문가들의 비판 속에서 발사되었다. 25개 릴레이 채널에 이어 곧 1백50개 디지털 채널을 설치한 것인데, 어떤 정치적 결정보다도 더 실속 있고, 명실상부한 유럽 TV를 만들어 냈다. 이 위성의 성공적 역할은 파라볼라 안테나, 디코더, 프로그램, 필름, 디스크 생산자, 잡지편집인들에게 상업적·문화적 팽창의 기반을 제공하였다. 동시에 양의 피드백으로 아스트라 위성의 촉매 역할을 강화시켰다. 이것이 록인 현상이다. 아스트라 위성을 통해 방송을 하지 않는 방송국에는 미안한 이야기지만 이제는 자리가 없다!

마이크로소프트사 이 기업은 정보화된 지식의 생산자들이 채널과 네트워크를 구축하는 데 꼭 필요한 모듈을 다양하게 상품화시켰다. 각각의 상품은 새로운 팽창 기반을 창출하고, 또한 이 기반은 양의 피드백으로 기존 상품의 전체 입지를 강화시켜 준다.

인터넷 전세계를 잇는 이 컴퓨터 통신망의 가입자는 2천만 명이다. 사용자가 매월 1백50만 명씩 증가하는 추세에 있다. 새로운 각 응용 프로그램은 세계적 지능 인터넷을 확장하는 복잡화의 장을 창조하였다. 시스템 증가가 촉진됨에 따라 새로운 해결책과 적용법의 출현 속도도 더 빨라진다. 사용자가 증가하면 할수록 연결되고자 하는 의욕도 증가하고, 인터페이스 상태도 개선된다. 프랑스에서도 텔레텔과 미니텔이, 대중정보통신 분야에서 자가촉매 발전이라는 유사한 현상을 겪었다. 그렇지만 프랑스 시스템을 강화시켜 주는 새로운 국제적 확장 기반이 없어서, 오늘날은 수확체감의 불확실한 길로 접어들었다.

영어 다국어 사용 옹호자들에게는 실례가 되겠지만, 세계어로서의 영어의 도약은 자가촉매작용에 의한 록인 현상의 비가역(非可逆) 과정이라 할 수 있다. 점점 더 많은 사람들이 영어를 주요 의사소통의 전용어로 채택하고, 새로운 적용과 팽창의 기반으로 삼는다. 서적, 강의, 가이드, 절차, 기술장비, 계측기, 소프트웨어, 디스크……. 이런 분야에 대한 적용이 초보 사용자들의 선택, 또는 여타 기반 창출에서 영어의 촉매 역할을 강화시켜 준다. 양의 피드백 사이클이 형성되기 시작한 것이다. 그러나 다른 언어들의 경쟁적 배제를 통한 한 언어의 자율선택이, 반드시 다국어 사용주의를 고기해야 한다는 의미는 아니다. 다국어 사용은 문화적 다양성을 지키기 위해서 필요불가결하며, 복잡화에로의 진화과정에 결정적 요인이 된다. 편리하기는 하지만 제한적인 일종의 국제언어로서, 영어의 득세는 개인용 즉석 자동번역 시스템이 나올 때까지의 과도기적 현상인 것으로 보인다.

자가촉매와 자율선택에 의한 록인 현상은, 조직화된 복합 시스템의 출현이 겪는 일반적 과정에서 변화, 돌연변이, 촉매, 확장, 도태, 안정, 자체 ——조직, 동반진화 등의 많은 양상을 드러내 보인다. 그리고 피드백 사이클을 반전시킴으로써 수확체감의 상황을 수확증가의 상황으로 바꾸어 놓을 수 있다는 것을 보여 준다. 이것은 뒤얽힌 상황을 해결하기 위해 복합 시스템 경영에서 기억해야 할 황금률이다.

한 일화를 실례로 들어 보겠다. 어떤 왕이 고드프루아와 랑슬로라는 두 아들을 불러들였다. 이 성문을 늦게 통과하는 말 주인에게 내 재산과 영지를 물려 주겠다. 저 큰 언덕 너머에서 출발해서 너희들 마음대로 돌아오너라. 고드프루아는 검은 말을 탔고, 랑슬로는 흰 말을 탔다. 성으로 돌아오는 길은 서로 꼴찌가 되려고 느리게 달리는 경주가 되었다. 서로 꼼짝할 수 없는 상황이 된 것이다. 왕은 답답하였다. 그런데 어느 순간 고드프루아와 랑슬로가 먼지를 구름같이 일으키며 성문을 향해 질주하기 시작했다. 도대체 어찌된 일인가? 고드프루아는 흰 말을 타고 있었고, 랑슬로는 검은 말을 타고 있었다. 끝이 보이지 않는 경주를 하던 두 아들은 자신들이 탄 말을 서로 바꾸어 타고서, 먼저 도착하는 사람이 (상대방을 태운) 자기 말이 늦게 들어오도록 한 것뿐이었다. 이 느림보 경주의 명분인 제로(0)를 향한 양의 피드백이, 빨리 달리기 경주의 명분인 수확증가를 향한 양의 피드백으로 바뀌어 경쟁자간의 경쟁적 배제를 가능케 한 것이다.

몇몇 자연의 법칙에 대한 관찰을 물리적·생물학적·사회적 제도에 적용해 보면, 그 공통된 현상의 일반 법칙을 명백히 설명할 수 있다. 나는 분자의 세계나 경제학 분야에서 빌려 온 몇 가지 예로부터 출발하여 조직형태, 조절 메커니즘, 확장 시스템에 관한 일반 법칙을 제시하였다. 자연에 대한 새로운 시각이 점진적으로 형성될 것이다. 이는 인간사회를 조직하는 데 넘어야 할 그 다음 단계를 파악하여, 우리의 나아갈 길을 밝히는 데 필요불가결한 시각이다.

21세기 과학의 창발

뉴멕시코의 한 오래 된 수도원에서 몇 명의 학자들이 21세기 학문의 창발에 대한 연구를 하고 있다. 여러 분야의 학문을 종합하는 이곳이 바로 산타페연구소이다. 이곳에는 여러 명의 노벨상 수상자가 포함되어 있는 과학자위원회가 있고, 그 지도하에 박사 후 과정을 밟고 있는 젊은 연구팀이 있다. 이 기구의 특징 중 하나는 연구원들은 그곳에 상주할 수 있고, 중요한 행정상·정보상의 지원을 받을 수 있다. 그들의 프로젝트 지도교수들은 소속 대학에서 강의를 하면서 산타페연구소에 정기적으로 머물 수 있다는 것이다. 앞으로 내가 언급하게 될 존 홀런드·브라이언 아서·스튜어트 코프먼, 혹은 크리스토퍼 랭턴과 같은 신과학의 선구자들이 이 경우이다. 내가 산타페연구소에 세미나차 참석하였을 때, 이 연구소의 학문 분야를 초월하는 놀라운 분위기를 접해 볼 기회가 있었다. 어떤 그룹은 면역성에 대한 연구를 하고, 어떤 그룹은 생태계를 연구하고, 또 어떤 그룹은 경제학이나 인공생명에 대해 연구하고 있었다. 그러나 학문들간의 경계선은 없었다. 있는 것은 단지 복합과학, 시스템역학, 컴퓨터-거시경 등에 의한 공통된 접근방식이었다.

신과학 분야에 있어 존경할 만한 또 다른 연구기관은, 일리야 프리고지네와 그레구아르 니콜리스·장 루이 드뇌부르가 일하고 있는 브뤼셀 자유대학교이다. 이 연구팀은 비가역 시스템이 화학과 사회과학에서 자체 조직기능과 종합과학의 창발을 더 잘 이해할 수 있게 해준다는 것을 열역학적으로 예시하였다. 두 프랑스 연구팀이 이 두 연구소의 연구와 연계되어 있는데, 그들은 바로 프랑스국립과학연구소(CNRS)의 프란시스코 바렐라와 세마그래프연구소 소속의 폴 부르진, 그리고 파리고등사범학교의 제라르 바이스뷔쉬가 이끄는 팀이다.

자연을 점점 더 전문화된 영역으로 나누는 학문적 분열과 분산 후에, 이를 다시 종합하려는 시각이 나타나고 있다. 이런 시각은 조화로운 논리 안에서 학문을 서로 접근시키고 더 풍성하게 해준다. 겉으로 보기에는 이 작업으로부터 거리가 먼, 이상한 이름을 가진 학문이 이런 수렴을 가능케 하는 데 결정적 역할을 한 것은 역설적이다. 그것은 바로 잘못 이름지어진 카오스 이론이다. 이 이론은 분석적 방법과 시스템적 방법의 새로운 교차로인 복합과학에 도달케 한다.

카오스 이론과 복합성에 대한 연구로부터 나온 새로운 세계관은, 사실상 분석과 대응이라는 두 가지 상호보완적인 형식 사이의 접근을 가능하게 해준다. 그 두 방법은 데카르트적 방식에서 나온 분석적 방법과, 인공지능학과 시스템 이론에서 나온 시스템론적 방법을 말한다. 이미 1950년과 1960년대에 시스템론적인 종합에 의해 유도된 패러다임의 변화 때문에 급진적인 변혁이 있었다. 그 당시 물리학·생물학·사회과학 분야의 학자들이 조시아 메이시 재단 혹은 일반 시스템 연구회의 주선하에, 종합과학에 대한 새로운 접근방법의 기초를 세우기 위해 모였다. 거기에는 MIT와 하버드대학교 연구팀이 참석하였는데, 노버트 위너·워렌 S. 머컬럭·아르투로 로젠블루스·줄리언 비걸로·월터 피츠가 있었다. 그리고 그레고리 베이트슨·마거릿 미드·아나톨 라포포르트·케네스 불딩·로스 애슈비 같은 철학자·인류학자·경제학자 들도 있었다. 인공지능학과 시스템 이론을 이용하여 물리학·기계공학·생물학 사이에 다리가 놓여졌다. 프랑스에서는 나도 참여했던 10인의 그룹이 1960년대 말에 조직되었다. 사실은 20여 명으로 구성되었는데, 그 중에는 자크 로뱅·앙리 아틀랑·자크 아탈리·앙리 라보리·에드가 모랭·미셸 세레스가 있었다. 이 그룹 역시 시스템론적 관점에서 연구하였다.

부분과 전체를 융화시킨다는 것

데카르트적 분석방법과 시스템론적 분석방법의 관계는 어떤 것인가? 르네 데카르트는 세상의 복합성을 우리가 더 잘 이해할 수 있도록 하기 위해서, 그 복잡성을 몇 가지 단순한 요소로 축소시켜 한 가지씩 연구할 수 있도록 하였다. 그는 우리에게 가설을 검증하고 그 허점을 찌르기 위해서는, 엄격한 논리와 실험을 통해서 지식 습득의 기초를 닦아야 한다는 것을 가르쳤다. 오늘날에도 여전히 사용되고 있는 이 학문적 방식은 과학·기술·사회의 비약적 발전을 가져왔다. 그러나 분리시키고, 고립시키고, 분산시키고, 세분시키는 잘못된 영향도 남겼다. 이리하여 전체 지식은 굴곡도 없고, 고하도 없고, '편편해' 보인다. 모두 같은 수준에 있는 것 같다. 지식은 수많은 영역으로 세분된다. 그 사이에는 계속해서 경계선이 생겨나고, 고립된 섬들이 만들어진다. 이렇게 해서 자연의 현실을 설명한다고 하는 과학 분야들이 나타난다. 세분된 요소들의 나열인 것이다. 그래서 이것은 진정한 지식의 종합이라기보다는 분야의 나열에 가깝다. 에드가 모랭이 말했듯이, 세분화되고, 분야별로 쪼개지고, 기계론적이고, 분리적이고, 축소지향적인 지식이 세상의 복합성을 분리된 조각들로 부수고, 문제를 분할하고, 이어져 있는 것들을 갈라 놓고, 다차원적인 것을 1차원적으로 만들어 버린다.

분석적 방법이 세상의 복합성을 일련의 전문 분야로 갈라 놓았다. 이렇게 분산된 지식들의 모자이크로부터 커뮤니케이션의 문제가 생겨나게 되었다. 이는 백과사전적 지식의 필요성을 부각시켰다. 이런 지식은 사실과 물건과 요소들, 그리고 정보운용과 탐색의 방법 같은 것들을 다른 기준에 의해 분류하는 것이다. 즉 알파벳 순서라든가, 연대기 순서에 의한 분류 등이다. 그러나 이런 방법은 서로 다른 분야를 연결시킨다든가, 백과사전적 요소들간에 엇갈리는 기준을 세울 때는 큰 불편이 따른다.

과학의 기초를 닦는 데는 필수적인 이 분석적 방법은 복합 시스템의 역학과 변천, 피드백, 균형, 다양성의 증가, 혹은 자체 조직작용 같은 것들을 설명하기에는 충분치 않다. 그러므로 세상의 복합성에 맞는 새로운 지식운용의 방법론이 대두되어야 할 필요가 있다.

이렇게 해서 시스템적인 접근방법이 생겨나게 되었다. 분석적 방법을 보완하면서 이 방법은 생물학에서 컴퓨터공학, 통신 네트워크, 교육, 정신의학, 경영학, 경제학을 거쳐 환경학에 이르기까지 다양한 분야에 적용된다. 분석적 방법은 복합적인 것을 뚜렷이 구별되는 요소들로 나누는 작업에 주력했다. 그러나 시스템적인 방법은 이 요소들로부터 전체를 재조립함으로써 이 요소들간의 상호의존적인 작용이나, 긴 시간에 걸쳐 일어난 요소들의 진화과정을 고려하는 것이다.

시스템 이론은 인공지능학과 정보이론·생물학이 수렴되어 생겨난 것이다. 나는 이것을 보다 큰 효과를 내는 작용을 얻을 수 있도록 지식을 운용하게 해주는 새로운 방법론이라고 정의한다. 이 방법은 시스템의 연구에 사용된다. 한 시스템은 한 가지 정해진 목표에 따라 운용되고, 동적인 상호작용을 하고 있는 요소들의 한 무리이다. 이 목표란 바로 그 시스템의 구조를 유지하는 것이다. 세포, 곤충사회, 인간 신체, 기업, 도시, 생태계는 이런 시스템의 예이다.

시스템의 운용은 여러 층위에서 이루어진다. 어떤 시스템은 상위층의 구성 블럭 역할을 한다. 분자 내에서의 원자, 고분자 내에서의 분자, 세포 내에서의 고분자, 기관 내에서의 세포, 유기체 내에서의 기관, 동식물집단 내에서의 유기체의 경우와 같은 예를 들 수 있다. 시스템 이론은 이러한 조립과정을 가리켜 '러시아 인형놀이 같다'고 한다. 시스템 이론에서는 결코 고립된 요소를 보게 되지 않는다. 항상 한 요소는 그에 선행한 층위와 연관되어 있고, 또 뒤이어 오는 층위와 그 요소를 둘러싸고 있는 포괄적인 환경과 연관되어 있다.

시스템 이론은 신경계, 면역체계, 교통망, 원거리통신 네트워크와 같은 커뮤니케이션 네트워크의 연구에 주력하고 있다. 시스템 이론은 또한 제어장치 네트워크도 고려하여, 이 네트워크 내부에 정보가 전송될 경우 시스템이 부딪힌 제약조건들에 대응할 수 있도록 해준다.

이것이 바로 우리가 네거티브 혹은 포지티브라고 하는 제어기능의 성격이다. 네거티브 제어작용은 한 시스템의 출력정보를 시스템이 역방향(음의 피드백)으로 변화하도록 입력정보로 되돌려보낸다. 이런 방식으로 자동 온도조절장치가 작동한다. 온도가 증가하면 가열장치를 멈추도록 신호가 보내져 온도를 감소하도록 한다. 온도가 감소하는 경우에는 입력정보에 신호가 보내져 가열장치가 작동되고, 온도가 다시 증가한다. 따라서 안정화의 값 주위로 진동하게 되는 것이다. 포지티브(양의 피드백) 제어장치에서는 양의 값은 양의 값으로 결과가 나타난다. 결과는 원인에 대하여 같은 방향으로 반응을 한다. 이것이 자가촉매작용의 경우이다. 여기서 폭발적인 변이(원자폭발, 인구폭발, 암세포 증식)가 이루어지거나, 무(無)로의 소멸이라는 결과가 나온다. 도톨가죽〔발자크의 소설 《신비로운 도톨가죽》에서, 주인공의 소망을 이루게 해주는 신기한 힘을 가진 가죽이 그것을 이용할 때마다 점점 줄어든다는 이야기에서 나온 표현〕이 점점 감속되어, 결국에는 스스로 소멸되어 버리는 현상들도 그 예이다.

시스템 이론에는 시간도 통합된다. 시스템 이론은 시간 속에서의 복합 시스템의 진화를 고려한다. 한 시스템이 어떤 방법으로 변화하는가, 어떻게 진화하는가, 어떻게 자신의 환경을 개선하는가, 혹은 이 환경은 시스템에 어떻게 피드백하는가와 같은 것이다. 그렇기 때문에 기업경영이나 원대한 계획의 운영에는 이런 접근방식이 중요하다.

시스템적 작용은 '조합이론'을 사용함으로써, 상호연결된 개개의 요소들을 통한 수정을 가하여 그 시스템에 작용하게 한다. 데카르트적 방법을 사용하여 중요하다고 판단되는 한 요소를 따로 떼어 놓고, 또 그 요소에만 적용할 때 사용하게 되는 그런 국한된 방법이 아니다. 이 방법은 동시에 여러 가지 요소들에 작용하고, 또 그 요소들의 연속을 존중한다. 복합적인 네트워크에 대해서는, 시스템이 보수주의의 상태에서 벗어나 바라는 방향으로 진보하도록 운영하기 위해 다각적으로 반응한다.

시스템적 접근법은 분석적 방법의 보완책으로, 세상과 우리와의 관계에 있어서 거대한 변화의 근원이다. 철학자들과 과학자들은 이를 '패러다임의 변화'라고 말한다. 우리는 분야별, 분석적, 계열성, 선형의 패러다임 속에 갇혀 있다. 오늘날 우리는 시스템적 패러다임에 의거하기 시작했다. 고립보다는 상호의존관계가, 배제보다는 보완관계가 중요시된다. 분석적 방법이 배제의 논리로 귀착되는 반면, 시스템적 방법은 보완의 논리에 열려 있는 것이다.

　시스템적 방법은 지식의 습득과 학습과정을 근본적으로 수정한다. 이런 사실을 보다 더 잘 이해할 수 있게 해주는 이미지를 제시한다면, 그것은 마천루와 구(球)의 이미지일 것이다. 마천루는 백과사전적 방법을 상징한다. 마천루는 세상의 모든 지식을 분야별로 정리해서 거대한 도서관처럼 보관하기 위해 건설되었다. 방 한 칸은 각각의 새로운 지식에 해당되고, 한 층은 각각의 새로운 분야에 해당된다. 현대적 건축기술 덕분에 층과 방을 무한히 위로 혹은 옆으로 덧붙일 수 있다. 각각의 방과 층은 인상(人相) 기록코드를 보유하고 있어, 방문객들에게 방향제시와 정보탐색을 할 수 있게 해준다. 말할 나위도 없이, 이런 건물에서 방향을 찾기란 곧 불가능하게 될 것이다. 단순한 위상학적 분류만을 통해서 어떻게 적절한 정보를 찾아낼 수 있을까? 우리가 정보를 얻고자 한다면 어느 층, 어느 방에서부터 시작하여야 할까?

　구는 시스템적 접근방법을 상징한다. 이 구는 한 점보다 더 작을 수도 있고, 지구보다 더 클 수도 있다. 그러나 그것은 '여전히 구'이다. 그 내부에는 어떤 구획도, 분야도, 층위도 존재하지 않는다. 외부로부터 유입되는 모든 지식은 언제나 혼합되고, 서로서로의 관계에 따라 정리될 것이다. 구의 내용물은 이렇게 총체적으로 풍부해지고 밀집되며, 프랙탈 구조를 갖게 된다. 부분은 전체를 포함하고, 전체는 부분을 포함한다. 한쪽은 다른 한쪽에게 의미가 있다. 백과사전 마천루의 경우처럼, 지식의 양적 팽창은 끝이 없다. 그러나 그 팽창은 단순한 지식의 병렬에 의해서가 아니라, 논리적인 일관성 속에서 이루어진다.

　이렇게 분석적 방법과 시스템적 방법은 서로 반대되기보다는 보완적인 것으로 보인다. 그러나 그 방법들간의 관계는 역설적으로 카오스라고 불리고 있다.

카오스 : 숨겨진 조직?

복합과학이란 무엇인가? 복합 시스템은 반드시 복잡한 것만은 아니다. 적당한 방법론만 선택한다면, 우리는 복합성을 이해하고 거기에 대처할 수 있다. 복합 시스템은 모든 형태의 전통적·분석적 방법을 거부한다.

우선, 복합 시스템의 특징은 그 구성 요소의 수에 있다. 예를 들자면 한 세포 속의 분자수, 한 도시 안의 인구수와 같은 것이다. 그리고 이 요소들간의 상호작용의 성질, 이 요소들을 이어 주는 관계의 수와 다양성이 그 특징이다. 모래 한 더미에는 무수한 모래알이 들어 있다. 그 알갱이들간의 상호작용은, 한 사회를 이루고 있는 인간들을 이어 주는 상호작용에 비하면 단순하다. 따라서 그 발전의 비선형 역학, 즉 예측불변의 가속, 기능 정지, 진동 등을 고려해 보기로 한다.

살아 있는 세포, 유기체, 흰개미집, 나무, 생태계, 경제구조, 도시와 그곳의 거주자, 국제 비행기 예약 시스템과 같은 것이 복합 시스템이다. 복합과학이 가져온 현대의 혁명은 이러한 시스템이 탄생하기까지의 과정을 단순한 법칙에 입각하여 설명할 수 있다는 점이다.

분석적 방법과 시스템적 방법이 오늘날 복합과학에서 하나로 된다. 자연에 대한 이런 접근방법은 카오스 이론으로부터 유래된다. 70년대 초 메릴랜드대학교의 짐 요크, MIT의 에드워드 로렌츠, 조지아기술연구소의 조셉 포드, 브뤼셀 자유대학교의 폴 글랜스도르프와 일리야 프리고지네의 연구에서 비롯된 이 이론에 의하면, 복합성은 요소들의 일정한 상호작용이 무수히 반복되는 단순한 상호작용에서 생겨날 수 있다. 미세한 변화는 확대되어 매우 고차원적인 조직상태에 이름으로써, 관찰자에게는 한 형태 내지는 한 정보로 인식된다. 예를 들면 물망울이나 구름의 얼음 결정체는 대류운동, 난류, 유동, 카오스적 이합

집산을 하게 된다. 그러나 시간이 흐름에 따라 입자군이 형성·변형되어, 소멸 또는 유지되어 독특한 형태가 창조된다. 이 형태가 생겨난 환경이나 시간의 흐름 속에서 어떻게 변형되었는가에 따라, 이 형태는 관찰자인 우리의 눈에는 적운(積雲)·층운(層雲)·권운(卷雲)이 되는 것이다. 어떤 날씨의 특징적인 구름은 많은 정보를 담고 있어 일기예보를 가능케 해준다.

불안정하게 지속을 거듭하는 이 형태는 결정론적 카오스 현상으로부터 생겨난다. 즉 모든 자연현상 속에 퍼져 있는 물질의 조직형태를 말한다. 현재까지 우리의 분석과 모사능력으로는 이 현상들을 이해하고 재생하지는 못했다. 현대식 컴퓨터 덕분에 자체 조직과정을 이해하고 모사하는 일이 가능해졌다.

단순한 법칙으로부터 출발한 복합 유기체의 또 다른 예가, 수학자 브누아 만델브로가 널리 퍼뜨린 프랙탈 구조에 의해 재현되었다. 대중들은 텔레비전과 사진, 비디오 테이프, 컴퓨터 프로그램에서 보석이나 인도 양탄자의 문양, 꽃, 해마의 꼬리, 나비의 날개, 강의 하구, 산맥, 섬광들을 닮은 화려한 칼라 형상들을 볼 수 있었다. 이것은 컴퓨터로 수만 번 계산하여 선과 색을 연결시킬 수 있는 수의 형태로 그 결과를 낸, 단순한 방정식에서 도출한 프랙탈 구조이다. 구조들은 화면상에서 이렇게 마치 다른 생명체처럼 형성·발전되어, 하나의 상사적(相似的) 유사성을 표현하게 된다. 이런 구조들은 생명체의 그 놀라운 다양성을 생성하는 과정과 근접한 수치적 반복과정에 의해 생성된다.

프랙탈 구조는 그 결과가 관찰 각도나 관찰 수준의 차이에 따라 민감하게 변하는 구조이다. 다시 말하면, 이 구조는 기본 상사구조가 보존된 한 형태를 만들어 내기 위해서 여러 가지 높이에서 재조직되는 반복 문양으로 이루어진다. 이렇게 해서 고사리 형태의 결정체, 또는 비행기에서 바라본 암벽과 인간의 눈높이에서 바라본 암벽의 형태가 생겨난다. 오랫동안 볼 수 없었던 자연형태의 프랙탈한 특성이 오늘날에는 백일하에 드러나고, 컴퓨터상에 쉽게 모사된다. 한 유명한 프랙탈 형상은 컴퓨터의 프로그램이 단지 한 삼각형의 각 변의 중간에 더 작은 세 삼각형이 나타나게 함으로써 생겨났다. 이때 나타나는 새로운 프랙탈 형상은 6개의 꼭지점을 가진 일종의 변과 같은 것이다. 같은 방식을 새로 생긴 12개의 변에 적용하고, 이를 무한히 반복한다. 단순한 수정법칙을 조직적으로 매단계의 새로운 형태에 적용하여 놀랄 만큼 복잡한 구조를 창조하는 것이다.

카오스 이론과 프랙탈 구조는 자연에 대해서 통일된 시각을 갖게 해준다. 고전적 기초 분석으로 분리된 현상들이 공통된 것으로 보이고, 서로 근접한 것이 된다. 마찬가지로 구의 개념도 물방울·지구·비누방울 사이의 관계를 정립하고, 생물학을 화학에, 물리학을 동물사회학에 연결시키면서 자연의 프랙탈 형태를 몇 가지의 범주로 정리한다. 처음으로 우리는 나무·구름·해안과 같이 다양한 형태의 이면에 숨겨진 통일성을 알게 되었다. 형태·다양성·통일성은 상호작용을 하는 수많은 요소들이 개입된 카오스적 과정의 결과이다. 카오스 이론으로 해서 우리는 어떻게 계속적인 분열이 지속적으로 확대되어, 초기 상태로부터 매우 빠른 속도로 분리되어 새로운 형태가 나타나게 되고, 또 복합구조를 자체 조직작용으로 이루게 되는가를 이해할 수 있다. 우리는 복합과학의 새로운 방법으로 조직·기능·네트워크와 시스템의 출현을 보다 더 잘 설명할 수 있게 되었다. 예를 들면 생명체의 기원에 필요불가결한 기초과정이라 할 수 있는 조직화된 구조의 출현이라든가, 혹은 국제통신 네트워크의 등장과 같은 것들을 설명할 수 있게 되었다.

이제 카오스 이론 전문가들은 어떻게 복합 시스템의 자체 조직작용을 카오스적 상호작용의 게임으로 묘사하는지 살펴보자. 사용된 어휘가 다소 전문적이긴 하지만, 이 이론의 전반적인 적용범위를 보여 줄 수 있다.

상호작용을 하고 있는 요소나 요인집단(분자, 물방울, 개미, 개인······)
내에서 역학적 평형상태 주위로 무작위적 난동이 발생한다. 이 미세
한 변화가 시스템의 일부 평형상태를 깨뜨린다. 이 난동은 증폭되고
보다 더 규칙적인 진동을 생겨나게 할 수도 있다. 진화적인 분열과
연속적 증폭에 이어, 이 시스템의 부분집합들이 평형상태를 벗어나
에너지 유속이 교차되는 유기체 구조로 형성될 수도 있다. 이 소산(消
散) 구조들은 그 속을 흐르는 에너지가 최적상태가 되도록 하면서 조
직된다. 그리고 시간의 흐름 속에서도 그 조직을 유지한다. 이렇게 조
직된 형태는 우연한 카오스적 운동에서 발생되어 안정상태가 된다.
몇몇의 조직구조는 새로운 구조의 형성을 가속화시킬 수도 있다. 그
결과 앞에서의 재생성형태와 유사한 자가촉매 및 가속화 현상이 초래
된다. 새로운 구조는 이 구조를 탄생시킨 구조보다 더 빨리 형성되는
것이다.

이런 진화는 컴퓨터공학에 의해 모사되고 가시화될 수 있다. 컴퓨
터는 분석적 방법과 시스템적 방법의 접근을 돕고, 새로운 종합과학
의 출현을 가능케 한 촉매이다.

카오스 이론의 이해를 위하여 : 컴퓨터-거시경

과학 분야에서나 거대한 조직체의 운영에서, 현대사회가 안고 있는
난제 중의 하나는 복합성을 제어하는 일이다. 어떻게 복합성을 더 잘
이해하고, 또 더 효율적으로 운용할 것인가? 우리는 다시 세번째의
측정불가능한 무한에 직면해 있다. 즉 무한복합이 그것이다. 학자와
철학자의 끊임없는 의문에 의해 현대과학의 기본을 이루고 있었던 무
한대와 무한소 다음으로, 무한복합이 세상 속의 인간의 역할에 대한
우리들의 행동과 시각에 영향을 미치게 되었다.

지식은 세상을 재현하는 일에 대한 연속적인 도약이 이루어질 때 진보한다. 이해하기 위해서는 보아야 하고, 더 잘 보기 위해서는 이해하여야 한다. 어떤 현상과 구조와 진화를 가시화하는 일은, 학문의 발전과 이 발전을 재현하는 과정에 있어서 결정적인 역할을 한다. 이 재현을 위해서 망원경과 현미경이 중요한 위치를 차지하고 있었다. 오늘날도 허블 우주망원경(HST)이나 주사투과 현미경(TEM)과 같은 신세대 기구로 해서, 망원경과 현미경은 시계(視界) 확장에 결정적인 역할을 하고 있다. 갈릴레오 망원경이 없었다면, 천체역학 및 만유인력이론 등에 대한 관측에 의한 토대를 세울 수 없었을 것이다. 안톤 반 레벤후크(1632-1723)의 현미경과 루이 파스퇴르의 현미경 없이는 미생물의 세계나, 분자생물학과 생명공학을 탄생시킨 세포의 세계도 발견되지 않았을 것이다.

10여 년 전부터 복합성 관찰과 이 세번째 무한성을 다루는 기구가 등장하였다. 그것이 바로 컴퓨터이다. 특히 개인용 컴퓨터는 복합성을 다루는 데 있어, 개인 두뇌의 노력을 덜어 주고 있다. 물론 컴퓨터는 반세기 전부터 존재해 왔고, 여러 방면에서 활용되어 왔음을 알고 있다. 이런 '사회적 촉매'가 없었더라면, 인간사회는 가속화 리듬으로 기능을 발휘할 수 없었을 것이고, 실시간에 복잡하게 얽힌 수많은 행동들과 엄청난 다양성을 효율적으로 소화시킬 수도 없었을 것이다. 그런데 이에 대한 데이터를 뒤흔들어 놓은 것이 있는데, 그것은 바로 개인용 컴퓨터가 다른 컴퓨터에 네트워킹될 때 갖는 새로운 특성이다. 이 특성을 출력·영상화·모사라는 세 단어로 요약할 수 있다.

현대의 컴퓨터는 1980년대 중반의 컴퓨터와는 비교할 수 없는 정보처리 용량을 갖춘 마이크로프로세서로 작동한다. 속도, 메모리, 번지지정, 동시처리 기능면에서 1980년대의 가장 빠른 계산능력을 갖춘 컴퓨터와 비교될 정도이다. 개인은 이제 실험실·사무실에서, 혹은 휴대용을 가졌다면 여행중에도 비선형 미분방정식 여러 개를 동시에 풀 수 있다. 또 그 결과를 곡선으로나 칼라 그래픽으로, 3차원 카드로, 혹은 동영상으로 가시화시킬 수 있다. 연필 한 자루와 종이 한 장으로는 상상도 할 수 없는 작업이 아닌가? 지식과 컴퓨터의 공동진화가 불연속선 혹은 고유 임계선이 생길 정도로 급격히 형성된 덕택에, 갑자기 컴퓨터는 생명체와 사회와 생태계의 무한복합을 관찰하고 모사하는 데 있어서 각광받는 도구로 떠올랐다. 그리고 무엇보다도 그 자체에 영향을 주는 작업도구로 나타났다.

컴퓨터는 이렇게 해서 세번째 무한성의 거시경이 되었다. 이제부터 이것은 더 이상 상징이 아니라 현실이다. 그리고 이 현실은 우리들의 세계관을 뒤엎고 있다.

컴퓨터-거시경은 시간과 공간을 농축시키기도 하고, 희석시키기기도 한다. 이렇게 해서 우리의 두뇌가 감지하기에는 진화가 너무 천천히, 또는 너무 빠르게 느껴지도록 한다. 수많은 매개변수들을 동시에 상호작용하게 하고, 언제나 게임의 법칙을 바꿀 수 있는 가능성을 줌으로써, 컴퓨터는 그 기계를 사용하는 사람과 진정한 공생관계를 이룬다. 이렇게 하여 항공관제사들은 실시간에 많은 비행기의 궤적과 유속을 따라갈 수가 있다. 화학자들은 상호반응할 수 있는 분자 모델을 생산해 낼 수 있고, 외과 의사는 스캐너로부터 컴퓨터가 해석한 영상 덕분에 수술하기 전에 인체 내부를 훑어볼 수 있다. 금융가들은 시장 동향을 파악하기 위해 곡선들을 분석할 수 있고, 군사전문가들은 탱크와 탱크 운전병을 가상전쟁터로 보낼 수가 있다. 그러나 컴퓨터-거시경의 가장 큰 이점은 물리학에서 화학까지, 생물학에서 사회과학과 환경학까지 포함하는 많은 자연현상 속에서 질서와 카오스, 그리고 복합성 사이의 관계를 설명할 수 있다는 점이다. 카오스 이론과 복합과학 이론의 주창자들이 어떤 현상들에서 보편성을 발견하고 자신들의 가설을 제안할 수 있었던 것은, 그들이 가진 컴퓨터상에 영상화하고 모사하였기 때문이다. 이들은 기상학의 에드워드 로렌츠, 프랙탈 형상을 발견한 자연기하학의 브누아 만델브로, 생명체의 탄생을 가져온 화학반응의 스튜어트 코프먼과 도인 파머, 유전자 알고리듬의 존 홀런드, 경제학에서의 브라이언 아서, 사회 시스템의 일리야 프리고지네와 그레구아르 니콜리스 같은 사람들이다. 그외에도 물론 전세계의 복합과학자들이 있다.

컴퓨터는 화학·생물학·사회학·경제학·환경학의 휴대용 실험실이다. 사용자의 뜻에 따라 수정할 수 있고, 조정할 수 있는 세상의 무한성을 그 시뮬레이션 소프트웨어 속에 담고 있다. 모사는 '컴퓨터 실험'일 뿐이다. 모사는 현장에서 이루어지는 실험실의 고전적 실험과 동일한 특성·이점, 그리고 지적 효과를 갖는다. 모든 형태의 실험은 그 실험이 야기시킬 수 있는 위험부담 없이, 그리고 인력이나 기업체·비용을 생각할 때, 실제적으로 이루어질 필요 없이 시도될 수 있다. '유리관' 실험에서는 생물학자들이 시험관에서 세포의 기본 장치를 재현하고, 거기에 이 장치를 작동시키는 분자 성분을 첨가한다. 그러나 전산학자들은 '실리콘관' 실험을 하는데 목표와 결과는 동일하다. 이제야 처음으로 자연을, 그 구성 성분을 과학의 고전적 방법에 따라 미세하게 '분해하면서'——분자·원자·원소가 아니라, 그 조직과 기능들의 복합성을 생겨나게 한 요소들과 단순 법칙들에서부터 '재구성하면서' 이해해 보려는 시도가 가능해졌다. 이렇게 한 가설의 타당성은, 컴퓨터가 모사한 환경 속에서 그 모델이 어떻게 움직이는지를 관찰함으로써 검증할 수 있다. 이 타당성의 검토는 인과적 설명뿐만 아니라 전체 기능의 일관성과, 그것을 지탱하고 있는 조직의 적절성 여부를 입증하는 데도 유효하다.

이렇게 컴퓨터-거시경으로 해서 복합 시스템 조직의 총괄적 이론을 점진적으로 파악하게 되었다.

신기한 새와 가상개미

산타페연구소팀과 브뤼셀 자유대학교의 연구 덕분에, 오늘날 우리는 복합 시스템의 자체 조직기능과 시간 흐름에 따른 이 시스템의 움직임을 이해할 수 있는 도구 모음을 갖추게 되었다. 분자·결정체·구름을 넘어서, 중요한 점은 동물 또는 인간사회에서 관찰된 바와 같은 지적이고 집단적인 행동의 출현을 이해하는 것이다. 이는 인간이 그들의 창조와 상호작용용 게임으로 현재 구축중인 지구상의 거대 유기체의 형성에 직면하여 분명하게 필요한 일이다.

카오스 이론으로 가능할까? 꿀벌떼, 곤충과 새의 무리의 경우는 풍성한 정보를 가진 모델이고, 컴퓨터상에 모사가 가능하다. 수백만 생명체의 집단행동, 그들의 사회구성, 환경적 구속에 대한 그들의 적응력은 오래 전부터 과학자들의 관심을 끌어왔다. 자체 조직이론과 컴퓨터-거시경은 오늘날 이 모델들을 인간조직에 적용하는 것을 가능케 하였다.

이렇게 밝혀진 그 의미가 심오한 기본 규칙은 다음과 같이 설명될 수 있다. 수많은 개인들이 단순한 규칙에 따라 동시에 병행해서 움직여, 인간사회에 생긴 포괄적인 문제들을 풀 수 있는 집단적이고 지적인 행동을 나타나게 할 수 있다.

이 기본적인 원칙이 새떼와 곤충사회에서 빌려 온 예들로써 설명될 수 있을 것이다.

로스앤젤레스에 있는 심볼릭사의 크레이그 레이놀즈는 어느 날 어떤 실험을 하였는데, 예상치 못한 결과로 며칠 동안 잠을 이루지 못할 정도였다. 그 정도로 놀라움이 컸던 것이다. 그는 단순히 찌르레기 떼의 비행시 행동을 컴퓨터상에서 모사해 보고자 하였을 뿐이다. 이를 위해서 삼각형으로 표현된 새 1백여 마리의 개별적인 움직임을 제어하는 규칙을 컴퓨터에 프로그램하였고, 이 새들을 보이드(boïd)라고 불렀다. 처음에는 프로그램이 매우 복잡했다. 왜냐하면 '새들' 각각의 행동과 상호작용에 대한 수많은 가능성을 고려해야 했기 때문이다. 컴퓨터 화면상에 가시화된 결과는 그다지 명확하지 않았다. 보이드떼는 마치 엄격한 규율에 복종하는 연대병력처럼 이동했다. 전체적인 구조도 그다지 현실적이지 못했으며, 곡선 혹은 항로의 단속적·대칭적 변화는 살아 있는 찌르레기떼의 실제비행과는 거리가 멀었다.

그래서 레이놀즈는 카오스 이론으로부터 영감을 얻어, 조류 비행 연구 전문가들이 그에게 알려 준 법칙으로부터 단순한 법칙을 끌어내어 자신의 컴퓨터에 프로그래밍하였다. 그 법칙은 다음과 같다.

· 주변에 있는 물체, 또는 다른 새들과의 최소 거리를 유지한다.

· 주변에 있는 새들의 속도와 보조를 맞춘다.

· 주변에 있는 새 무리의 중심이라고 인식되는 곳을 향해서 이동한다.

이것이 전부다. 고전적인 분석방법으로 생각해 낼 수 있었던 것과 같은 복잡한 구조의 상세한 프로그래밍과는 거리가 멀다. 이 상황에 박진감을 주기 위하여 레이놀즈는 배경에 장애물 역할을 하는 기둥들을 삽입하였다. 황금률은 이렇다. 보이드가 기둥면에 다다르면 그 기둥의 접선을 취한다. 이것이 불가능한 경우(거의 가능성이 없는 일이지만) 기둥에 충돌한다.

이렇게 단순한 법칙을 모사 프로그램에 만들어 넣은 후, 레이놀즈는 컴퓨터를 켜고 기둥들 사이를 지나는 보이드떼의 비행행태를 관찰하였다. 놀랍고 감동적인 일이 일어났다. 전혀 예상하지 못했던 일이 일어났다. 보이드들이 거의 살아 움직임이고 있는 것 같아 보였다. 보이드들이 망설이고, 부딪히고, 집단적이고, 조화롭고, 예측할 수 없이 날면서 기둥에 접근했다. 삼각형들이 거의 모두 때로는 소그룹으로 나누어지면서, 때로는 비행속도를 빨리하면서 기둥을 교묘히 피해 빠져 나갔다. 그런데 보이드 한 마리가 거의 가능성이 없어 보였던 충돌의 항로에 들어섰다. 그리고는 피할 수가 없게 되자 기둥에 부딪혔다. 그 보이드는 땅에 떨어지더니 기둥을 한 바퀴 돌아, 다시 날개를 치며 날아올라 집단비행을 계속하고 있는 다른 보이드들을 좇아갔다. 프로그램한 적이 없는 상황이 어떤 규칙을 따르던 개체의 집단행동과 구속상황들을 표출시켰다. 그리고는 특수한 상황에 대한 해결책을 프로그램이 만들어 냈다. 가장 놀라운 사실은 보이드떼의 배치나 분산과는 상관 없이, 모사가 시작되면 '각' 실험마다 집단비행이 이루어진다는 점이다. '어떤' 개체에도 '집단비행'의 프로그램이 입력된 적이 없는데도 말이다.

개미의 집단지능은 단순한 규칙과 일치하는 무수한 개체의 행동에 대한 상호작용에서 나온 결과이다. 개미집은 지적이고 총괄적인 행동을 하는 거대 유기체를 형성하는 사회이다. 곤충사회의 의사소통 네트워크는, 그 사회에 생긴 문제들을 해결하는 능력을 갖고 있는 뉴런 네트워크를 형성한다. 예를 들면 식량 공급지로부터 개미집으로 식량을 운반해 오는 가장 빠른 길을 발견하는 일, 악천후나 포식자 때문에 파괴된 그들의 서식지의 지붕을 고치는 일, 죽은 개미를 격리시키는 일과 같은 것이다.

이 문제를 더 잘 이해하기 위해 여기 몇 가지 기본적인 조건을 제시해 보기로 한다. 개미는 혼자서 그런 문제를 처리할 만큼 발달된 두뇌를 갖고 있지 못하다. 개미는 성실한 명령 수행자들일 뿐이고, 이미 프로그램되어 있거나 외부로부터 오는 정보에 의해 수정된 몇 가지 일상생활을 끈질기게 고집할 뿐이다. 개미의 환경(개미집에서 볼 수 있는 주변도로, 햇빛, 자외선과 같은 것)은 적절한 수신기로 감지되고 있다. 그러나 여기서 가장 중요한 요소들 중 하나는 환경 지세에 대해 '엔그램(engram)'처럼 새겨져 있는 이 사회의 집단기억으로, 예를 들면 땅 위에 그들이 냄새로 알아볼 수 있는 도로가 있는 것 같은 사실이다. 개미들은 이동할 때, 규칙적으로 그들의 몸의 뒷부분을 땅에 스치면서 마이크로 단위의 페로몬 입자를 남기며, 이 화학물질의 냄새에 매우 민감하다. 그 효력은 대단하여, 이 물질 1밀리그램은 한 종대의 개미가 지구 세 바퀴를 도는 동안 길을 안내해 줄 수 있다고 한다! 이 냄새는 일정시간이 경과하면 사라져 버린다. 이 냄새의 끌어당기는, 또는 이끌어 주는 기능이 점차 감소되는 것이다. 이런 요소들을 조합한 결과, 식량을 찾아가는 가장 빠른 길을 개미가 어떻게 '선택'하는가 하는 점이 설명된다. 이것은 컴퓨터로 완벽히 모사할 수 있는 곤충사회의 특성이다.

예를 들어 식량원이 개미집으로부터 20미터 거리에서 발견되었다고 하자. 이 식량원에서 개미집까지 수많은 개미가 줄지어 이동하는 좁은 길이 이어진다. 식량을 지고 오는 개미와 식량원을 향해 돌아가는 개미가 엇갈린다. 각각의 개미는 땅 위에 페로몬 흔적을 남겨 자신의 동족을 끌고 안내한다. 길 가운데에 (길의 중심선에 대해 비대칭적인) 장애물이 있다고 생각해 보자. 이 장애물을 피하기 위해서는 두 가지 다른 길이 있다. 하나는 가까운 길이고, 하나는 더 먼 길이다.

처음에는 장애물의 왼편과 오른편으로 거의 동일한 수의 개미가 돌아서 갔다. 왼편과 오른편의 선택의 가능성이 사실상 동일했다. 그러나 오른편 길이 더 멀고 통과시간이 길다면, 개미떼의 통과밀도가 감소할 것이다. 그러므로 페로몬의 냄새는 왼편 길보다 더 빨리 흐려질 것이다. 이렇게 해서 개미떼의 밀도에 약간의 불균형이 생길 것이다. 왜냐하면 이 길로 다니는 개미의 수가 다소 줄어들게 될 것이기 때문이다. 뿌려지는 페로몬의 양도 줄어들 것이고, 개미도 덜 끌어들일 것이다. 반대로 다른 길에는 통행량이 점점 더 늘어날 것이다. 페로몬의 농도가 더 진해질 것이고, 그 냄새는 개미들을 더 끌어들이게 될 것이다. 양의 피드백 사이클이 이렇게 형성되고, 이 길의 선호도를 더 높이고, 다른 길을 희생시켜 이 선택된 길에의 록인 상태로 이르게 된다. 왼편의 길은 오른편의 길에 대해서 자체적으로 선택된다(자체 선택의 법칙). 한 길은 나머지 한 길에 대해 경쟁적 배제관계에 있는 것이다. 개미들은 이렇게 자가촉매의 '논리'를 사용하여 에너지를 다른 우선적인 일을 위해 쓸 수 있도록 절약하면서, 집단적으로 가장 짧은 길을 선택하였다. '개미집단'의 뉴런 네트워크는, 개미사회 전체를 위해 최적의 해결책을 선택하는 지적인 시스템으로써 작동하였다.

다른 예는 개미의 묘지에서 찾을 수 있다. 개미들은 죽은 동료들을 매장할 수 있을까? 여기에도 몇 가지 간단한 규칙이 있다. 죽은 개미는 포식자들을 부르는 독특한 냄새를 풍기므로 개미사회 전체를 위험에 빠뜨릴 수가 있다. 그러므로 죽은 개미를 멀리 격리시킬수록 개미사회의 안전성은 높아진다. 다음과 같이 개미 한 마리의 작업을 규정하면서 다수한 법칙을 컴퓨터에 입력시켰다.

- 개미의 시체를 거두어서 아무곳에나 버릴 것.
- 다른 개미가 내다 버린 시체를 발견하면 운반하던 시체를 그곳에 버릴 것.
- 작은 시체 더미를 발견하면 더 큰 더미(끌어당기는 힘이 더 강한)로 옮길 것.

이렇게 해서 작은 개미 시체 더미가 조금씩 쌓이고 점점 더 큰 더미가 된다. 얼마간 시간이 흐른 후, 어떤 개미들의 카오스적 행동의 결과로 모든 시체들은 거대한 한 덩어리로 모여진다. 즉 개미 묘지가 생겨나는 것이다.

많은 예들을 찾아볼 수 있을 것이다. 개미집짓기에서부터 유충이나 여왕개미를 돌보는 일까지, 혹은 침입자와 싸우는 일까지, 유사한 원칙을 따르는 실제행동과 유사한 집단행동을 재현하는 문제에 있어 컴퓨터의 모사 위력을 보여 주는 예를 마지막으로 들기로 하겠다.

스탠퍼드대학교의 존 코자 교수는, 개미집단이 식량을 구하는 행위를 모사하는 데 성공했다. 이를 위해 코자 교수는 발생연산 컴퓨터 프로그램을 사용했다. 이런 프로그램은 생물학에서 그 아이디어를 얻은 것이다. 이 프로그램은 컴퓨터상에서 주어진 문제 해결에 가장 적당한 코드들을 선택하여, 프로그램 각 부분간에 일종의 다윈적 진화가 일어나도록 한다. 이를 위해 이 프로그램은 수많은 독립적 모듈로 이루어진 특수한 언어로 짜여져 있으며, 이 모듈은 한 생성에서 다음 생성으로 이어지는 랜덤 변수를 따라 '변환'될 수 있도록 되어 있다. 끊임없는 결과 전개, 그리고 주어진 해답에 가장 근접하는 해법으로 보강시켜 주는 보상 사이클식 '도구'로 하여, 이 프로그램은 시행착오의 과정을 거쳐 생물학적 진화와 유사한 방법으로 구하고자 하는 답에 수렴한다. 발생연산이란 이름은 여기서 나온 것이다.

코자 교수는 개미를 표시하는 검은색의 작은 사각형 10개를 실시간에 따라갈 수 있는 컴퓨터를 사용하였다. 그 컴퓨터의 화면은 낱말찾기 게임처럼 바둑판 무늬로 나누어져 있었다. 화면 왼편 위쪽에는 식량을 표시하는 푸른색 사각형군으로 나타나 있었다. 화면 오른편 아래쪽에는 개미집을 표시하는 붉은색 사각형 1백여 개가 연속면을 이루고 모여 있다. 곤충학자들의 관찰 결과에 따라, 발생연산을 이용하여 프로그래밍한 개미의 행동양식의 단순 법칙들은 다음과 같다.

· 식량을 구할 것. 푸른 사각형이 발견되면 그것을 집어서 붉은 면(개미집)으로 가지고 올 것. 오는 길에 페로몬 흔적(회색 선)을 남길 것.

· 식량이 없을 경우에는, 페로몬 흔적을 찾아 네모 칸들을 이리저리 다녀 볼 것. 페로몬 흔적을 만나면, 개미집과는 '반대 방향'으로 그 선을 따라갈 것(개미들은 공간에서 자신의 위치를 파악할 수 있다). 이 방향으로 가야 식량이 있음.

· 식량도 없고 페로몬 흔적도 없는 경우, 우연히 발견할 수 있도록 네모 칸 하나하나를 가능한 한 많이 다녀 볼 것.

실험 초기에는 10개 정도의 검은 사각형(개미)이 무작위로 모든 공간에 흩어졌다. 모사가 시작되자, 몇몇 개미가 푸른 사각형(식량) 주변에 몰렸다. 그 중 몇 마리가 서로 모여 (그것을 운반하면서) 붉은 면(개미집)으로 향했다. 그 사이에 칸마다 회색 선(페로몬)을 남겼다. 이 개미들이 개미집에 도착했을 때, 회색 대각선이 공간을 두 부분으로 나누었다. 이 두 부분에는 두 무리의 개미가 있었다. 몇몇 개미는 북쪽 공간에, 다른 몇몇은 남쪽 공간에 있었다. 많은 수의 개미가 선을 넘어올 확률이 높아졌다. 개체수의 밀도가 높은 집단이 푸른 사각형이 있는 쪽으로 이동하여, 그 사각형을 그들의 큰 턱으로 물고 페로몬 흔적을 남기면서 개미집 쪽으로 향했다. 처음에는 작았던 길이 도로가 되고, 곧 더 많은 개미들을 끌어들이는 고속도로가 되었다(양의 피드백 확장). 아직까지 네모 칸 여기저기를 헤매는 개미들에게는 고속도로를 만나게 될 확률이 높아졌다. 모든 식량(푸른 사각형)은 곧 개미집(붉은 면) 속에 정리되었다. 이 실험을 수백 번 다시 한다고 해도, 개미가 식량을 개미집으로 옮겨 놓는 시간은 결코 같을 수가 없다. 모든 것은 초기 조건과 옮기는 행동 가운데 발생하는 효과의 확장에 달려 있다.

꿀벌집단의 민주적 선택

꿀벌사회의 연구를 통해서도 인간사회에서 볼 수 있는 자체 조직 메커니즘을 이해하는 데 도움이 되는 관찰방법을 풍부하게 제시할 수 있다.

꿀벌의 춤과 방향 감각체계, 상호교신 호르몬 생산을 통해 이루어지는 그들의 언어체계에 대한 많은 연구로 해서, 벌집도 개미집과 같이 하나의 거대 유기체로 이해할 수 있게 되었다. 몇 가지 기본적인

메커니즘을 카오스 이론과 자체 조직작용의 시각에서 보는 것은 흥미
롭다. 벌집형성, 육각형 모양의 벌집구성, 벌꿀과 꿀샘의 저장장소 배
치, 여왕벌의 위치에 대한 유충의 위치 설정과 같은 일을 컴퓨터로
모사할 수 있다. 코넬대학교의 스콧 캐머진 교수가 실행한 이런 모사
는 특히 많은 의미를 담고 있는데, 거래기능을 알아볼 수 있다는 점
에서 더욱 그렇다. 식량원의 선택에 있어 꿀벌이 집단적으로 내리는
결정이 그것이다.

　작업중인 꿀벌은 늘 한 가지 문제에 부딪히게 되는데, 그것은 어떻
게 하면 최대량의 식량(에너지원)을 되도록이면 비생산적인 빈번한
이동을 줄이고 가까운 거리에서 가져옴으로써, 자신들의 힘을 최대로
절약할 수 있을 것인가 하는 것이다. 이에 대한 결정 메커니즘 체계
는 논리적으로 작동하는 마이크로프로세서와 비슷하다.

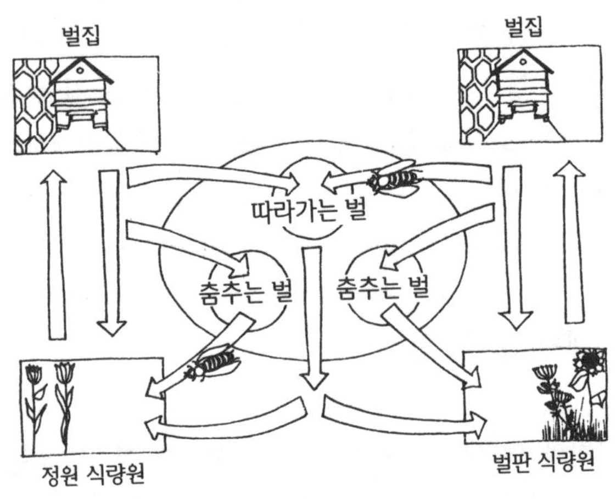

　식량원 두 군데가 벌집에서 각각 다른 거리에 위치하고 있다. '정
원'에 있는 식량원과 '벌판'에 있는 식량원이다. 정원 식량원의 벌들
은 그곳으로 곧장 가서 꽃가루를 가지고 벌집으로 왔다. 벌판에 익숙
한 벌들도 마찬가지로 행동했다. 벌들 중 일부는('지쳤거나' '의욕이

없는') 벌집 속에 남아 있었다. 또 다른 일부는 플랫폼에서 춤을 추고 있었는데, 이 벌들은 식량원까지의 거리와 식량원의 질을 알리기 위해 그렇게 한 것이다. 그들은 벌판 식량원의 다른 벌들과 섞여서, 그 식량원이 얼마나 풍부한가에 대한 정보를 공유하게 된다. 서로 주고 받은 정보의 밀도에 따라, 정원 식량원의 벌들이 벌판 식량원을 향해서 떠날 확률이 높아질 수 있다. 벌판의 더 많은 벌들이 증가 추세에 있는 정원의 벌들을 '설득하러' 올 것이다. 점진적으로 더 풍부하고 더 근접한 새로운 식량원을 향해 평형상태가 이동하는 것이다.

집단적인 결정이 꿀벌사회 전체에 전략적으로 유익한 선택을 하였다. 예를 들면 필요 없는 이동을 하지 않아 힘을 아낄 수 있도록 한 것이다. 찾아낸 해결책 중 어느것을 선택할 것인가 하는 것은, 각각에 대한 정보교환 확률에 전적으로 기초한 결정이기 때문이다. 그리고 엄격한 규칙과 구속에 의해, 꿀벌사회의 전체에 확대된 효과이기 때문이다.

보이드떼, 개미떼, 꿀벌떼의 예는 몇 가지 중요한 점을 보여 준다.

동시다발적 요인에 의해 적용된 단순한 법칙이 지능적인 집단행동을 출현시킨다. 이 결정을 내리는 메커니즘에서, 인간사회에서 보는 현상(거래, 집단시위, 유행, 집단공포)과 유사한 양의 피드백과 자가촉매, 확대, 적자생존의 일반적 특성이 나타나는 것을 보았다.

컴퓨터는 복합성과 실시간 속의 시스템역학을 관찰하는 매우 효과적인 도구로 보인다. 사회를 이루고 있는 시스템의 휴대용 실험실 역할을 한다. 이 시스템은(상호작용을 하는 수많은 요소들로 이루어진) 이 요소들에 의해 창출된 구조와 연관된, 그리고 그 유지 및 진화기능, 정보와 통제 네트워크와 연관된 사회를 말한다.

요컨대 곤충의 사회에는 전체적인 플랜이나 전략을 수립할 수 있게 해주는 어떤 포괄적인 상황도는 없다. 개체간의 직접적 혹은 간접적 상호작용이 환경의 지배를 받으면서 행동계획안을 대신한다. 이 집단을 조정하는 모델은 그들이 진화하는 환경에 대한 집단기억뿐이다. 즉 집단행동에서 비롯된 물리적인, 혹은 화학적인 표식어에 의해 깊이 주입된 기억-환경 속에서 진화하는 것이다.

질서와 무질서 사이, 그 이상한 경계

앞에서 살펴본 예들로 해서, 우리는 자체 조직작용 메커니즘의 일반적인 분석방법을 점차 구체화시키기 시작했다. 이 방법은 인간사회에 적용하기에도 적절한 것으로 보인다. 인간사회의 구성가능한 조직 형태에 대한 전망을 설명하기 위해서라면 더욱 그러하다. 사실상 카오스 이론은 물리학적·화학적 세계의 구조적 자체 조직작용에 있어서도 연장된다. 또한 카오스 이론은 생물학적 시스템·곤충사회·인간사회·생태계에도 적용되며, 각각의 층위에서 새로운 특성이 나타난다.

조직화된 복합체에서 어떻게 카오스적인 상호작용이 생겨날 수 있을까? 컴퓨터를 이용한 복합 시스템의 모사는 이런 진화의 일반적인 원칙을 끌어낼 수 있게 해주고, 또한 구조의 유사성이라든가 진화의 최적 영역, 또는 네트워크 구성법칙에 대해 앞에서 제기된 의문들에 대한 해답을 제시해 준다.

수많은 요소들이 상호작용을 하고 있을 때는(우리는 위에서 분자의 경우, 곤충의 경우를 보았다. 그러나 이것은 시장에서 구매자들의 경우에도 마찬가지일 것이다) 여러 가지 형태의 상황이 나타날 수 있다. 첫 번째의 경우는 이 상호작용으로부터 나온 난동이 지나치게 센 경우이다. 구조들이 생성되지만, 생성 즉시 파괴된다. 군집이 생겨나도 경직되고 정지된 질서를 가짐으로써 진화나 적응이라는 차후의 형태를 억

제한다. 그렇지만 질서와 난동 사이에 전이적 불안정 영역이 생성될 수도 있다. 이 특수한 영역에서 조직화된 구조가 생겨날 수도 있고, 전체 시스템을 안정시키는 순환사슬과 주기와 고리들을 작동시킬 수 있다. 구성 요소들의 지속적인 변화와 주위환경으로부터의 방해요인에도 불구하고 말이다.

우리는 우연히 발생한 파동이 규칙적 진동으로 발전할 수 있음을 이미 알고 있다. 이런 현상은 계속되는 피드백 사이클이 그 자체로 하나의 고리를 형성함으로써 주기를 형성할 수 있을 때 일어난다. 이렇게 형성된 주기는 자신과 동일한 물질을 복제하든가, 혹은 이런 물질의 생성과 소멸을 제어할 수 있게 된다. 제어 주기의 형성은 자연계에서 가장 널리 퍼져 있는 안정화 작용현상 중의 하나이다. 이런 현상은 지구의 가장 중요한 기능(탄소·질소·산소의 순환현상)을 유지하는 생태계 시스템의 거대한 주기들의 기초를 이루고 있다. 그밖에도 살아 있는 세포에서는 에너지 생성이나 신진대사에 필요한 물질의 순환작용의 경우와, 경제활동의 기본 과정의 경우에서 이런 현상을 찾아볼 수 있다.

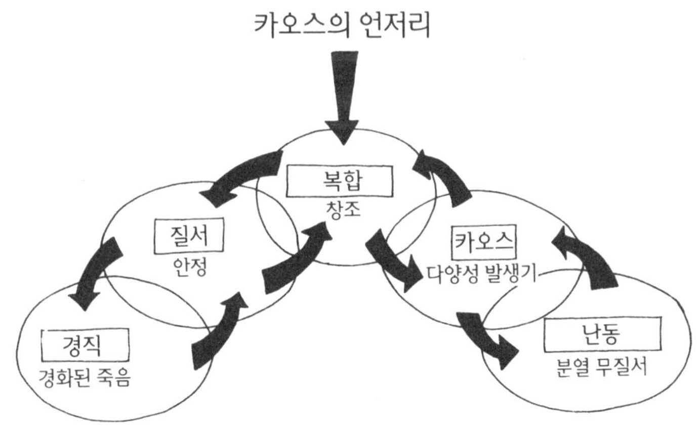

이렇게 복합조직은 시간의 흐름 속에서 유지되고, 진화하고, 적응하고, 그래서 기적적으로 무질서와 난동의 바다에서 '존재'할 수 있다. 이것은 생명과 인간사회의 경우와도 정확히 일치한다.

크리스토퍼 랭턴이 제안하였듯이 바로 이곳 '카오스의 언저리에서,' 이 특수한 연결지역에서 복합성이 생성될 수 있고, 조직과 시스템과 네트워크가 확대될 수 있고 발전될 수 있다. 이는 앞에서와 같이 도식화될 수 있다.

카오스의 양쪽 언저리에 두 심연이 열려진다. 한편에는 완전한 무질서, 조직체 생성이 불가능한 무질서한 난동의 상태이며, 다른 한편에는 구조화되고 경화된 질서, 정제된 경직성의 상태이다. 그 둘 사이에는, 상(相)변화 전이영역과 같은 완전한 질서와 완전한 무질서의 연결지역에는 유동성·적응성, 그리고 지속적인 자체 조절작용을 통하여 새로워지기 위해 생성되기도 하고 소멸되기도 하는 형태·구조·기능의 자체 조직기능이 존재한다. 여기서 조직과 복합성이 출현한다. 이 미묘한 가장자리에서, 이 정확한 경계선에서, 그리고 이 불안정하면서도 한편으로는 안정된, 일시적이면서도 지속적인 전이상태에 생명과 무리·생태계를 건설하게 되는 현상들이 존재한다. 이런 현상들을 보다 더 잘 유도하기 위해서는 어떻게 이를 이해해야 하는가? 자연과 인간, 인간이 발명한 기계가 모든 면에서 파트너가 되는 공생관계를 구축하기 위해서는 어떻게 이 현상들을 이용해야 하는가? 이런 것들이 우리의 미래를 결정짓는 근본적인 질문들 중 몇 가지이다.

21세기의 과학인 복합과학을 이용하여 다음 한 세기, 혹은 그 이후의 인간사회의 미래를 구상해 볼 수 있다. 정치적 합리성(혹은 비합리성)과 자연의 거대한 항구성은, 이상적이기만 한 질서와 결과 없는 난동의 언저리에서 항상 긴장감을 조성한다. 바로 이 특수한 틈에서 자체 조직이나 가속화 현상이 자발적으로 생겨날 수 있다. 바로 이 지점에서 적응력이나 효율성이 극대화된다. 어떻게 이런 현상이 유지되는가를 이해하는 것은 우리의 몫이다. 우리가 만들어 낸 세상과 지구의 생태계와 더불어 진화하기 위해서, 그 특성을 탐구하는 것도 우리의 몫이다. 이제 생성되고 있는 사이바이온트와 매우 의미 있는 공생 관계를 구축하기 위해서이다.

자체 조직작용의 일반적 이론

복합과학은 자체 조직작용의 과정에 대해 새로운 시각을 갖게 한다. 그러나 카오스 이론은 이 과정에 기여하지만, 그 명칭 때문에 그 반대의 경우인 것처럼 보인다. 무질서에서 질서를 생성하는 이론은, 고찰하고자 하는 어떤 현상의 이치를 명확하고 종합적으로 그려 볼 수 없게 하기 때문이다.

많은 저자들이 진화 · 조직화 · 증폭되는 복합성에 대한 생각의 큰 흐름들을 송합해 보려고 했다. 어떤 저자들은 물질이 생명과 엔트로피로 향하는 두 큰 흐름 사이의 심오한 차이점에 주목하였다. 테야르 드 샤르댕과 같은 다른 저자들은 '복합성 의식'의 법칙으로 생명, 사고, 심사숙고한 의식의 출현을 설명해 보려고 노력하였다. 그리고 프란시스코 바렐라나 장 피아제 · 에드가 모랭과 같은 사람들은, 그 자체의 진화과정에서 겪는 복합 시스템의 자율조건을 강조하였다.

나는 여기에 카오스와 복합과학 이론이 기여한 바를 덧붙임으로써 이런 접근들을 보강하고자 한다. 그렇게 함으로써 서로 다른 분야들은 하나의 일반적 이론의 범주 내에서 합쳐질 수가 있을 것이다. 이 이론은 특히 복합조직에 대한 연구 및 조직이 시간 속에서 어떻게 변화하는가에 대한 컴퓨터 모사에 근거하게 될 것이다.

나는 이를 '복합 시스템의 역학과 자체 조직기능에 관한 일반적 이론'으로 명명하기를 제안한다. 그러나 이 명칭은 요점을 잘 표현하고 있기는 하지만, 다소 길고 그 사용이 불편한 감이 있다. 간단히 말할 때는 '공생학(symbionomie)'이라고 부르고자 한다. 이렇게 하면 이 이론이 다루는 모든 현상을 묘사할 수 있을 것이다.

나는 공생학을 이렇게 정의한다. 공생학이란 자체 조직작용과 자율선택, 공동진화와 공생에 의한 복합 시스템의 출현을 연구하는 학문이다. 그래서 이 책의 다음 부분에서는 조직화된 복합성의 출현에 관계된 현상들을 설명하기 위하여 '공생학적(symbionomique)' 진화, 혹은 과정에 대해 이야기하려고 한다. 예를 들면 분자 시스템, (예컨대 생명의 기원에 있어서) 곤충사회(개미, 꿀벌), 사회의 형태를 이루는 시스템(기업, 시장, 경제활동) 혹은 생태 시스템과 같은 데서 찾아볼 수 있는 현상들이다.

공생적 진화를 할 수 있는 가장 좋은 방법 중 하나가 공생이다. 이 개념은 일반적으로 생명체에 적용되는 개념이지만, 여러 저자들이 인간과 무생명 시스템 사이의 연관관계에도 확대 적용시켰다. '자연적인 것'과 '인위적인 것' 사이에 경계가 있느냐 없느냐에 대한 논의(이 부분에 대해서는 다음장에서 논할 것이다)는 접어둔다. 그리고 단순히 언어 사용의 편리함 때문에, 나는 인간이 개입하기 이전의 자연적 세계에서 이루어지는 공생과 기계·조직·네트워크·도시와 같은 인간 출현 이후 인간이 개입된 소위 인위적 세계의 공생을 구별 없이 다루고자 한다. 그리고 공생이라는 어휘를 인간과 인공물(컴퓨터와 같은) 사이의 관계를 규정짓는 데 사용하기도 하고, 인간과 생태 시스템과의 관계를 지칭하는 데도 사용할 것이다.

공생적 진화가 진행되기 위해서는 몇 가지 거쳐야 할 단계가 있으며, 반드시 통과해야 할 지점이 있다. 다음과 같은 요소(기초 기능들)가 기본적인 것으로 보인다. 즉 요소들, 관계들, 복제, 강화, 네트워크, 카오스, 팽창, 자율선택, 조직, 창발, 유전, 공생이 그것이다. 이것들을 나열한 순서는 소개를 용이하게 하기 위해서이며, 연속적인 필요성에 의한 것은 아니다.

요소　자신의 환경에 작용할 수 있는 기능을 가진 개체화된 작동자 (분자, 세포, 꿀벌, 인간, 기업, 조직).

관계　요소들은 연결·조합·상호작용이라는 수단과 메커니즘을 가지고 있어, 자신들간의 물질적·비물질적 관계를 만들어 낼 수 있다.

복제　요소들은 자신들의 구조와 기능을 복제하고 코드화할 수 있다.

강화　요소들간의 교환은 어떤 연관이나 조절고리, 강화(혹은 억제)에 의해서만 가치가 인정된다(혹은 없어진다). 여기서는 강화기능만이 고려되는데, 그 까닭은 강화기능은 요소들과 그 요소들간의 연결관계를 보존시켜 주기 때문이다. 반면 억제기능은 소멸되며, 진화의 다음 단계에서 어떤 역할도 하지 않는다.

네트워크　요소 및 그 요소들간의 연결과 교환은 동시다발적 다중작업을 특징으로 하는 네트워크 노드와 링크로 구성한다. 이런 특성의 네트워크는 컴퓨터 분야의 정보의 동시다중처리가 가능한 멀티프로세서와 유사하다(분자, 세포, 곤충 등의 조직, 그리고 면역체계, 신경계, 생태계, 전화 시스템, 통신산업, 시장).

카오스　상호작용의 역학은 우연한 파동을 일으켜 매우 다양한 상태와 상황, 혹은 예측할 수 없는 행동을 야기시킨다(돌연변이, 발명, 사건, 분기(分岐), 난동).

팽창　어떤 상태·상황·행동은 이것에 이로운 방향으로, 에너지·물질·정보의 흐름을 가속화시키는 양의 피드백에 의해 팽창된다. 팽창은 자가촉매의 피드백에서, 혹은 여러 요소들간 또는 하부 시스템들간에 교차된 촉매작용에서 발생할 수 있다(바이러스에 의한 감염, 암, 증권 위기, 인구폭발).

자율선택　팽창 메커니즘에 의해 가속화되는 시스템은, 보다 밀도가 높은 일시적 거품 속에 고립되어 진화중에 있는 다른 시스템에 대해 일시적 확산관계에 이르게 된다. 그 시스템은 경쟁관계에 있는 시스템간의 경쟁적 배제에 의해 자율선택된다(다윈적 자연선택, 시장에서의 한 상품의 우위 확보, 기술 '혁명').

조직 자체의 구조와 기능을 유지할 수 있는 개별화된 시스템을 말한다. 한 조직은 그 조직을 구성하고 있는 요소들간의 상호작용에서 생겨나는 포괄적 기능에 의해 결정된다(세포, 기업, 도시, 사회).

창발 복합 시스템의 포괄적 기능은 예측하지 못한 구조, 기능, 그리고 새로운 특성의 창발로 이어진다(생명, 곤충사회의 집단지능, 인간지능, 여론……).

유전 구조적·기능적 정보와 진화, 번식, 관계에 대한 메커니즘은 코드화된 형태로 기억되어 다음 세대에 전달된다. 이 코딩작업은 물질적인 혹은 비물질적인 형태를 취할 수 있다(분자, DNA, 계획, 법률, 사회규범, 문화 등의 형태).

공생 파트너간의 상호이익을 가져오는 조직이나 기구의 연합이다. 이 연합은 공동진화작용에 의해 생겨난다. 공생은 높은 수준의 복합적인 조직이 생겨나게 한다. 새로운 세대의 요소들이 탄생할 수 있다.

공생학적 절차와 그의 설명에 있어 다음 세 가지 점에 주목할 수 있다.

우선 '일반화된' 진화과정은 소립자에서 인간사회, 그리고 인간에 의해 만들어지고 인간과 공생관계에 있으면서 인간과 공동진화하고 있는 조직에까지 적용된다는 점이다.

그리고 이 진화는 선형이 아니며, 1차원적 상태 또한 아니다. 이 진화는 다차원적인 방법으로 당시의, 그러나 시간의 흐름에 따라 상이한 질과 밀도를 보여 주는 '일시적 거품'의 범주 안에서 이루어진다. 각각의 공생학적 진화는 프랙탈 시간 속에서 이루어진다. (이 중요한 개념에 대해서는 제Ⅲ부에서 다시 다루기로 하겠다.)

마지막으로 공생학적 진화는 나선형 궤도로 그려질 수 있다. 각각의 사이클(자체 조직, 공동진화, 공생, 창발)에 복합성의 한 새로운 단계와 상층 단계로의 이행이 일어나는 과정이 대응한다.

위에서 부분별로 소개한 다양한 기본 요소들과 기능들을 연결시키는 이 통합적 분석방법으로 해서, 복합조직이 생겨나는 과정을 설명할 수 있다. 이 과정의 이야기를 이 장에서 사용한 어휘와 표현을 써서 다음과 같이 이야기할 수 있다.

자기 생성이 가능하고 자체 구조 유지능력을 갖춘 다양한 요소들이 환경과 공동진화하며 무리를 이룬다. 예를 들면 원시대양 속의 분자들, 상호작용하는 개별 세포들, 집단을 형성한 곤충 무리, 생태계 내의 생물 종(種), 원거리통신 네트워크 사용자들, 시장에서의 구매자와 판매자가 있다.

의사소통망을 통하여 이루어지는 그들간의 카오스적 상호작용은 매우 다양한 구조, 상황, 행동양식을 생겨나게 한다. 이 행동양식의 몇 가지는 양의 피드백 사이클에 의해 더 강화되고 팽창될 수 있다. 촉매작용(자가촉매와 상호촉매) 메커니즘의 규칙과 그 효과로 해서 구조들은 보존되고 유지될 수 있다. 그리고 이 사이클이 성립되면서, 그 사이클은 자체적으로 폐쇄된 형태를 띠게 된다. 자체 분자들을 결집 단계를 촉진시킬 수 있는 분자들의 총체, 혹은 마지막 상품이 첫 상품의 생산을 가속화시키는 생산라인과 같은 것이 이런 예이다.

자가촉매작용은 가장 잘 적응된 시스템의 자체 선택과 그 시스템의 진화를 가속화시킨다. 이런 작용은 그 시스템이 진화되고 있는 분야를 '록인'하면서 진행된다. 다른 기구나 조직체와의 공동진화를 통해 공생이 이루어지고, 집단 특성이 나타나게 된다. 화학적·전자적 코드화, 혹은 문화에 의한 구조와 번식진화 메커니즘의 기억작용으로 다음 세대에게 정보를 확실히 전달할 수 있게 된다. 한 복합 유기체는 이렇게 탄생한다.

　이제 새로운 생명체가 지구상에 출현하는 과정의 중요한 단계를 공
생학적 시각으로 추적해 보는 것이 가능해졌다. 이 거대 생명체에서
인간은 진화의 완성 단계가 아니라, 기원 세포이며 촉매이다. 그리고
이 과정의 중요한 단계를 꼽는다면, 그것은 자체 조직·공동진화·공
생의 단계일 것이다.

2

사이바이온트의 탄생 :
새로운 생의 기원

우리들의 기원에 대한 회고

인간은 지구상에 새로운 형태의 삶의 탄생과정에 참여한다. 인간은 이 새로운 생의 기원에 중요한 촉매가 되는 것이다. 그렇지만 이번에는 인간을 생물학적 진화의 산물로 간주할 수가 없다. 인간은 생물계 전체, 인간사회, 그리고 인간이 '자연스럽게 만들어 낸' 기계·조직·시스템·네트워크·도시와 같은 인공물들, 그리고 인간이 겨우 그 기능을 통제하기 시작한 생태계를 포함하는 모든 세계의 진화에 있어 공동 조종사가 되기 때문이다.

생의 기원의 미스테리를 이해하기 위해, 과학은 초기 생명체의 무한소를 연구 대상으로 삼으면서 미생물학 분야로 눈길을 돌린 적이 있다. 우리의 미래를 예측하기 위해서는 앞으로 무한복합성의 새로운 생물학인 '거시생물학(macrobiology)'에 의존해야 한다. 자체 조직과 복합 시스템(공생학)에 대한 일반 역학;이론으로 우리는 원시생세포의 주요 단계별 기원을 이끌어 내어 지구상의 거대 생세포, 즉 사이버 생명체의 출현과정에서의 단계들과 비교할 수 있게 되었다.

40억 년 전, 태초의 지구 대기는 메탄·암모니아·수소·수증기·

탄소와 같은 생명체의 구성 요소가 되는 단순 분자들로 이루어져 있었다. 첫번째 단계에서 이 기체 분자들은 태양으로부터 오는 에너지로 충만한 UV 방사선 효과로 분자들끼리 조합되어, 아미노산과 같은 보다 복잡한 분자가 다양하게 생겨났다. 이런 생명체 구성 요소들은 원시대양에 축적되었다.

두번째 단계는 금속 용액이나 점토의 촉매작용에 의한 화학반응에 의해, 대양이나 얕은 함수호에서 이루어졌다. 좀더 복잡한 이 분자들(아미노산, 당, 지질(脂質), 뉴클레오티드)은 서로 결합하고, 성장하고, 번식하고, 에너지를 멀리까지 전달하면서 자체 조직을 하게 된다. 이 분자들은 그 자체로 폐쇄되는 구조를 창조하고, 물로부터 고립되어 '내부 물질'을 구성하게 된다. 이런 분자들을 '이오바이온트(eobionte)'〔그리스어에서 이오스(Eos)는 새벽의 여신을 말하며, 아이온(aiôn)은 시간·영원을 말한다〕 혹은 '원시생물' 즉 protobionte이라고 부른다. 이들은 주변에 존재하는 몇 가지 분자들을 여과시키고, 가속반응이 가능한 촉매를 내부 물질에 농축시킨 일종의 단백질과 지방질 입자들이다. 처음으로 복합적 구조가 생겨나, 미분화된 물질들의 '잡탕'으로부터 구별될 수 있게 되었다.

세번째 단계는 그들의 형성 및 조절 사이클과 그 단계를 상호가속시키는 자가촉매반응, 그리고 그 네트워크 출현반응이 시작된다. 조금씩 에너지와 물질대사의 원기가 약호 시스템과 정보기억 원기와 함께 고분자 형태(단백질, RNA와 DNA)로 형성된다. 비로소 원시생물은 자체 요소들을 유지하고 복제하는 기능을 갖추고, 이를 발전·증대시키는 것이 가능해진다. 이것이 원시해조류와 박테리아의 조상이다.

네번째 단계는 생명체 시스템의 특징적인 기능이 생겨나는 단계이다. 우선 발효의 단계이다. 이 단계에서는 원시조직체가 주변환경에 존재하는 당(糖)과 같은 물질들에서 에너지를 생성할 수 있게 된다. 다음은 광합성의 단계로서 태양 에너지에서 생명 요소를 생산하고,

대기 속에 많은 양의 산소를 방출한다. 마지막으로 호흡의 단계로서, 이 덕분에 생물들이 식물을 (혹은 식물을 섭취한 동물을) 섭취할 수 있고, 그들의 자체 보존을 보장받을 수 있다. 식물(자체 영양생물)과 동물(종속 영양생물) 사이의 간극은 벌어지고, 그들간의 공생관계는 강화된다.

다섯번째 단계에서 세포와 다세포 생물의 탄생에 이르게 된다. 진화된 세포는 공생의 결과이다. 원시미생물(해조, 박테리아)은 숙주와 함께 사는데, 숙주는 미생물들에게 안전을 보장해 주고, 미생물은 숙주에게 에너지 생성원 기지와 이동 추진장치를 가져다 준다. 공생학적 진화는 자연의 대혁명으로 이어지는데, 그것은 단세포 생물이 수천 개의 다세포 생물에 통합되고, 그후 서로 다르면서도 보완적인 일을 하게 되는 수억 개의 개체 속으로 통합되는 것이다.

놀랍게도 사이바이온트의 발생과정은 생명체의 기원에서의 주요 단계를 되풀이한다. 자기 보존, 자가촉매, 에너지 대사, 정보의 코드화 자체 조절, 통신 네트워크, 그리고 상위 존재의 구축을 통한 사회화 등이 공생학적 진화의 근본적인 단계이다. 그리고 생명체의 기원으로부터 찾아낸 몇 가지 특징을 문명이라는, 우리에게 보다 익숙한 환경 속에서 다음과 같이 발견할 수 있다.

우선 생명체 시스템의 점진적인 복합화는 기본 요소들의 재조합으로 이루어진다. 이 복합화는 단세포 시스템에서 다세포 시스템으로 옮겨가는 과정에서 구체화된다. 소그룹이 어떤 조직(팀, 공장, 기업, 대기업, 혹은 가족, 부족, 공동체, 사회, 국가)을 구성하기 위해 연합하는 인간사회에서도 마찬가지이다.

그리고 생명체는 급속도로 화석 연료를 소비하는 인간사회가 부딪히게 될 에너지 위기에 견줄 만한 중대한 위기를 생명의 발생기에 이미 경험했다. 원시미생물은 대기 상층부에서 매우 천천히 일어나는 합성으로 생성된 에너지를 가진 물질을 섭취해야 했다. 원시대양 속에서 진화하는 동안에 원시미생물은 이 물질을 다량으로 소비함으로써, 그들의 미래 식량공급 문제와 아울러 생명까지 위협받게 되었다. 이 위기의 해결책으로 광합성이 등장했다. 빛을 직접 식량으로 바꿀 수 있는 다른 종류의 미생물들이 나타나게 된 것이다. 이 과정에서 많은 양의 산소를 배출하였다. 이 기체의 존재로 호흡이 가능해져 새로운 환경이 만들어졌다. 에너지가 효과적으로 방출되어, 식물 진화라는 중대한 사업에 바로 이 에너지 자본이 투자된 것이다.

마침내 대기의 구성 성분이 생물에 의해 결정적으로 변화되었다. 메탄·수소·암모니아로 구성되어 있던 대기 중에 산소(광합성에 의해)와 탄소(호흡작용으로)가 점점 많아졌다. 이렇게 함으로써 생존환경이 엄청난 변화를 겪고, 지구의 평균온도의 조절이 보다 용이하게 되었다. 마찬가지로 오늘날 인간사회도 환경의 변화와 지구의 기후변화라는 중대한 과정 속에 있다.

미생물과 원시세포가 그들의 생태계와 더불어 진화했듯이, 인류도 이제 생물계·생태계와 같은 자연적인 환경과 함께 기계나 조직 같은 기술계, 즉 자신들이 만들어 낸 인공적인 환경과 더불어 진화해 갈 것이다.

사이바이온트의 생명기능 출현 : 공동진화

공동진화는 공생학적 진화의 가장 중요한 원칙들 중 하나로, 물질이 구조와 기능으로 조직되는 과정이다. 이 구조와 조직은 점점 더 복합적이 되는데 원자는 분자로, 세포로, 생물로, 종으로, 군집으로, 생태계로 된다. 공생학적 진화는 생명 탄생 이전의 진화와 생물의 다원적 진화, 사회적·환경적 진화까지를 포함한다. 공생학적 진화는 수많은 공동진화의 결과인데, 이 공동진화는 조절·선택·배제·안정·팽창작용의 미묘한 규칙에 의해 서로 조정하면서 이루어진다. 생물학적 진화의 공동진화적 특징은, 인간사회와 지구 생태계 전체 규모로 총괄되면서 연장되고 강화된다.

공동진화의 원칙은 생물의 진화과정을 분석 설명하는 데에 널리 사용되어 왔고, 기업의 진보과정을 설명하는 데에도 이용되었다. 다른 종과 구별되는 눈, 지느러미, 날개는 공동진화의 결과이다. 번식방법과 방어 메커니즘에서 식물과 곤충이 보여 주는 상호조절작용은 얽히고 설킨 공동진화에서 나온 것이다.

오늘날 인간은 그가 처한 동물학적·식물학적, 그리고 넓은 의미의 생태학적 환경뿐만 아니라, 그의 생존과 발전을 위하여 만들어 낸 기계·시스템·네트워크와 함께 공동진화하기 시작했다. 이런 의미에서 자연적인 것과 인공적인 것을 구분짓던 경계선은 점점 모호해졌다. 도구·기계·공산품은 마치 표면화된 생물학적 조직처럼, 그리고 인간의 감각과 두뇌활동을 확장시켜 주는 보철기구처럼 인간의 환경을 가득 채워, 우리의 사회경제학적·문화적 진화를 이루는 한 부분이 되었다. 정보를 처리하는 기계는 갈수록 성능이 향상되지만, 생물은 생명공학에 의해 매우 심각하게 수정되고 있는 것도 사실이다. 많은 생물의 기능을 기계로 복제할 수 있게 될 것이다. 역으로 기계는 거의 생물적인 성격을 갖게 될 것이다. 여기에는 수렴적 진화가 이루어진다. 기술이 생물학적 세계를 포위하고, 생물학은 기계의 세계를 침범한다. 최근의 생물학·컴퓨터공학·재료공학의 연구개발 분야(로봇공학, 초정밀 테크닉, 인공생명, 뉴런 네트워크, 가상현실, 지구를 연결하는 통신 네트워크)는 인간에 의해 지배되고, 인간을 위해 이용되어야 한다고 하는 우리들의 세계관에 위협적인 도전장을 내놓게 될 것이

다. 자연적인 것과 인공적인 것, 현실과 가상, 유형적인 것과 무형적인
것 사이의 경계가 점차적으로 모호해질 것이다……. 더 이상 인공적인
자연과 '자연스러운 인공장치' 사이의 근본적인 차이가 없어질 것이다.
　주변환경과 함께 하는 한 사회의 공동진화는 서로를 규정지으면서
시간적으로, 공간적으로 또 다른 차원을 더하게 될 것이다. 곤충사회
의 주체자들은, 그들의 행동양식이 기본적으로 프로그램되어 있거나
코드화되어 있지도 않고, 또 한정된 지능을 가졌음에도 불구하고, 앞
에서 보았듯이 그들의 현상황을 어떤 기억장치나 모델처럼 사용한다.
이 조형적인 모델은 새로운 여건에 적응하면서, 또 시간의 흐름에 따
라 변하면서, 전체집단을 위한 확장 메커니즘과 참고 시스템의 역할
을 한다. 물론 개미나 꿀벌사회에서 통용되는 규칙을 직접 인간사회
에 옮겨 놓을 수는 없다. 인간의 자의식, 인간의 합리성과 비합리성은
여건들을 근본적으로 수정할 수 있는 자유라는 요소를 어느 정도 도
입하기 때문이다. 이런 현상은 도시의 생성, 팽창, 발전과정에서 볼 수
있다. 도시는 인간이 그 안에서 살고, 거기서 사회를 건설하고, 또 이
사회구조를 유지할 수 있게 하는 인간집단 조직활동의 '버팀목'이자
'산물'이다. 마찬가지로 산호초는 광합성을 하는 해초와 해양 원생동
물의 공동진화의 지지대이면서 동시에 그 산물이다. 물론 인간은 그
들의 창의력, 발명품들, 그들간의 분쟁, 야망, 합리성으로 높은 차원의
진화 단계에 도달한다. 그러나 그 과정은 같은 성격을 띤다. 즉 사회
라는 거대 유기체와 그 주변환경은 공동진화하는 것이다. 그 과정에는
이 유기체가 적응하고 변화하기 위해 만들어 낸 가공물도 포함된다.
　공동진화의 다른 예로는 언어가 있다. 인간의 언어는 순수하게 빈
공간이나 단어에서 단어, 또는 문장에서 문장으로 홀로 진화하는 것
이 아니다. 인간 언어는 소리, 음악, 이미지, 그리고 지각기관, 해석기
관과 같은 매우 풍성한 배경 속에서 공동진화하는 것이다. 언어란 정
보를 처리하고 그 의미를 추출하는 감각의 일종이다. 언어는 의사소

통을 하는 두뇌환경 속에서 복합화되고, 생물처럼 자연선택이나 경쟁적 배제와 같은 법칙을 따르고 있다. 언어는 인간의 감각과 인간이 정보처리와 의사소통을 위해 사용한 도구들과 함께 공동진화한다.

문화와 기술은 인간사회에서 공동진화한다. 기술문화를 일으킨 대뇌피질과 부싯돌의 공동진화 이래로 시작된 언어와 도구의 창조적 관계는, 만년필·잉크·종이에서 컴퓨터의 마우스·픽셀·모니터의 관계에까지 연장되었다. 공동진화 환경은 개미사회에서와 같이 기억장치인 동시에 모델이다. 이 환경은 한 세대에서 다음 세대로 정보와 행동양식을 물려 주는 기억과 잠재력이라는 점에서 문화적인 것이다. 이 책의 마지막장에서 획득형질의 전달에 대한 라마르크적 진화 메커니즘으로서의 문화에 대해 다시 언급할 것이다.

사이바이온트의 주요 기능이 점진적으로 출현하게 되는 공동진화 과정을 보기로 하자. 아직 원시적인 단계에 있다고 볼 수 있는 이 생명체의 구조와 기능을 상호의존관계에 있는 세 분야로 크게 나누어 보자. 첫째 산업과 경제에 의한 에너지·원료·교역의 통제, 둘째 농업·생명공학·도시계획에 의한 환경의 생물 생태학적 조작, 셋째 문자·인쇄술·컴퓨터와 통신망에 의한 정보정복으로 나눌 수 있다.

이 세 단계는(여기서는 나누어져 있지만 사실은 동시발생적으로 얽혀 있다) 범세계적인 거대 유기체의 유지와 발전에 필요한 주요 기능, 즉 '유전학'적·'생리학'적·'신경학'적 기능이 자리잡아 가고 있음을 보여 준다. 모든 형태의 생명체와 같이 자체 번식과 자체 보존, 자체 조절의 기본적인 성질이 나타나고 있다.

자체 번식은 사이바이온트를 구성하는 요소들, 그리고 이 유기체의 작동에 필요한 대사산물(기계, 생산품)과 '효소들'을 대량생산하는 일에 해당된다. 자체 보존은 이 유기체 대사의 기본 기능인데, 그것은 태양열(농업 덕택에)의 이용과 화석 연료 및 핵 에너지의 이용으로 이루어진다. 자체 조절은 이 유기체의 '마음'이며, 두뇌의 구성 요소 인 통신수단과 정보처리 수단에 의해 이루어진다.

이 세 가지 생명기능은 인간이 진화하면서 이룩한 세 번의 근본적 인 혁신에 각각 해당한다. 자동차로 상징되는 산업혁명, DNA 정복으로 상징되는 생물학혁명, 마이크로프로세서의 출현으로 상징되는 정보혁명이 그것이다.

산업혁명 : 석탄에서 자동차로

인류의 생존을 위한 에너지 정복은 농업기술의 보급과 함께 시작되었다. 식물 재배를 통한 태양 에너지의 집열로, 인간은 자신의 생존뿐만 아니라 자신이 기계로, 재산으로, 식량원으로 쓰고 있는 가축들의 생존을 위한 식량 에너지를 충분히 생산할 수 있었다. 수렵과 채집을 하던 사람들이 원시부락에 정착하여, 물물교환과 상업이 이루어지는 사회조직의 초기 형태를 보여 주게 되었다. 농업은 분산된, 그러나 갱신가능한 에너지를 채집하고 저장하는 방법이다. 일단 인간은 지구의 재산은 건드리지 않고 지구에서 얻은 수입에 의존하여 살았다. 인간과 함께 공동진화한 기계들이 중력, 바람, 불과 같은 천연자원을 이용하였다.

석탄·석유와 같은 화석 연료의 대대적인 발견과 개발을 통하여 사회의 발전은 가속되었다. 이것이 직조기와 증기기관으로 시작된 18세기의 산업혁명이다. 인간은 갱신불가능한 자원의 형태로 존재하는, 지구의 재산인 농축 에너지를 사용하기 시작했다. 거기서 얻은 보너스 에너지는 산업화를 추진하고 다양한 재화와 용역을, 그 중에서도 특히 운송수단·기차·선박·자동차·항공기와 같은 것을 생산하는 거대한 기업에 투자되었다.

조립 생산라인의 발명으로 메가머신(거대 기계)의 복제가 가능해졌다. 이전에는 자동차 한 대의 수많은 부품을 조립하기 위해서는, 생산 중인 차체 주위의 한 장소에 모여서 작업하는 방법을 써야 했다. 이런 생산방식에서는 생산리듬을 바꾸거나 외적 여건에 반응하는 일이 불가능했다. 조립 생산라인 방식을 취하면서부터는, 똑같이 계속해서 이어져 들어오는 일거리 앞에서 각자 정확한 작업을 수행하기만 하면 되었다. 자신보다 큰 유기체에 통합된 효소들과 같이 인간들은 자신들의 생을 삼키는 메가머신의 위험을 깨달았고, 《모던 타임스》에서 찰리 채플린이 보여 주듯이 이 기계를 비판하기 시작했다.

그렇지만 기계는 인간과 더불어 진화한다. 한 연속체가 존재하고, '자연적인 것'과 '인공적인 것' 사이의 경계선은 무너지고 있다. 인공지능은 제임스 와트와 매슈 볼턴이 볼타입 레귤레이터를 발명하면서 기계에 도입되었다. 그들의 작업이 바로 인공지능과 자동화의 시작이었던 것이다 1785년 초기 증기기관차에서 속도조절을 하는 데 관성 핸들을 사용하였다. 과속 방지를 위해 증기의 입구를 줄이거나 열기 위해 어린이들을 고용하였다. 눈으로는 핸들을 보면서 손은 슬로틀 밸브(throttle valves)에 얹은 그들은 철제 괴물 속의 인간 보철기구였다. 볼타입 레귤레이터(혹은 '거버너(governor), 이 단어는 사이버네틱스와 같은 어원을 가지고 있다. 키(gouvernail)와 운영(gouvernment)과 같은)는 음의 피드백 원리를 도입하여, 기계가 자체 조절을 할 수 있게 만들었다. 기계가 속도를 높이면 축상을 이동하는 볼들이 축과 떨어지며, 증기를 내뿜는 밸브를 열어 기관의 속도를 늦춘다. 이때 볼들은 축에 다시 모여들고, 밸브는 닫히고 압력이 올라가 기계는 다시 속력을 내기 시작하는 것이다.

자동차는 인간과 인간이 만든 기계의 공동진화를 보여 주는 완벽한 예이다. 자동차에 의해 만들어진 총체적인 시스템은 인간과 국가의 생활방식에 지대한 영향을 미쳤다. 이 시스템과 인간은 상호의존적이

되었다. 석유, 고속도로, 자동차 산업의 고용, 자동차 사고, 석유 전쟁, 환경오염, 관광업, 요식업, 지도, 여행 안내책자 등과 같은 것들이 한 나라 정치경제의 중요한 부분이 되었다. 자동차 개인주의는 즐거움을 가져오는 동시에 사고를 부르기도 한다. 일반화된 진화론의 시각에서 보면, 자동차의 출현은 새로운 생명체의 자율선택 원칙과 유사하다. 물론 자동차는 강철과 알루미늄, 플라스틱, 직물 전자부품으로 이루어져 있다. 그렇다고 자동차는 과연 진화와는 단절된 인조물에 지나지 않는가? 그 경계는 희미해지고 있다. 공동진화의 시각에서 보면, 자동차도 역시 인간들이 발명하고 생산해 낸 많은 기계들처럼 새로운 생명체의 특성을 가지고 있다. 자동차는 복제되고, 양분을 섭취하고, 자신의 목적지를 향해 나아간다. 그 복제방법은 매우 복잡하다. 자동차는 공장이라고 하는 일종의 자궁, 즉 모태에서 태어난다. 자동차의 DNA는 기술자들의 도면과 컴퓨터 프로그램과 조립 지침서와 그밖의 여러 가지 설명서들로 표현된다. 자동차의 기초 식량은 휘발유이다. 자동차의 두뇌는 '바꿔 끼울 수 있다.' 그것은 바로 그 차에 타고 시동을 거는 운전자의 두뇌이다. 인간과 자동차는 공생하는가? 자동차가 이 공생으로부터 받는 혜택은 무엇인가? 그것은 바로 자동차는 일생 동안 한 가족의 생활이나 기업의 활동에 통합되어 식량을 공급받고, 관리되고, 상태를 점검받고, 사용되는 점이다. 그렇지만 이 경우에 생물학적 공생에 대해 말할 수 있을까? 그보다는 보다 높은 층위의 전체로 보아 자연적인 것과 인공적인 것 사이의 경계를 무너뜨리는 변태생물학적 공생이라고 할 수 있을 것이다.

어떤 의미에서는 자동차가 인간을 노예로 만들었다. 한 세기(20세기) 동안에 자동차수는 5억 대를 넘어섰다. 2010년에는 10억 대에 달할 것이다. 다원적 진화론의 견지에서 보면, 자동차의 자율선택은 기존의 종 중에서 놀라운 성공을 거둔 것이다. 자동차의 종류는 말할 수 없이 다양하다. 밴·트럭·버스·불도저·유조트럭·사륜구동차·

수륙양용차·탱크 등…… 자동차 종은 인간들의 휴가·여가·세금·도시생활·고속도로 건설로 인한 도시 정경의 변화 등을 통하여 인간을 자동차에 의존하는 상태로까지 만드는 데 성공하였다.

자동차(양의 피드백과 이 분야의 록인 반응으로 해서)는 기술계의 필수적인 종으로 인정받았다. 자동차는 무엇보다도 유연하고, 적응력 있는 기계로, 공간과 자유를 정복하는 도구이며, 이론의 여지가 없는 환경공해물이다. 치러야 할 희생은 더 커졌다. 세계적으로 연간 35만 명의 교통사고 사망자를 낸다. 공중건강에 대한 유해성은 말할 수 없을 정도이다. 이산화탄소에 의한 대기오염의 14퍼센트를 차지한다. 세계 유류소비량의 3분의 1을 차지하며, 해양오염과 석유 분쟁의 위험을 증가시키고 있다. 자동차 한 대의 생산(매초 한 대씩 생산됨)은 많은 원자재와 많은 양의 에너지를 필요로 한다. 교통체증으로 인한 프랑스 경제의 손실은 50억 프랑[한화 8백억 원 정도]에 달한다.

생물학적 혁명 : 농장에서 DNA 조절까지

농업과 전원생활에서 인간과 생물권과 생태계의 공동진화가 실현되고 있다. 미생물과 식물·동물을 지배하면서 인간은 식량을 생산하고, 그들의 생활여건을 개선할 수 있게 환경을 변화시켰다. 이렇게 함으로써 그들의 자체 보존 기반을 만들었다. 환경의 지배는 처음에는 경험적 생물기술학을 통해 이루어졌으나, 그후에는 논리적 생물기술학으로 이루어졌다.

생물기술학은 효모균의 발효작용을 이용한 포도주와 맥주·치즈의 생산과 함께 시작되었다. 가장 오래 된 보존기술은 내부 환경을 산성화시키거나 정복함으로써, (요구르트와 치즈의 유산균과 같이) 그 내부 환경을 다른 세균의 침입에 대하여 보호하는 세균을 이용하였다.

　원시농부들도 그들의 수확을 증가시키기 위해 땅 속의 세균을 이용할 줄 알았다. 콩과식물의 뿌리 속에 있는 질소 고정균들은 토양을 비옥하게 하고, 3년 윤작은 지력 회복에 도움이 되었다. 유익한 세균의 활동에서 비롯된 자연생물기술학은 농장의 여러 곳에서 찾아볼 수 있다. 소의 혹위, 우유의 발효, 알코올 음료의 경우가 이에 해당된다. 새로운 종을 탄생시키는 식물의 접목, 동물의 잡교는 농업을 통한 자연의 지배를 가능하게 하였다. 이렇게 하여 인간이 자연환경을 창조하고 환경과 공동진화하게 되었다. 수만 년 동안 인간과 인간을 둘러싼 생태계는 자연적 공생관계에 있었다. 농장은 지상에 가장 널리 퍼진 인간 생존의 공생단위이다. 다양한 규모의 농장들은 유기체처럼 땅의 자원보다는 땅에서 나오는 수확물을 이용한다. 농장은 생물권과 생태계 사이의 공동진화의 주체이며, 자연환경과 생태계의 변화를 주도한다.

　불과 30년이 채 못 되어, DNA 발견과 DNA 개조방법의 발달에서 유래된 이론적 생물기술학의 발전은 인간과 그의 환경과의 관계, 그리고 생물학적 진화 그 전체를 뒤흔들어 놓을 수 있는 단계에 이르렀다. 새로운 공동진화가 시작된 것이다. 특히 생물학과 기계공학, 생물학과 전자공학 사이의 공동진화가 시작된 것이다.

　생물학적 혁명은 20세기 사회의 기계와 물질을 만들어 낸 물리학적·화학적 혁명의 뒤를 이었다. 30년 동안에 인간의 생물체 조절능력은 비약적인 발전을 하여, 생물학자들의 지식은 세계적인 권력이 되기에 이르렀다. 19세기 말에 루이 파스퇴르는 발효작용을 근거로, 미생물의 중요한——그러나 알려지지 않았던——역할을 증명해 보였다. 그의 연구로부터 나온 기술은 인류가 유해한 세균으로부터는 더 잘 방어할 수 있게 하고, 유익한 세균은 더 잘 활용할 수 있게 해주었다. 우리는 파스퇴르를 생물기술학의 아버지로 생각할 수 있다.

　기관에서 조직으로, 조직에서 세포로, 생물구조의 핵심으로 ‘들어가면서,' 생물학자들은 생물의 궁극적 단위에 부딪히게 되었다. 세포 안에서 생물학적 세계와 물리학적 세계를 연결시키기 위해서는 물리학자·화학자·생화학자 들이 분자학적 구조에서 세포로 '거슬러 올라가는' 연구를 성공시켜야만 했다. 이렇게 하여 분자생물학이 탄생하였다. 파스퇴르의 연구 이후, 거의 1백 년이 지난 지금──이 새로운 분야는 그의 이름을 본뜬 연구소에서──단백질 합성조절의 분자역학에 대하여 모노·자코브·르보프의 연구를 통해 훌륭하게 설명되고 있다.

　그때 이후로 모든 것이 빨라졌다. 분자생물학자와 유전학자들의 연구는 생명체의 보편적 언어인 DNA로 수렴되었다. 몇 년 사이에 DNA 해독을 할 수 있게 되었고, 그 비밀코드를 이해하기 시작하였다. 자동화된 기계를 사용하여 그것을 문장으로 '읽게' 되었고, 컴퓨터로 프로그램된 로봇을 사용하여 그것을 '쓸 수 있게' 되었다. 그리고 무엇보다도 세균, 식물과 동물세포와 같은 생명체의 생물적 기계를 개조할 수 있게 되었다. 처음으로 인간은 생물학적 정보처리를 자동화하는 데에 성공하였다. 유전자공학을 이용하여 인간은 생명의 열쇠를 쥐게 되었고 새로운 종을 합성할 수도, 현존하는 종을 개조할 수도 있게 되었다. 그래서 인간은 유전자 기술자로, 유전술의 마술사로, 또는 초보 마녀로도 변신할 수 있게 되었다.

　놀라운 분자학 도구와 기계들도 발명되었다. DNA를 절단하는 데 쓰는 효소가위, 조각들을 다시 맞추는 데 쓰는 효소접착제, 분자의 위치를 파악하고 고립시키는 자동 유도장치가 장착된 탄두, DNA를 복제하는 데 쓰는 효소복사기, 유전자를 세포에 이동시켜 주는 포장운반기, 유전자 은행 내에 코드화되어 있는 메시지를 찾는 유전자탐지기와 같은 것들이다. DNA로 덮여 보이지 않는 포탄을 세포 안에 '발사' 하기 위한 소형 대포까지!

　이런 도구들로 인하여 생명산업이 탄생되었다. 세계적으로, 특히 미국에서 1천 개가 넘는 기업이 주로 약학·화학·에너지·농식품과 환경 분야를 국제적 전략 목표로 하고 있다. 생명공학과 생명산업이 보다 가까이에서 인간과 연결되고, 결과적으로 심각한 윤리적인 문제를 제기하기에 이르렀다. 인간 유전자 해독, 유전자 신분증, 의학 분야와 연계하에 이루어지는 인간 재생, 태아 복제, 태아조직을 이용한 이식술에 대한 연구에서도 사정은 마찬가지다. 향후 몇 년간 생물학의 중대한 목표는 암과 에이즈의 정복, 두뇌활동과 노화 메커니즘의 파악이다.

이 짧은 현대 생물학의 개관은 인간이 다다른, 이제는 뒤로 물러설수 없는 단계를 말해 주고, 생물학의 발전 방향을 제시하고 있다. 오늘날 생물학·생명공학·생명산업은 모든 생태계와 마찬가지로 팽창일로에 있는 기술이다. 무수한 상호작용이 아이디어, 인간, 기술, 첨단기술기업, 주요 제약회사, 식품회사로 빽빽이 구성된 네트워크 내부에 존재한다. 한 분야에서 이루어진 기술혁신은 다른 분야에서 곧바로 이용되었다. 생명공학은 범세계적 교역, 경쟁, 제휴, 놀라운 파급 시스템의 시각에서 보아져야 한다. 생명공학의 발전속도는 가속화되고, 혁신과 노하우의 교차로 자가촉매반응을 일으켜 힘을 얻는다. 이 힘은 점점 커지고 때로는 막강한 것이 되기도 한다.

생물학과 생명공학의 발전으로, 그리고 여기에 컴퓨터공학이 합쳐져 인간과 기계 사이의 새로운 인터페이스를 창조해 주는 생물 재료, 계측기, 릴레이기, 증폭기를 고안할 수 있게 되었다. 지금도 계속되고 있는 생물학과 컴퓨터공학의 연합은 생전자공학의 새로운 시대, 그리고 인간과 컴퓨터 사이의 '직접적인 인터페이스'라는 새로운 시대를 예고한다. 이는 사이바이온트의 탄생을 위한 결정적인 단계이다.

정보혁명 : 문자에서 마이크로프로세서로

인간의 사고를 문자로 코드화시키면서 또 다른 혁명이 시작되었다. 정보혁명이 바로 그것이다. 15세기에 있었던 인쇄술에 의한 문자의 산업화는, 기호와 상징에 의한 커뮤니케이션을 일반화시켜 인간이 축적한 지식을 보급하였다. 그러던 것을 정보의 전자처리 능력이 이 기능을 이어받았다. 서적을 통한 기억방식이 컴퓨터 메모리 방식으로 보완되었다. 비언어적 코드, 음향, 화상이 전자공학으로 처리되었다.

발전속도는 놀라웠다. 수메르 문자는 약 5천 년의 역사를 가지고 있으며, 인쇄술과 서적을 통한 문자의 상품화는 5백 년이 된다. 컴퓨터를 사용한 정보저장과 인간의 통신방법(텍스트, 영상, 음향)의 전자처리는 약 50년이 된다. 모든 형태의 정보를 처리할 수 있게 하는 보편적 언어인 디지털화는 겨우 5년 전부터 상업화되기 시작하였다.

에너지 사회와는 달리, 정보의 수집과 분배에 주력하는 사회는 분산되고 그물처럼 뻗어 있으며, 독립적인 모듈로 조직되어 있다. 이 사회는 무형의 기호를 유통시킴으로써 통신 인프라를 구현시킨다. 이 정보망은 정보고속도로로 널리 알려져 있다. 콘크리트로 건설된 고속도로와 자동차가 산업혁명의 상징이었다. 그 연장선상에서 보면, 정보고속도로와 개인용 컴퓨터가 정보혁명의 결과로 생겨난 무형화된 사회의 상징이다. 고속도로와 자동차가 한 지점에서 다른 한 지점으로 이동하는 전이공간이라면, 정보고속도로와 개인용 컴퓨터는 공간과 시간을 파괴한다. 정보고속도로에 연결된 컴퓨터는 사이버 공간으로 들어가는 문이다. 이 사이버 공간은 범세계적 두뇌의 축소된 시간이며 공간이다.

역학혁명과 생물학혁명은, 현재 진행중인 공동진화가 가져올 보다 빠르고 풍성한 결과에 통합되어질 것이다. 그 공동진화는 디지털혁명이라고 종종 불리우는 컴퓨터와 통신의 그것을 말한다. 기술세계와 정신세계의 결합은 이미 컴퓨터공학뿐만 아니라 모든 인간의 통신수단에 영향을 미치고 있고, 또 앞으로도 그렇게 될 것이다. 최신 컴퓨터(즉 마이크로프로세서)의 엔진과 멀티미디어, 국제 장거리통신망은 디지털 문명의 비약적 발전에 촉매 역할을 하고 있다.

　마이크로프로세서는 1971년 인텔 전자부품회사의 연구원들에 의해 태어났다. 인간이 발명한 도구들 중에서 인류를 이처럼 뒤흔든 것은 일찍이 없었다. 마이크로프로세서는 기업과 기업의 총수들을 뒤흔들었고, 세계적으로 5만여 개 기업의 존망이 여기에 관련되게 하였다. 그 충격은 경제 전반에 미쳤다. 마이크로프로세서는 많은 곳에 도입되었다. 전화에서 비디오를 거쳐 텔레비전에 이르기까지, 그리고 물론 휴대용 소형 컴퓨터에도 마찬가지이다. 캠코더, 시계, 휴대용 계산기, 전자오락, 레이저 프린터, 콤팩트 디스크 플레이어, ABS 브레이크, 전자칩도 마이크로프로세서가 사용된 경우이다. 최근 64비트의 마이크로프로세서가 탄생하였다. 몇 평방밀리미터에 불과한 칩이 겨우 15년 전 8백만 달러에 시판된 크레이 원(cray one; 책장만한 크기의 슈퍼컴퓨터)에 필적하는 성능을 가졌다. 게다가 64비트의 마이크로프로세서의 가격은 1천5백 달러밖에 되지 않는다. 휴대용 계산기의 건전지를 사용하는 이 마이크로프로세서는 초당 평균 1억 5천만 사이클로 작동하며, 초당 10억에 달하는 정보를 처리한다.

　무어의 법칙(인텔의 사장인 고든 무어에 의해 30년 전에 세워진)에 의하면, 트랜지스터 회로를 이루는 선의 크기를 매년 10퍼센트씩 줄여 나가면 기술자들은 3년마다 한 번씩 트랜지스터의 4배처리 능력을 가진 새로운 칩을 시판할 수 있다. 3년마다 메모리 용량은 4배로 늘어나고, 가격은 규칙적으로 내려간다. 이 용량은 1986년에는 1백만 비트(혹은 텍스트 30페이지)에서 1천6백만 비트(텍스트 5백 페이지)가

되었다. 2005년에는 20권에 해당하는 백과사전의 전집 2질(40억 비트)에 해당하는 용량에 달할 것이고, 2011년에는 27질(6백40억 비트)에 해당하는 용량에 이르게 될 것이다.

　지난 30년 이래로 같은 가격에 살 수 있는 컴퓨터가 해마다 2배로 늘어났다. 1980년에는 전세계에 2백만 대의 컴퓨터가 있었다. 그것은 주로 사무실용 대형 컴퓨터였다. 1993년에는 강력한 마이크로프로세서가 내장된 개인용 소형 컴퓨터가 1천5백만 대 보급되었다. 1997년에는 2억 5천만 대를 돌파할 것이고, 2000년에는 10억 대에 달할 것으로 보인다. 2010년에 10억 대에 달할 자동차 수와 비교해 볼 만한 수치이다. 그러나 차이점은 발전속도이다. 전화와 자동차는 대중화되기까지 1백 년이 걸렸다. 컴퓨터는 생겨난 지 겨우 20년이 되었다. 사람들은 선진국에 극도로 편중된 전세계 컴퓨터 보유 현황의 불균형을 지적한다. 미국은 인구 1천 명당 2백65대의 컴퓨터를 보유하고 있고, 영국은 1백34대, 프랑스는 1백11대, 이탈리아는 57대, 멕시코는 13대, 브라질은 6대, 중국은 1대이다.

　마이크로프로세서는 인간에 의해 만들어진 원시 뉴런과 비슷하다. 자동차처럼 회로 마스크에 새겨진 도면(자신의 'DNA')을 토대로 공장에서 복제된다. 인쇄술과 유사한 테크닉으로 트랜지스터를 잇는 섬세한 구조와 선들을 실리콘 속에 새겨넣을 수 있다. 이것이 정보처리와 통신의 전자회로를 만들어 내는 것이다. 자동차의 경우와 같이, 마이크로프로세서가 창안되고 보편적으로 사용됨으로써 자연적인 것과 인공적인 것 사이의 경계가 사라지게 되었다.

　기술의 혼성화는 인간과 정보처리 기계와의 공동진화를 가속화시키는 또 다른 요소이다. 여러 분야의 기술이 한 기계로 모아진다. 정보의 디지털화, 팩스, 레이저 프린터, 복사기, 자동응답기, 스캐너, 컴퓨터는 한 기계 안에 모아질 수 있다. 스캐너의 헤드 시스템은 팩스에서도 쓰여지고, 레이저 프린터 시스템은 프린터나 복사기에서, 모뎀은 전화기에서도 쓰여진다. 컴퓨터 기술과 텔레비전과 복합적인 텔레커뮤니케이션 기술의 결합은 공동진화를 가속시키게 될 것이다. 이렇게 하여 팩스가 내장된 노트북 컴퓨터, 텔레비전, 휴대폰, 비디오폰, 화상전화('스마트폰' 혹은 인텔리폰이라고 하는), 또는 내가 당분간은 컴퓨비전[원저에는 프랑스어로 컴퓨터를 말하는 ordinateur와 텔레비전 수상기를 말하는 téléviseur를 합쳐 'ordiviseur'라고 표현되어 있으나, 독자들이 보다 쉽게 이해할 수 있도록 영어의 computer와 television을 합쳐 컴퓨비전이라 번역하였다]이라고 부르는 것이 생겨날 것이다. 컴퓨비전은 전화에 연결된 컴퓨터 텔레비전으로서 사이버 공간의 전자고속도로로 미래여행을 할 수 있는 단말기를 말한다.

정보통신매체의 변형 : 멀티미디어에서 유니미디어로

멀티미디어, 정보고속도로, 대화용 텔레비전, 전세계적 컴퓨터 통신망의 비약적인 발전은 영상의 크나큰 혁명을 의미한다. 나는 이것을 정보통신매체의 변형이라고 부른다.

이 변형은 사이바이온트의 중요한 기능들이 구체화되는 것 중에서 가장 의미심장한 형태의 하나를 보여 준다. 우리는 지금 사회적 거대유기체의 범세계적 두뇌와 신경조직의 형성을 지켜보고, 아니 그 내부에서 참여하고 있다. 정보통신매체의 변혁은 한 조직이 생성되는 가운데 나타나는 카오스적 과정의 모든 특성들을 보여 준다. 즉 주변환경과 공동진화하는 혼합기술 시스템의 자가촉매, 자연도태, 시간적·공간적 록인 반응과 같은 것들이다. 수많은 동인의 동시 작용으로 산업 및 기술의 성장 기반과 고부가가치의 경제 분야가 창조되고, 이 경제 분야는 반대로 이를 생겨나게 한 기술 분야의 시스템의 발전과 팽창을 용이하게 해준다. 양의 피드백 사이클이 형성된다. 새로운 속성이 나타난다. 이제 어느 정도 친숙해진 카오스, 질서, 그리고 복합작용이 관찰자 겸 배우인 우리들의 눈앞에서 각각의 작용을 하는 것이다.

이런 진화는 새로운 기술과 통신수단(노트북 컴퓨터, 휴대폰, 대화식 콤팩트 디스크, 디지털 네트워크)을 따로 떼어 놓고 보면 보이지 않는 것이다. 우리는 흔히 이런 것들 각각의 시장성이나 상품화 가능성에 초점을 맞춘다. 미래에 대한 이런 고전적 예측방법은 선형적·분석적·연속적이다. 그보다는 통신 시스템을 총체적으로 고찰해 보자. 그리고 자체 조직기능과 자율선택, 창발의 법칙을 찾아보자. 곤충사회와 마찬가지로 모든 복합 시스템은 상호작용의 조밀한 네트워크를 이루고 있으며, 동일한 원칙이 적용된다. 동시에 작용하는 수많은 동인에 의해 적용된 단순한 법칙들에서 한 복합 시스템의 자체 조직화와, 예상하지 못한 특성이 창발하게 된다. 이 원칙들은 인간두뇌와 컴퓨터와 장거리통신을 잇는 네트워크에도 분명히 적용된다.

우리들의 정보입수, 저장, 처리, 전파능력에 관련되는 정보통신매체의 발전이 어떻게 나타나는가? 그것은 정보압축과 디지털화로 인해서이다.

디지털화에 의해 우리는 기기간의 통신에 있어 일종의 에스페란토라고 할 수 있는 동일한 통합언어로 여러 가지 정보(소리, 영상, 문장, 소프트웨어)를 처리할 수 있게 되었다. 이것은 마치 생물학에서 DNA에 담겨 있는 정보코드를 네 가지 화학기호로 된 유전자코드로 일반화시킨 경우와 같은 것이다. 정보란 (공기 중에서 이동하는 음파, 전자파, 전기신호와 같이) 시간에 따라 변화, 전개되는 아날로그 형태의 연속적 물리량이다. 디지털화는 이 물리량을 작은 조각으로 나누어 규칙적인 간격으로 그 값을 측정〔한 콤팩트 디스크의 음악은 초당 4천번〕하는 작업이다. 그리고는 이 값의 크기를 2진법, 즉 0과 1(전산용어

의 비트)로 이루어진 숫자(여기서 디지털화라는 단어가 생겨났다)[프랑
스어로 숫자(nombre), 디지털화(numérisation)는 같은 어원을 갖는다]
로 된 정보코드 속성으로 나타내는 것이다. 이러한 디지털 기호는 비
트 유속으로 번역되어 레이저 디스크에 저장되고, 그룹으로 압축되어,
원거리통신망을 통해서 어느 컴퓨터로든지 처리할 수 있게 된다.

디지털화 이전에는 주변기기간의 호환이 불가능했다. 서류에는 종
이, 사진에는 필름, 카세트나 비디오에는 마그네틱 테이프를 썼다. 오
늘날 디지털 정보의 전파는 어떤 전파수단(전화선, 라디오 전파, 텔레
비전 위성, 케이블)으로도 가능하게 되었다. 쉽게 변질되는 아날로그
신호와는 달리, 완벽한 상태로 잘 저장되기 때문이다.

디지털화와 네트워크를 순환하는 정보비트는 경제계의 화폐 발명
에 의한 혁명과 유사하다. 화폐가 사용되기 이전에는 어떤 재화나 용
역의 구입을 위해서는 물물교환제도에 의존해야 했다. 이런 매매행위
는 매우 느렸고, 또 제한되어 있었다. 화폐는 공간적인 팽창을 더해
시간과 공간을 단축시키면서 세계경제의 발전을 가져왔다. 오늘날 디
지털화는 시간적 제한과 지식의 독점을 격감시킴으로써 불행하게도
전세계의 실업률 증가를 초래하였다. 이전의 학설들을 뒤집는 이러한
사실들이 최근에 증명되고 있다.

데이터의 압축은 부수적 현상에 불과한 것으로 보이기 쉬우나, 그
로 인해 우리는 이루 헤아릴 수 없이 귀중한 결과를 얻게 된다. 정보
의 압축은 이미 설치되어 있는 네트워크(전화나 케이블 네트워크와 같
은)에서 훨씬 더 많은 양의 정보를 전달할 수 있게 하는 기술이다. 이
런 비교를 상상해 보면 알 수 있을 것이다. 현재의 지하철 운송능력
을 증가시키기 위해, (차량을 대형화시키거나 새로운 노선을 건설하지
않고) 입구에서 승객의 체구를 90퍼센트 줄이고, 출구에서 다시 정상
으로 환원시키는 것이 가능하다고 생각해 보라!

디지털화된 정보 압축은 모든 신호에는 불필요하고 반복적인 정보가 많이 담겨 있다는 사실에 근거하고 있다. 예를 들자면 문장 중의 공백, 대화 중의 침묵, 비디오 시퀀스의 포즈 부분과 같은 것들이다. 마이크 앞에서 말하고 있는 연사의 영상을 원거리로 전송하고자 한다면, 사실상 변하지 않는 배경, 고정되어 있는 마이크, 조금씩 움직이는 연사의 몸, 그리고 움직임이 많은 손과 입술을 압축 신호로 만들 것이다. 이런 다양한 층위의 정보는 표본으로 나뉘어, 강력한 압축 알고리듬에 의해 처리되어 일련의 디지털 데이터의 형태로 보내진다. 그 마지막 단계에서 압축 해제 소프트웨어가 영상과 애니메이션 시퀀스와 음향을 재생시킨다.

현재 여러 가지 테크닉에 의해 사용되는 압축률은 100을 넘는다. 그러나 홀로그램 압축이나 프랙탈 압축과 같은 더 강력한 테크닉이 속속 출현하고 있다. 이런 기술로 CD-rom 한 개가 백과사전 28권 분량과 6천 장의 칼라사진을 담을 수가 있다. 그 원리는 관측 기준에 관계 없이 동일 문양을 무한히 반복하는 프랙탈 영상의 원리에서 따온 것이다. 이 점은 바로 설명을 줄일 수 있다는 것이다. 이런 방법으로 도시들을 찍은 항공사진 10장을 수록하려면, 이 도시들의 공통적인 특징(건물 지붕들의 형태와 색깔, 거리들, 대로들, 공원 등……)을 단 한 번만 묘사하여 저장하면 모든 영상이 재생된다.

이런 발전에서 가장 주목할 점은 여러 전통적인 분야들이 수렴된 결과로서의 멀티미디어의 비약적인 발전이다. 이렇게 하여 인간통신의 네 가지 기본적 형태가 디지털화된 한 분야로 합병된다. 이 네 가지 형태란 문자(신문, 잡지, 서적), 시청각물(텔레비전, 비디오, 영화), 텔레커뮤니케이션(전화, 인공위성, 케이블), 그리고 컴퓨터(하드웨어와 소프트웨어)를 말한다.

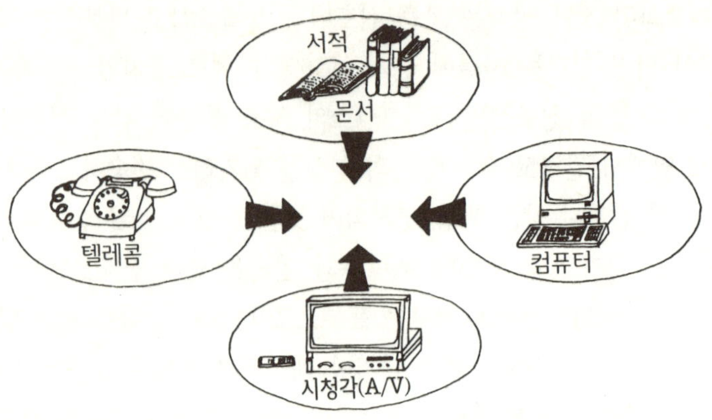

　나는 여러 주변장치들을 병치해 놓은 듯한 멀티미디어라는 말보다
는 이 분야를 '유니미디어'라고 부르고 싶다. 사실상 유니미디어는
2000년대를 위한 새로운 통신언어이고, 멀티미디어는 유니미디어의
도구이기도 하다.

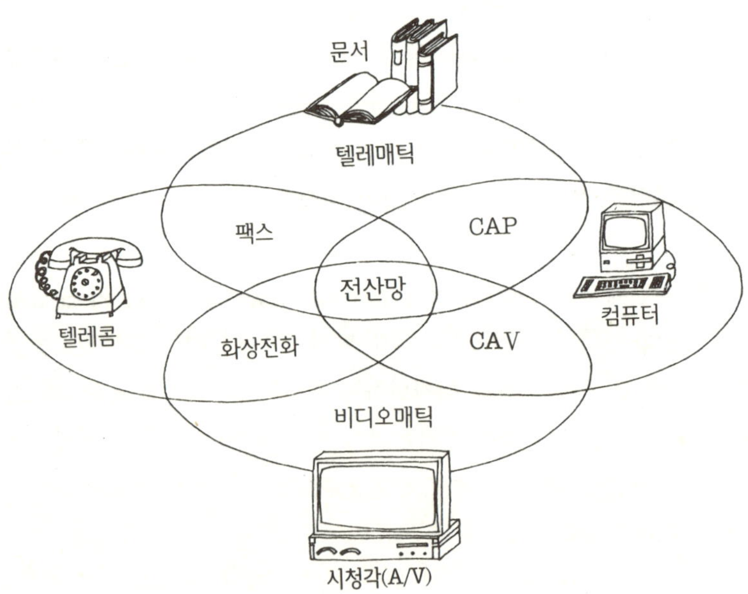

앞의 그림은 이미 잘 짜여진 결합형태를 보여 준다. 문서와 전화의 결합은 팩스의 탄생을 가져왔다. 전화와 A/V의 결합은 화상전화를 생겨나게 하였다. 문서와 텔레커뮤니케이션과 컴퓨터의 결합은 미니텔이라는 텔레매틱을 낳았다. 문서와 컴퓨터는 컴퓨터와 결합하여 CAP(Computer Aided Publication)라는 출판 시스템이 되었다. 디지털 비디오 조작이 점점 단순해짐에 따라 다른 여러 시스템들이 생겨나고 있다. 텔레커뮤니케이션·A/V·컴퓨터를 합하여 나는 비디오매틱(CAV; Computer Aided Video 라고도 한다. 컴퓨터와 연결된 비디오라는 뜻이다)이라고 이름 붙인 시스템을 만들어 냈다. 이것은 문서처리에 있어 텔레매틱에 해당된다. 비디오매틱 네트워크상에는 영상과 그래픽, 혹은 움직이는 도표, 때로는 단순히 문장이나 숫자도 전송된다.

대화식 멀티미디어 텔레비전은 고성능 비디오서버에 연결되어, 컴퓨터 여러 대를 동시에 작동함으로써 많은 이용자가 동시에 이용할 수 있게 해주는 것이다. 가정용 제어기(set-top box) 덕분에 이용자들은 항법장치를 가정에서 자유롭게 사용하여 이 거대한 영상은행과 마음대로 대화할 수 있게 되었다.

다방면의 기술합병의 여파로 산업과 경제 분야 역시 서로 접근하고 있음은 매일같이 우리가 언론매체를 통해 듣고 있는 사항이다. 지금은 여러 케이블 오퍼레이터, 원거리통신회사, 영상사업자, 영화사, 텔레비전 방송사, 편집자, 비디오 게임 생산자, 소프트웨어 회사들이 생겨나고, 매각되고, 매입되고, 합병되는 중대한 시기이다. 이런 재조정 작업은 유니미디어의 탄생에 필요한 투자의 중요성에 비추어 보면 그 타당성이 입증된다. 사실상 수많은 이용자들에게 대화용 비디오, 음향, 문서, 소프트웨어를 공급하기 위해서는 막강한 통신매개체가 필요하다. 이것이 바로 미래 정보고속도로의 역할이다. 이 정보도로는 초당 6만 8천 비트(Numéris 네트워크)에서 초당 1억 5천6백만 비트(ATM

혹은 비동기식 전달)에 이르는 속도로 전달이 가능하다. 그래서 초당 2백 쪽으로 된 책 한 권 분량의 전달이 가능하다고 할 수 있다. 이렇게 전달되는 정보는 연결도로를 지나, 간선도로와 집 앞 도로를 통해 오솔길로 접어들어 전화선을 타고 개인용 컴퓨터에 도착한다. 따라서 이 압축신호를 실시간으로 해제시켜 줄 칩이 필요하다. 그리고 변환 전화선, 네트워크 케이블, 광섬유, 주파수 변환기, 위성 안테나 등 서로 다른 네크워크간의 접속호환성을 점검해 둘 필요가 있다. 이런 기술자료를 볼 때, 정보고속도로의 접속 혜택을 이용자들이 누리기 위해서는 막대한 투자가 필요하며, 대단위의 국제적 프로젝트의 정치적 성격으로 연관되어야 함을 알 수 있다.

20세기 말에 우리는 새로운 공간과 새로운 시장 정복을 향한 범세계적 전략 대결의 한 장면을 지켜보고 있다. 미디어 변혁 그 심장부에, 국제전산망 하나가 자율선택의 과정을 거치면서 그 예가 되고 길잡이가 되고 있다. 그것은 바로 네트워크 중의 네트워크, 인터넷이다.

인터넷 : 범세계적 두뇌의 생성

60년대 말 이래로 미래학자들은 미국인들이 중요하게 여기는 '정보설비,' 공공 정보서비스 시대의 도래를 예견했다. 그러나 여러 기술들이 충분히 수렴되지 못하였다. 기술의 공동진화는 아직 결실을 거두지 못하였고, 임계질량에 다다르지 못하고 있었다. 프랑스는 광섬유, 비아리츠 화상전화, 트랜스팩 커뮤니케이션 네트워크, 그리고 미니텔로 유명해진 텔레텔의 도입으로 이 분야에서 선도적인 역할을 했다. 이 사실은 다음과 같은 수치로도 입증된다. 개인과 기업에 미니텔 보급 7백만 대, 2만 5천 종류의 다양한 서비스, 연간 이용시간 1억 1천5백만 시간에 달한다. 이런 성공에 세계가 놀랐으며, 프랑스는 대중 텔레매틱의 선구자가 되었다.

그러나 불행하게도 이 시스템은 터미널의 취약성과 시스템의 느린 속도, 마이크로컴퓨터와의 고속연결상의 난점 등으로 인해 수출이 불가능한 것으로 판명되었다. 오늘날 미니텔은 개인용 컴퓨터에 접속되는 대중 텔레매틱 네트워크에 추월당했는데, 후자의 대표적 모델이 인터넷이다.

하지만 초기의 미니텔은 순조로운 출발을 보였다. 처음부터 미니텔은 고속성장을 할 수 있는 조건을 갖추고 있었다. 프랑스의 미니텔을 통하여 복합 시스템의 자체 조직작용의 기본 법칙을 발견할 수 있다. 즉 수많은 요소가 개별적 필요에 부응하기 위해 동시에 움직인다. 곤충사회나 조류의 집단비행에서와 같이, 이 요소들은 단순한 법칙을 따른다. 미니텔의 대성공을 가져온 요소는 네 가지로 요약될 수 있다.

• 터미널을 사지 않아도 된다. 이용자에게 개방되어 있거나(전자전화번호부용) 대여된다.

• 선불형식의 가입비를 내지 않는다. 사용료는 전화요금에 포함되어 청구된다.

• 누구나 정보서비스를 제공할 수 있다. 즉 서비스 제공이 독점되지 않는다.

• 전화회사에서 네트워크 통행료를 공제하고 후에 소정의 요금을 서비스 제공자에게 되돌려 준다(뷰데이터 서비스).

이런 단순한 원칙들이 다른 나라에서는 가능하지 못했던 새로운 시장을 열어 주었다. 사실 이런 형태의 계획 착수를 저해하는 악순환이 있었다. 그것은 소비자는 네트워크에서 활용할 수 있는 서비스가 너무 적기 때문에 터미널을 사지 않고, 정보회사는 터미널이 많이 보급되어 있지 않기 때문에 새로운 정보서비스를 시도하지 않는다는 것이다. 이런 악순환은 위의 네 가지 원칙을 채택한 미니텔 시스템이 시작되면서 끊어졌다. 전자전화번호부로 사용할 수 있는 가능성이 터미널 생산을 촉진시켰다. 그리고는 사용자들은 본래의 사용 용도를 변경하여 다른 용도를 발명하기 시작했다(페이저, 음란물 서비스, 오락). 미니텔을 중심으로 하여 사용자 동호회와 신규 사용자 동아리가 생겨났다. 양의 반작용고리와 이윤증가의 메커니즘, 효용순환은 정보서비스의 폭발적 발전을 가져오며 시작될 수 있었다.

반면에 영국·독일·일본·캐나다·미국과 같은 나라에서는 유사한 기술력은 있었지만(비디오텍스) 이렇게 진행되지는 못했다. 터미널을 사야만 했고(개인용 컴퓨터와 다른 가정용 전자기기와 경쟁이 되었다), 몇 가지 서비스만이 허락되었다(전화회사의 독점이었다). 선불형식의 가입비를 내야 했고, 정보제공회사에게 돌아갈 이익이 보장되어 있지 않았다.

프랑스에서의 미니텔 제도의 실험은 다른 나라에서도 이어졌는데, 이는 컴퓨터를 통한 상호서비스의 시스템(즉 전화번호부, 언론, 은행, 행정서비스, 오락, 메시지, 홈쇼핑, 여행, 예약……)에 대한 대중과 기업의 요구가 있음을 입증해 주었다. 그래서 컴퓨터 정보서비스의 시스템이 생겨났다. 이런 시스템의 타당성을 국제적 규모로 입증하는 일만 남았다. 이 사업의 바톤을 이어받은 것이 인터넷이다.

인터넷은 인간이라는 환경과 함께 매우 빠른 속도로 공동진화하는 자연발생적 계통이다. 인터넷은 카오스적이고, 무질서하고, 전혀 구심점이 없는 상태이다. 어떤 중앙 행정조직도 이를 이끌지 못하고, 아무도 소유하지 못하며, 아무도 그 발전을 멈출 수가 없다!

새로운 사이버 공간으로 들어가는 입구인 인터넷은 영리 목적이 없이 운영되는 일종의 협동조합이고 공제조합이다. 각각의 조직은 자신들의 컴퓨터의 작동과 유지를 책임지고, 이 컴퓨터들의 커뮤니케이션 라인을 재정적으로 지원하며, 이웃 네트워크와 기술적으로 협조체제를 유지한다. 각각의 조직은 이 시스템이 총체적으로 모두의 이익이 되는 방향으로 작동할 때, 현지의 이익을 얻는다. 한 네트워크에서 규정을 무시하고 다른 네트워크들을 방해하면, 후자들은 즉시 단절된다. 게다가 사설 혹은 공영 통신회사의 회선에 가입한 모든 회사는, 그 네트워크를 인터넷과 연결시킬 수 있게 함으로써 인터넷 서비스 사용자를 늘렸다.

네트워크 중의 네트워크(벌써 6만 회선이 접속되었다)인 명실상부한 이 거대 컴퓨터는, 오늘날 전세계 1백46개국 2백30만 대 이상의 컴퓨터와 연결되어 있다. 그 사용자는 2천만 명에 달한다. 매월 1백50만 명의 사용자가 새로이 접속하고, 10분마다 새로운 네트워크가 하나씩 추가된다. 이 놀라운 증가율은 셀 전화나 팩스의 증가율을 앞질러, 월 15퍼센트에 이른다. 연결된 컴퓨터는 1989년 5만 6천 대였다가, 1991년에는 92만 대, 1993년에는 1백31만 대, 1994년 중반에는 2백30만 대가 되었다. 국제전화 네트워크와 컴퓨터·모뎀을 사용하여 수백만의 사람들이 의견을 교환하고, 전문적인 토론회에 참가하고, 아이디어를 교환하고, 정치활동을 하고, 도서관과 데이터베이스를 이용하며, 프로그램을 원격 입력하고, 오락이나 교육 프로그램에 참가한다. 인터넷에 익숙한 사람들은 인터넷을 그저 넷(네트워크)이라고 부른다.

이 모든 것은 1968년 미군을 위해 DARPA(Defense Advanced Research Project Agency)에서 개발한 한 네트워크에서 시작되었다. 이 네트워크는 핵전쟁에 대비하기 위한 것으로 보인다. 왜냐하면 여기에는 어떤 신경센터도 확인할 수 없기 때문이다. 이 점이 이 네트워크의 강점이다. 이 네트워크의 발명자인 폴 배런은 랜드 코오퍼레이션(Rand Corporation)의 연구원이었다. 그는 1964년 네트워크를 통해 전달되는 압축 정보와, 이 압축 정보가 시스템 오류나 고장일 경우에 대처하는 물리적 경로 바꾸기(dynamic rerouting)에 기초한 카오스 시스템을 구상하였다. 이렇게 해서 한 군데, 혹은 여러 군데의 신경센터가 파괴되어도 압축 정보는 목적지를 향해 계속 나아가는 것이다.

오늘날 이 네트워크는 대중화되어 폭발적인 성공을 거두었다. 대학이 이를 채택하였고, 대중도 마찬가지이다. 과학자·인기인·정치가·수집가·언론인·학생이 24시간 내내 사용한다. 5천 개 이상의 토론 모임이 있고, 2천5백 개의 전자신문이 있다. 그외의 게시판이나 대화방은 말할 나위도 없다. 유럽에서는 70만 대의 컴퓨터가 유넷(Eunet)을 통하여 인터넷에 연결되어 있다. 그 중 프랑스는 7만 5천 대가 주로 리네이터(Renater)로 연결되어 있는데, 그것은 주로 대학이나 연구소들이다. 이 정보팩의 컷팅, 어드레싱, 리루팅을 가능하게 하는 국제규정은 TCP/ IP(Transmission Control Protocole과 Internet Protocol의 약호)라고 부른다. 이 규정 덕분에 모든 컴퓨터들이 크기에 관계 없이 지구상의 어느곳에서든지 서로 대화하고 이해한다.

인터넷의 폭발적 확장의 촉매, 즉 양순환적인 자가촉매과정이 시작되게 한 것은 다음 두 가지 사항의 결합이다. 그것은 바로 네트워크를 통하여 전달된 정보와 하이퍼텍스트의 결합을 말한다. 이 두 가지 기능은 이미 개별적으로도 유용한 것이었다. 그러나 이것들이 결합되면서 창발적 성격을 가진 살아 있는 새로운 네트워크를 창조하였다. 서로 연결된 사용자들간의 정보전달은 과학자들간에는 이미 있어 온 기능이었다. 그러나 현재 진행중인 작업 다큐멘트 안에 머무르면서 서로 왕래할 수 있게 하는 실제적인 방법은 없었다. 다른 분야에서, 그리고 독립적인 방법으로 소프트웨어 개발자들은 특히 애플사와 같은 사용하기 쉬운 대중용 하이퍼텍스트의 수정에 주력하였다. 정보는 카드 더미와 같은 형태로 존재하는데, 거기에는 포인터가 있어 현재의 출발점에 연결된 정보를 가진 다른 카드로 넘어가려면 그 위에서 클릭하기만 하면 된다. 이것은 전세계 거미줄로 이어진 정보제공자들의 컨셉과 하이퍼텍스트의 눈덩이 효과가 합작된 결과이다. 사용자는 한 정보에 들어가서, 서로 연결된 진정한 정보의 교차로인 포인터를 클릭하면서 이 텍스트(이 정보)에서 저 텍스트로 들락날락할 수 있다.

인터넷의 자가촉매과정은 카오스로부터 시작한 질서발생적 공동진화과정을 완벽하게 보여 주는 예이다. 단순한 법칙으로부터 출발하여, 동시에 작동하는 수많은 요소들은 거대한 멀티프로세서를 창조하여 복잡한 문제들을 일괄적으로 해결하고, 그의 전산적 생태계의 진화에 적응하였다.

인터넷의 규칙은 다음과 같이 정리될 수 있다.

·모든 사람들은 동일한 규정을 따른다. TCP/IP, 즉 기본 통신언어는 무한한 인터커넥션을 가능하게 한다.

·정보는 규격화된 무더기로, 카오스적으로, 모든 사용가능한 통로를 다 이용하면서, 그리고 여러 갈래로 우회되어 전달된다.

·만약 한 네트워크에서 규정을 지키지 않는 경우에는, 즉시 다른 네트워크와 연결이 끊어진다.

·각자는 네트워크의 한 접속망을 사용하는 요금을 지불한다.

·네트워크의 각 접속점(사용자와 그의 컴퓨터)은 전체 네트워크의 기능을 활용하며, 전체는 각 접속점의 창조물(소프트웨어, 양식, 정보제공자……)의 혜택을 본다.

·각 사용자는 올바른 행동규칙(네티켓)을 지켜야 한다.

이 단순한 규칙으로 인터넷은 점점 더 지능적인 범세계적 메타컴퓨터가 되었다. 인터넷은 경쟁적 환경하에 실시간 속에서 절차나 프로그램을 실험하는 수많은 동인들의 반응으로 동시에 정보들을 처리한다. 이런 과정은 생물학의 다윈적 진화를 상기시킨다. 그러므로 인터넷이 인간들간에 통신과 전자정보교환에 있어 점점 더 완전한 방법을 선택하는 것을 기대해 볼 만하다. 그리고 이것은 시작에 불과하다. 현재의 시스템은 인터넷의 선사시대라고 할 수 있다. 사용의 편이성은 미니텔의 그것보다 떨어질 때도 있고, 복잡한 절차는 매킨토시나 윈도우즈 이전의 컴퓨터의 그것을 연상시키기도 하며, 그리고 사용설명서는 엔지니어의 그것과 비슷하다. 그러나 모든 것은 Gophers, WAIS,

WWW, Netscape, CU see me, Talk radio 등과 함께 대단히 빨리 변하고 있다. 이 생소한 이름들 뒤에 인터넷의 현재 상황과 그 미래의 일부분이 감추어져 있다.

　Gophers는 몇몇 특정 서버에 공개되어 있는 모든 정보를 수집하는 메뉴이다. WAIS(Wide Area Information Server)는 테마검색과 국제정보판매대 역할을 한다. WWW(World Wide Web)은 Netscape와 연결하여 단어나 카드, 또는 아이콘 위에서 클릭하면서 한 조직체에서 다른 조직으로 옮겨갈 수 있다. 이것은 때때로 이 대륙에서 저 대륙으로, MIT나 CERN의 컴퓨터에서 스탠퍼드대학교의 컴퓨터로 옮겨가는 것이라는 사실을 인식조차 하지 않는다. 디지털 라디오는 텔레비전이나 화상회의보다 먼저 이미 인터넷에 들어와 있다. 사용자는 단순히 뉴스를 접하기 위해서만이 아니라, 뉴스를 제작하고 편집하기 위해서 서버와 대화할 수 있다. 사용자는 도구와 기구들을 원격 조종할 수 있으며, 가상공간으로 들어가서 물건들을 조작할 수 있다. 정보의 하이퍼스페이스 속에서 항해하는 데 도움을 주는 컴퓨터 프로그램인, 인텔리전트 에이전트들이 멀리 그려진다. 다른 얼굴로 인격화된 말을 하는 가상 지능보조원이 무한한 가능성 속을, 신대양의 복합성과 사이버 공간의 '미지의 땅'으로 우리의 발걸음을 인도할 것이다.

　이렇게 하여 우리는 인터넷으로 인한 새로운 형태의 경제 교류의 창발을 보게 된다. 즉 각각의 에이전트는 화폐 대신에 정보로 대가를 지급받는다. 전통적인 경제제도하에서는, 투자된 각각의 자본은 투자된 자본으로 보상되는 '이윤'을 산출하였다. 노동은 급료(화폐)로 보상되었다. 인터넷이라는 컴퓨터 생태계에서 자본과 '이윤'은 정보의 형태로 되어 있다. 새로운 소프트웨어나 프로토콜, 혹은 절차를 개발하면서 무보수로 인터넷에 협력하는 많은 연구원들은 자신들이 발명한 결과를 모든 사람들에게 공개한다. 그들은 그 대가로 보다 높은 부가가치를 가진 정보를 받는다.

현재 건설중인 거대한 정보고속도로는 영상과 음향을 전달할 수 있게 할 것이다. 케이블 네트워크나 대화용 텔레비전과 연결시킬 수 있을 것이다. 그러나 이 상업적 유료 정보고속도로에 벌써 인터넷이라는 마음씨 좋은 거의 무료의 지방도로가 대치되고 있다. 물론 인터넷이 유일한 국제 컴퓨터 통신 네트워크는 아니다. 그외에도 재정·은행·산업·상업·행정·연구, 혹은 군사적 용도의 네트워크가 존재한다. 그러나 인터넷만이 모든 사람에게 개방되어 있다. 매우 민주적인 것으로 정책에 의한 것도 아니고, 어떤 기준도 기술자들의 추천을 받은 정치가에 의해 강요되지 않는다. 고화질 TV나 통신위성, 유럽 시티폰의 경우와는 다른 것이다.

과연 미래에 인터넷이 놀라운 속도로 증가하는 정보유통량을 감당할 수 있을 것인가? 인터넷 네트워크는 그 성공으로 말미암아 오히려 곤경에 처하게 되었다. 체증·가상군중·사기꾼·파괴자·치한·해적들이 벌써 등장하였다. 인터넷상에 존재하는 국제 가상사회는 숫자적으로는 새로운 국가와도 같다. 사이버 공간 국가의 넷(Net) 선구자들은 유엔에 그 승인을 요구하는 문제를 심각하게 고려하고 있는 중이다.

종합적 삶을 향하여?

인간과 생물권·기술권·환경권 사이의 공동진화가 진행되고 있는 동안, 새로운 확장 공간이 생겨났다. 그것은 바로 새로운 형태의 삶, 지구상 생명의 진화과정에서의 대담하고도 놀라운 단계이다. 범세계적인 거대 생명체의 창발에 필요한 한 조건이다.

생명이란 정의내리기 어려운 것이다. 앙드레 르보프는 생명을 '죽음에 반대되는 현상의 집합체'라고 유머러스하게 정의하였다. 그러나 생물을 몇 가지 기본적인 기능에 의해 특징지어 볼 수는 있다. 첫째, 자기 보존의 기능이다. 즉 동화, 영양섭취, 발효와 호흡의 에너지 반응을 통하여 유기체를 살아 있는 상태로 유지하는 능력을 말한다. 둘째, 자기 재생의 기능이다. 그들의 생명을 퍼뜨릴 수 있는 가능성이다. 셋째는 자기 조절기능인데, 집단반응에 대한 협조동조, 제어기능을 말한다. 여기에 한 가지 덧붙이자면 생명체의 진화능력이 있다.

그러나 언뜻 보기에는 무생물인 것처럼 보이는 시스템도 생물의 특질을 가지고 있다. 수정은 자신과 똑같은 형태를 만들어 낸다. 컴퓨터 바이러스도 전자 네트워크와 메모리 안에서 자기 프로그램을 복제하고, 증식하고, 발전하고, 진화한다. 발생연산 프로그램의 수열들은 변화하며, 자율선택과정을 거치고 그 수를 증가시켜 간다. 물론 이러한 예들은 모두 인간이 만들어 낸 것들이다. 이것들은 에너지 대사도 할 수 없고, 컴퓨터 내부에서만 '생존한다.' 그러나 얼마 동안 생존하게 되는지는 의문이다.

생명에 대한 새로운 연구방법은 생명을 복합적인 물질과, 기본적인 생명체 사이에 분명한 경계선이 없는 연속체로서 나타내 보고자 하는 것이다. 이런 관점에서 우리는 상호작용을 하고 있는 수많은 요소로 이루어지고 짜맞추어진 복합 시스템을 보게 되는 것이다. 생명은 이런 상호작용으로부터, 그리고 그 복합성의 정도에 따라 창발한 특질을 갖고 있다. 생명 그 자체가 분자 '속에' 있는 것이 아니라, 상호작용과 시스템의 역학, 그 '전체'로부터 창발한다.

천체망원경으로 인하여 혹성들과 만유인력의 법칙을 발견하게 되면서 천동설을 포기하게 되었다. 현미경의 사용으로, 박테리아에서 인간에 이르는 전체 생물계에서 생물학적 진화의 개념이 일반화되면서 인간 중심주의에서 벗어나게 되었다. 컴퓨터-거시경은 자연과 인공과의 무생물과 생물과의 경계를 없애면서 생물 중심주의로부터 벗어나게 해준다. 컴퓨터는 생명체의 범위를 놀라울 정도로 확장시켜 준다.

컴퓨터는 자기 복제, 자체 유지, 자체 조절, 그리고 진화가 가능한 복합 시스템을 시뮬레이션을 통해서 살게 해주기 때문이다. 우리가 알고 있는 생명의 이면에는 그렇게 될 수밖에 없는 존재로서의 생명이 중첩되어 있다. 우리는 가능한 모든 형태의 생명들 중에서 복합적인 한 생명을 보여 주는 대표자들이다. 복합성을 이해할 수 있게 해주고 전산실험을 가능하게 해주는 컴퓨터-거시경은 새로운 형태의 생명들을 합성할 수 있도록 해주는 촉매 역할을 한다. 컴퓨터는 생명을 항상 보다 단순한 요소로 분할하면서 이해하려고 하기보다는 생명체의 성질을 가진 실제, 혹은 모사된 시스템을 만들 수 있도록 도와 준다. 이런 시스템의 유효성과 이 시스템을 만들 수 있게 한 가설들은, 그것을 가능케 한 주위환경 속에서 시험해 볼 수 있다.

이런 방법으로 인간은 인공적인, 그러나 자기 복제가 가능하고 원래의 형태와는 동떨어진 기능과 구조로 변해 가는 진화과정을 밟게 되는 생명의 형태들을 창조하고 있다. 인간과 그의 피조물간의 이 새로운 관계를 연구하기 위한 학문 분야가 생겨났다. 그것은 인공생명학이다. 혹은 AL(artificial life)이라고 한다. 나는 이것을 '신생물학(neobiology)'이라 부르고자 한다. 이 학문은 컴퓨터에 의해 모사되거나 인간에 의해 물체로 만들어진 생물, 시스템, 생의태적인(biomimetic) 네트워크를 연구하는 분야라고 할 수 있다.

신생물학의 시작은 원폭실험이 행해졌던 바로 그곳, 로스 알라모스에서 1987년 9월 21일에 이루어졌다. 그것은 크리스토퍼 G. 랭턴의 주도로 이루어졌는데, 그는 새로운 학문의 산파들 중 한 명이었다. 그 구성은 매우 다양한 분야(생물학·화학·물리학·로봇공학·컴퓨터공학·환경공학·인류학)의 연구원들로 이루어졌다. 그들은 생물계의 합성과 모사에 대한 그들의 연구결과를 교환하였는데, 이것이 바로 그들의 첫 학제간 교류 세미나의 명칭이기도 했다. 그후 보다 많은 인원이 참가한 세미나가 미국과 유럽에서 개최되었다. 예를 들면 1991

년 과학산업단지(Cité des sciences et de l'industrie)에서라든가, 1993년 브뤼셀 자유대학교에서의 세미나 같은 것들이다.

신생물학은 여러 학문을 망라하는 분야로서, 복합 시스템(동물사회, 혹은 인간사회) 모사, 생명의 형체와 유사한 형태의 생성, 로봇의 제작과 같은 많은 분야가 합쳐진 학문이다. 그 중에서 대표적인 세 분야를 예로 들면 생명의 기원, 전산진화, 로봇공학이라고 할 수 있겠다.

컴퓨터상의 생물학적 진화

생명의 기원에 대한 연구는 복합 시스템의 자체 조직과정에 대한 일반 연구의 일부이다. 연구원들의 관심을 끄는 한 특성이 있다면, 그것은 자가촉매작용일 것이다. 그 자체의 형성에 촉매 역할을 하는 분자가 재생산된다. 분자의 자가촉매과정은 생물 번식과정과 유사하다. 컴퓨터상의 시뮬레이션과 실험실 연구 사이를 오가며, 연구원들은 복합 시스템의 생성과 사이클과 고리의 형성, 자체 보존능력을 가진 분자 네트워크의 생성을 연구한다. 산타페연구소의 스튜어트 코프먼과 스틴 라스먼슨은 이 분야에서의 연구로 주목을 받았다.

전산진화는 신생물학에서 가장 매력적인 분야 중의 하나이다. 이 원리는 주어진 문제에 가장 잘 맞는 해답을 구하기 위하여, 경쟁적으로 전산 프로그램 집단이 자발적인 진화를 하도록 하는 데 있다. 발생연산이라 명명된 이 원리는, 미시간대학교와 산타페연구소 소속의 존 홀런드에 의해 고안되었다. 오늘날 이런 형태의 프로그램은 연구 분야에서 널리 쓰이고 있으며, 항공학에서 환경학에 이르기까지, 마이크로 전자에서 금융계에 이르기까지 다양한 산업 분야에 적용되고 있다. 전산진화는 서로 연결하기 쉽고, 접목하기 쉬운 프로그램 시퀀스(DNA 사슬에 비교할 수 있는 코드들)의 덕택이다. 컴퓨터 바이러스

(그리고 DNA)와 같이 이 시퀀스들은 복제되고, 분리되고, 재조합될 수도 있다. 이렇게 하여 주어진 문제를 해결할 능력을 (아직은 미비하지만) 시험해 보는 최초의 시퀀스 생성이 이루어졌다. 이 프로그램은 더 성능이 좋은 형태를 구별하며, 재생성(자동 복사)하고 시퀀스간의 재조합에 의해 변이된다. 이렇게 해서 프로그램의 두번째 세대가 생겨난다. 이 프로그램에도 테스트, 선택, 재생성, 변이의 동일한 과정이 적용되었다. 전산 스피드로 수천의 생성을 거듭한 후에 가장 효율적인 시퀀스는 세대가 바뀔수록 강화된다. 프로그램의 새로운 종(種)은 주어진 문제의 해답으로 수렴한다. 집단간의 경쟁에서 최적자가 선택되는 것이다. 전산코드와 바이트의 나라에서 일어나는 다원적 진화인 것이다!

　개념적 단순성과 발생연산의 효율성 발견으로 해서, 생물학자들과 화학자들은 약학에 쓰는 생물분자의 선택에 동일한 원칙을 적용하게 되었다. 생물기술학의 이 새로운 분야는——시험관 속 진화에 의한 분자합성——발전일로에 있다. 이미 여러 기업들이 이 기술에서 나온 상업적 산물과 특허를 놓고 경쟁하고 있다. 우선 다소 차이는 있지만 동일한 표본에서 만들어진 수천억 개의 DNA, 혹은 RNA 분자로 구성된 집단을 (자동으로) 합성하기 시작한다. 예를 들어 혈액 응고에 관여하는 단백질에 고착되기에 가장 적당한 분자를 선별한다. 단백질의 정상적인 기능을 억제하는 이런 고착제는 응혈을 녹여 주는 약품이 될 수 있다. DNA를 복사하는 효소 덕분에 이 집단을 생산하여 변이를 가능하게 할 수 있다. 이 과정은 10회 정도, 분자 반응속도로(10세대를 얻는 데 20일도 채 걸리지 않는다) 한 세대에서 다음 세대로 계속된다. 이렇게 하여 단백질에 강한 친화력을 가지고 있고, 수많은 약품의 기저가 되는 소수의 분자를 선별한다. 고전적인 방법으로는 이와 같은 결과를 얻기까지 몇 년이 걸렸을 것이다.

　시험관 속 분자진화의 원리는 컴퓨터의 발생연산의 그것과 동일하다. 즉 매우 거대한 종집단의 재생산·변이·선택·팽창이 그것이다. 유사한 메커니즘이 지구상 모든 생물이 생겨나게 한 다윈적 생물진화를 기초로 하고 있다.

이렇게 생물학적 진화는 병렬처리기능을 가진 멀티프로세서와 같아서, 무수한 유기체 하나하나는 생존을 위해 상호경쟁하는 개별 프로그램에 해당된다.

각 유기체들의 생존능력을 시험해 볼 필요가 있는, 매우 느린 이 진화과정은 (수억 년이 걸리는데) 기술진화의(인간의 발명품은 한 돌연변이에 해당한다) 테두리에서는 상당히 가속화된다. 컴퓨터를 사용하게 됨으로써, 변이──발명/선택──팽창의 생물학적·기술적 사이클은 초당 수천만 개의 명령문으로 구성되어, 생성·번식·생존·유전과정이 몇 분 내에 세대를 거듭하여 진행되는 수준까지 가속된다.

바이러스는 컴퓨터상에서 일어난 생물학적 진화의 또 다른 산물이다. 이 이상한 기생충은 '살아 있는가?'

컴퓨터 바이러스는 나쁜 의도를 가진 프로그래머에 의해 만들어진 해적 프로그램이다. 한 번 컴퓨터 명령 시스템 속에 들어가면, 바이러스는 수면상태로 그곳에 머물러 있다. 그리고는 어떤 특정 코드나 키워드·날짜에 의해 깨어난다. 이 경우 바이러스는 증식하고, 프로그램이나 파일을 지우고, 다른 컴퓨터를 감염시키고 나서, 흔적도 남기지 않고 스스로 파괴된다. 바이러스는 여러 경로를 통해 들어온다. 디스켓을 통해, 컴퓨터 통신을 통해, 인터넷과 같은 네트워크를 통해서 들어온다. 어떤 바이러스는 특히 유독하다. 어떤 것은 장난기 있는 메시지를 띄우는 정도이다. 방어하기 위해서는 여러 방법이 있다. 감염을 막으려고 시도할 수가 있다. 그 기술은 소독이나 예방과 유사하다. 접속카드, 암호코드, 디스켓 보호 등…… 진단 및 치료 키트, 백신 프로그램이 모든 컴퓨터에 대하여 존재하고 있다. 생물학적 면역 메커니즘에서 영감을 얻어, IBM의 컴퓨터 기술자들은 네트워크 전체를 면역시킬 만큼 강력한 방어 프로그램을 개발하였다.

자체 재생산 프로그램의 연구는 여러 면으로 조명된다. 생물학과의 연관은 어휘 차원에서(백신, 면역, 감염, 치료, 전염, 전이, 전이 증식 따위의) 그치는 것이 아니다. 많은 연구원들은 바이러스가 마이크로프로세서의 칩과 텔레커뮤니케이션 네트워크 안에서 고유의 생을 영위하고 있다고 생각한다. 생체기관과 대사작용을 자신들에게 이롭게 변화시키기 위해서는 다른 세포를 감염시켜야 하는 생물학적 바이러스와 같은 방법으로, 컴퓨터 바이러스도 번식하기 위해서는 컴퓨터의 환경과 대사기관이 필요하다. 이들이 '컴퓨터 기생충들' 이다. 영국의 천체물리학자 스티븐 호킹은, 이 컴퓨터 바이러스들은 살아 있다고 말한다. 이들과 더불어 인류는 인위적인 생을 창조했다. 컴퓨터 바이러스 발명가인, 델라웨어대학의 토머스 레이와 같은 미국의 연구원 그룹은 컴퓨터 생태계에서 바이러스의 진화과정을 알아보기 위해 약화시킨 바이러스 한 집단을 인터넷에 실었다. 정보대륙 전체를 초토화시킬 정도로 강한, 통제불능의 돌연변이가 생겨나지 않기를 빌어야겠다!

곤충로봇 군단

인공생명 분야로 이루어지는 로봇공학적 접근방법은 무한한 가능성을 보여 준다. 고전적인 방식(인공지능과 같은)은 개념을 모델화하고, 계획이나 예측과 같이 세계를 재현하는 것을 프로그램화하는 것이었다. 로봇은 정보처리 모듈에 의해 순차적으로 작업해야 한다. 인공지능을 사용하기 위해서는 자연지능에 관한 방대한 지식을 보유하고 있어야 한다. 그러나 추상적 능력, 상징의 사용, 감정과 가치기준이 인간지능의 작동에 큰 영향을 미치고 있다. 이 점이 컴퓨터 세계로는 옮기기 어려운 것이다. 그래서 몇 년 전부터 많은 연구원들이 새로운 기초 위에서 새로운 출발을 하려고 한다. 그들이 택한 모델은 이제 인간지능이 아니다. 환경과 상호작용이 가능하고, 환경에 대한 적응력과 정복능력이 아주 뛰어난 비교적 단순한 생물의 불완전한 두뇌이다. 예를 들면 파리나 개미, 지렁이, 풍뎅이와 같은 것들의 두뇌이다. 즉 자신들의 생존에 필수적인 정보를 탐색하고 수집할 수 있게 하는 센서와, 특정한 행동을 할 수 있게 하는 엑츄에이터를 가진 작은 유기체 종을 말한다. 신생물학에서는 이렇게 가장 단순한 지능을 본떠서 보다 진화된 행동양식을 가진 생물에까지 더 높이 거슬러 올라가는 일이 가능하다.

로봇공학에 적용된 신생물학적 방법의 목표는 지능적인 제어 시스템을 구축하는 것이다. 이 시스템 안에서 수많은 개별적인 모듈이 전체 행동양식의 '일부'를 산출하는 것이다. 이러한 방법에 의거하여 MIT의 로드니 브룩스와 그의 연구팀은 곤충을 닮은 미니로봇을 만들었다. 이 로봇은 복잡한 환경 속에서 이동할 수도 있고, 생물이 있는 위치를 파악하고 따라갈 수도 또한 피할 수도 있으며, 장애물을 넘다가 쓰러진 경우 스스로 일어날 수도 있다. 이 로봇 프로그램은 인공지능을 가진 로봇의 프로그램에서 기대할 수 있는 것과는 매우 다른 것이다. 그들의 센서와 엑츄에이터는 서로서로 모듈로 연결되고 포개져 있어서, 그들은 매우 유연한 적응력을 갖고 있으며, 환경에 대한 훈련을 용이하게 할 수 있다. 브룩스의 미니로봇은 이 세상 속에 살고 있기 때문에 스스로 프로그래밍을 한다. 그들은 위치 감각이 있다. 모듈의 기능은 간단하다. 환경을 탐색할 것과 지배할 것, 지도와 모델을 만들 것, 이동할 것, 장애물은 피할 것 등이다. 브룩스가 지적했듯이, 국제 비행기 좌석의 예약 시스템은 위치 감각은 있으나 형체가 없다. 왜냐하면 실시간 속에서 이 시스템은 모든 협력을 가능하게 하지만, 메시지를 통해서만 세계적으로 상호작용하기 때문이다. 한 자동차회사의 페인트 로봇은 형체는 가지고 있지만, 위치 파악이 되지 못했다. 그는 물리적 연장(팔, 분사기)도 가지고 있고, 무게도 참작할 줄 안다. 그러나 물체의 위치나 형태는 알지 못한다. 그가 작업하는 도중에 자동차가 이동해 버려도 그는 허공에 자신의 작업을 계속한다. MIT의 곤충로봇은 형체도 있고 위치 감각도 있다. 그들은 주변환경과 일체가 된다. 예측불능의 환경과 항상 변화하는 세계 속에서, 별로 믿을 만하지도 못한 센서로 정보를 얻으면서 그들은 어쨌거나 활력 있고 유능한 행동을 보여 준다. 이 점은 특히 복합 시스템 운영에서 우리들의 몇 가지 행동양식을 떠올린다……

MIT연구팀의 목표 중 하나는, 2000년에 코그(Cog)라고 하는 기계인간을 만드는 일이다. 이 기계인간은 자신의 환경에서 정보를 습득하고, 이를 발전시키며, 인간과의 상호작용을 통하여 자체 프로그래밍이 가능하다. 벌써 코그는 신생아와 유사한 원시지능을 보이고 있다. 몇 년 후면 코그는 자신의 대화 상대자를 알아보고, 이들의 태도에 따라 자신의 행동을 조절할 수 있게 될 것이다.

신생물학은 복합 시스템을 파악하는 첨단 분야인 것처럼 보인다. 수많은 조직이나 개인이 동시에 움직이는 사회를 컴퓨터로 모사하는 일이나, 집단비행하는 조류, 개미·꿀벌의 행동양식에 대한 모사 결과는 인간과 동물사회의 행동양식을 보다 잘 이해할 수 있게 하는 많은 정보를 담고 있다. 수많은 비선형 미분방정식을 풀면서, 컴퓨터는 인간이 불가능하게 생각하는 일을 가능하게 해준다. 즉 복합 시스템의 역학을 파악하고, 거기로부터 단순하고 발전시킬 여지가 있는 법칙을 끌어낼 수 있게 해주는 것이다.

새로운 비전이 형성되고 있다. 그것은 거대 유기체의 비전이며, 물론 우리의 비전도 그것의 일부이다. 이렇게 신생물학은 비록 인간에 의해 처음 시작되었으나, 그 자체의 역학으로 발전하는 생의 다양한 형태를 향해 지식의 신지평을 연다. 새로운 한 조직이 처음에는 기계적으로, 그 다음에는 전자생물학적으로 인간 주위에서 발달되어, 인간이 창출한 사회적 거대 유기체와 인간을 연결시키고 있다. 거대한 범세계적 태아의 결합조직과 소화기관과 신경조직이, 우리가 지켜보는 가운데에 서서히 형성되고 있다.

인간은 초기에는 자신들의 이익을 위해 매우 다양한 형태의 인공생명을 창조할 수 있지만, 이후에는 인간이 더 이상 통제할 수는 없게 되어 버린 이 생명의 독자적인 진화를 지켜보게 될 것이다. 이렇게 하여 인간은 자신을 포함한 공생을 시작하고, 더 높은 수준의 복합성을 지닌 유기체를 탄생시키게 될 것이다. 이 유기체와 긴밀한 관계를 맺으며, 동시에 공동진화하며 공생적 인간이 태어날 것이다.

내가 그 기원을 간단히 설명했던 생명체의 기본 기능과 비교하면 사이바이온트의 중요 기능은 서서히 나타난다. 자체 보존은 농업과 에너지 대사 덕분에, 자체 번식은 산업과 경제에 의해, 자체 조절은 컴퓨터와 네트워크에 의해서이다. 에너지·정보·경제·환경은 새로운 거대 생명체의 구성 요소이다. 이 미래의 연구 분야는 사이바이온트의 생명제어와 합리적인 개념 확립을 위해 필요한 것이다. 또한 이는 인간과 이 거대 유기체와의 공생관계를 기반으로 하고 있다. 인간의 두뇌와 범세계적 두뇌 사이의 새로운 인터페이스를 필요로 하는 관계 말이다.

II

공생적 인간으로

3

지구의 뉴런들

자연의 위대한 발견

인간은 자신이 만들어 낸 신경 시스템으로 통합되면서, 서서히 '지구의 뉴런'이 되어간다. 생물권과 기술권의 가장 발전되고 무형화된 형태의 결합은 범세계적 두뇌와 실시간 사회형성의 기원이 된다. 전신기의 똑딱거리는 소리로 시작된 진화는 전화혁명으로 이어지고, 텔레비전과 컴퓨터의 현대적 디지털 통신망으로 계속되었다. 기술선진사회에서 현재 창발하고 있는 이 새로운 존재는 바로 공생적 인간이다.

앞으로 알게 되겠지만, 이 공생관계는 단지 범세계적 두뇌를 구성하는 정보 네트워크와의 중요한 관계만을 일컫는 것은 아니다. 이 공생은 다른 차원에서도 이루지는데, 기술선진국의 그것보다 더 단순한 기계와 환경을 이용하면서도 이루어지기 때문이다. 어쨌든 공생적 인간의 도래를 향한 움직임은 시작되었다. 이제 우리는 그 방향을 생명, 인간, 인간의 자유를 존중하는 사회적 공생관계로 나아가도록 인도할 연대적 책임을 질 뿐이다. 이 새로운 단계의 문제를 이해하기 위해, 우선 공생의 기본적인 자연현상에 대한 메커니즘을 살펴보기로 하자. 이어서 인간과 기계간의 생역학적 인터페이스를, 그리고 인간두뇌와 컴퓨터간의 직접적 관계, 또한 통신 네트워크를 통한 범세계적 공생을 결정짓는 조건을 알아보자.

오늘날 광범위하게 사용되고 있는 공생이라는 단어는 1876년 세균학자 안톤 드바리에 의해 처음으로 씌어졌는데, 이 단어는 심오한 시스템공학적 의미를 담고 있다. 우리는 종종 단순히 개인과 조직간의 최적의 연관관계를 가리키기 위해 이 단어를 쓴다. 또한 구성원들의 상호이익을 위해 주고받음이 균등하게 이루어질 때, 이 사회는 공생하고 있다고 말한다. 이 관계는 에너지원의 교환·경제·정보·문화적 교류에 기반을 두고 있다. 전체적으로 이 사회는 고립되어 있을 때 보다 더 효율적으로 유지된다. 공생의 합은 이 구성원들의 합보다 더 크다. 여기서 시스템공학적 방법의 기본 중 하나인 그 유명한 시너지의 원리를 발견하게 된다.

그래서 공생을 둘, 혹은 여러 다른 조직간의 상호이익을 위한 결합이라고 정의할 수 있다.

편리공생이나 기생과 같이 다른 형태의 결합도 있다. 편리공생물은 일시적으로 이웃이 되거나 서식처를 제공하는 생물 위에 살며, 후자의 영양 중 일부를 취한다. 그러나 이 생물에게 아무런 해도 입히지 않는다. 기생물은 다른 생물을 희생시키면서 살아간다. 기생물의 번식은 숙주의 기능을 위험에 빠뜨릴 수도, 또 죽일 수도 있다. 그렇게 되면 기생물도 사라질 수 있다. 인간은 지구의 어떤 기능에 있어서는 편리공생물이자 기생물이기도 하다.

공생의 한정된 정의는 더 확장될 수 있다. 인간과 인간이 길들인 종(식물·동물·유익한 균) 사이 여러 층위에서 이루어지는 공생관계를 검토해 보기 위해, 나는 생물들간에 일반적으로 설정해 놓은 경계선 너머로 이 의미를 확장하고자 한다. 도시에서 생태계까지 인간이 만든 특정 환경과 인간의 공생, 장차 기술권을 구성하게 될 신종 메카트로닉 기계와 인간의 공생, 그리고 인간이 지구상에 창조한 거대 생명체인 사이바이온트와 인간의 공생을 말한다.

공생관계가 없이는 지구상의 생명은 존재하지 않을 것이다. 식물은 식물을 필요로 하는 동물을 필요로 한다. 인간은 식물이 생산한 프로테인을 먹고 산다. 이 식물은 질소 고정균과 공생하고 있다. 공생이 없이는 초식동물도 동물성 단백질도 인간은 얻을 수가 없을 것이다.

식물과 동물 사이의 공생관계는 놀랄 만큼 단순하다. 다음과 같은 질문으로 이 점을 설명하고자 한다. 왜 나뭇잎은 녹색인데, 피는 붉을까? 그것은 생명체가 태양 에너지를 모으고 사용하는 데에, 서로 인접한 화학적 성격의 두 가지 색소를 사용하였기에 그렇다. 이 두 색소 중 하나가 녹색인데, 그것이 바로 나뭇잎의 엽록소이다. 다른 것은 붉은색으로, 핏속의 헤모글로빈이다. 식물의 잎은 태양열 집적기이다. 광합성에 의해 그것은 물과 탄소를 생명에 필요불가결한 두 가지 산물로 바꾼다. 그것이 바로 당과 산소이다. 당은 결합하여 셀룰로오스(식물의 기본 물질)나 녹말을 생성하고, 이 에너지원은 소화에 의해 포도당으로 바뀐다. 동물들은 이 에너지원을 먹고, 세포의 소형 보일러에서 그것을 태운다. 헤모글로빈이 운반해 온 산소를 호흡작용에 사용함으로써 연소가 일어난다. 이 호흡에서 탄소·수증기·무기질이 나와 식물로 다시 돌아간다. 호흡은 무엇보다도 동물이 움직이고, 먹이를 구하고, 번식하는 데 필요한 에너지를 생산한다. 그리고 보이지 않는 미생물이 여기서 나오는 쓰레기를 재활용하고, 식물·동물·미생물로 이루어진 사이클의 자리를 메운다.

현재 진행중인 연구는 생물세포의 기원이 공생의 성질에서 온 것이라는 생각을 하게 한다. 이 장의 첫머리에서 다루었던 현상에 대해 다시 한 번 말할 필요가 있는 듯하다. 이 현상보다 높은 차원의 복합성을 가진 여러 형태의 조직에 적용될 수 있기 때문이다.

우리의 신체조직을 구성하는 진화세포에는 DNA를 가지고 있는 핵

이 있다. 내부의 소형 중앙 보일러에서 세포가 필요로 하는 에너지를 생산한다. 이것을 우리는 미토콘드리아라고 부른다. 녹색식물 세포의 경우에는 엽록소를 가진 내부 태양열 집적기를 가지고 있다. 이것이 엽록체이다. 이 미토콘드리아는 원시세균에서, 엽록체는 원시해초에서 유래되어 세포와 공생(혹은 내부공생이라고도 함)하려고 세포 속으로 들어온 것으로 알려져 있다. 서식지를 제공받는 대가로, 이 세균과 해초는 세포를 가동시키는 데 필요한 에너지를 공급하는 것이다. 세포를 이동시키는 섬모를 가동시키는 기계장치는 더욱더 놀랍다. 이 장치도 역시 편모 세균과 다른 세포 사이의 공생에서 비롯된 것이다. 그러므로 생명의 기본 단위는 자체의 DNA를 가진 원시미생물들이 한 지붕(즉 상위생물의 세포) 밑에서 살고, 공동진화하기 위해 모여든 연합체의 산물이다.

공생관계 없이 생명체 자체가 존재할 수 있을지가 의심스러울 정도로, 자연에는 다른 공생의 예가 많이 있다.

공생의 이점 : 이끼 . 산호초 . 난초

지구상의 어떤 초식동물도 그의 소화기관 내에 있는 세균과 서로 돕지 않고는 살아갈 수 없을 것이다. 이것은 양이나 염소 · 소와 같은 가축이나, 사바나의 영양 · 가젤 · 얼룩말 · 코뿔소의 경우도 마찬가지이다. 이 세균은 산소 없이 발효만으로 셀룰로오스를 분해시킬 수 있는 효소를 가지고 있다. 게다가 이 세균(수명은 20시간 정도)은 죽으면 반추동물이 소화시킬 수 있는 단백질로 되어 있다.
흰개미는 나무를 소화시킬 효소를 가지고 있지는 않다. 그러나 그들의 소화기에 살고 있는 세균 덕분에 소화시킬 수 있다. 어떤 개미의 경우는 진딧물이 배설하는 당을 채집하기 위해 진딧물을 길들여 놓기도 했다. 그 대가로 개미는 진딧물에게 악천후나 포식자로부터 보호받을 수 있는 피난처를 지어 준다.

산호초는 식물권에서 가장 중요한 공생형태의 하나를 보여 준다. 산호초는 광합성을 할 수 있는 해초와, 그 석회질의 외골격이 이 해초의 은신처가 되는 동물성 미생물의 합작품이다. 해초는 미생물에게 산소와 당을, 미생물은 해초에게 조류의 흐름과 포식자의 침입을 막아 주는 피난처를 제공한다. 산호가 번식하는 데 필요한 많은 양의 탄산가스는, 해초의 광합성작용으로 변환시킨 양분과 산호초를 구성하는 탄화칼슘으로부터 흡수해야 한다. 산호초는 이산화탄소를 빨아들이는 놀라운 스펀지와도 같다. 그 흡수량은 인류가 배출하는 탄산가스의 2퍼센트에 달한다. 산호초는 삼림과 더불어 장기적인 이산화탄소 처리장이 될 것이다. 산호초를 파괴하는 해양오염이 가져올 위험이 바로 여기에 있다.

꽃과 벌꿀은 여러 측면에서 공생관계에 있다. 식물의 생식은 가루받이이다. 꽃가루는 동물의 정자에 해당한다. 그리고 난자를 수정시켜야 한다. 가루받이의 가장 효과적인 방법 중의 하나는, 꽃가루를 이 꽃에서 저 꽃으로 옮겨 주는 곤충이나 새에 의한 것이다. 여기서 이런 동물을 끌어들이려는 꽃의 전략이 발달하게 되었다. 그것은 화려한 색깔과 아름다운 형태, 좋은 향기이다. 세계에서 가장 유명하고 가장 많이 연구된 꽃들 중의 하나인 난초도 공생의 결과이다. 1904년 프랑스 식물학자 노엘 베르나르는 난초도 한 씨앗으로부터 발아할 수 있다고 했다. (당시에는 이런 기능은 불가능한 것으로 여겨졌다.) 그는 이 씨앗을 다양한 종류의 버섯으로 접촉시키기만 하면 된다는 사실을 발견하였기 때문이다. 난초가 제공하는 안정된 서식지와 여분의 당을 얻는 대신, 버섯은 비타민을 제공하고 난초의 뿌리 역할을 하는 가는 실을 만들어 주었다.

이런 예들은 공생의 일반 메커니즘을 보여 준다. 이 분야는 인간과 생태계, 그가 만든 기계류와의 관계에까지 확대 적용할 수 있을 것이다.

인간은 생존을 위해 가꾸는 곡식과 야채, 가축을 위해 키우는 사료 작물과 공생관계를 이루고 있다. 인간은 또한 식용으로나 농지경작용으로 사육하는 가축들, 혹은 애완용 동물과도 마찬가지의 관계를 이루고 있다. 그렇다면 이 경우 동물이나 식물의 이익은 무엇일까? 우리는 이들을 하나의 개체로서가 아니라, 그 종의 전체 개념으로 보아야 한다. 인간의 노력으로 많은 수의 동물이나 식물이 생명을 유지하고 번식을 하는 것이다. 인간의 농업환경은 공생관계로부터 형성되기 시작했다. 농촌 풍경, 가축, 풍성한 수확은 원시농부 겸 환경학자들이 생태계를 다스린 흔적을 보여 주는 것이다.

그리고 이제 우리는 인간과 기술권의 기계 사이, 그리고 인간과 생태계 전체 사이에 이루어지는 공생관계로 인하여 한 걸음 더 나아가게 될 것이다.

기계의 거시생물학 : 새로운 공생?

인간과 그의 발명으로 이룬 인공적인 세상 사이의 연결형태에 대해 비판이 가해질 수도 있다. 이런 연결은 공생의 성격을 띤 것이 아닐 수도 있다. 왜냐하면 이러한 연관은 생물과 무생물인 기계 ——그것도 인간의 손으로 만들어진—— 중에서 인간의 의지에만 의한 것이기 때문이다. 위에서 말한 인간과 생태계 사이의 공생관계에 대해서도 마찬가지의 지적이 있을 수 있을 것이다. 지구가 살아 있지 않다면, 인간과 무슨 관계를 갖든지 지구는 어떤 혜택을 누린단 말인가? 르네 뒤보스와 제임스 러블로크에 의해 제기되고, 1992년 《르 콩트라 나튀렐》지에서 미셸 세레스가 다시 제기한 이 질문은 계속해서 많은 논쟁을 불러일으키고 있다. 1975년, 《거시경》에서 나는 이런 가정이 불가피하다고 생각하는 데에 주의를 요한다고 강조한 바 있다. 그러나 내가 공생학이라고 명명한 복합 시스템역학이나, 자체 조직작용 일반이론의 범주에서는 문제가 다르게 제기됨을 보게 될 것이다. 이 학문은 인간이 지구의 자연 사이클과 공생하는 범세계적 거대 유기체의 창발과 합성에 기여할 수 있다는 것을 보여 주기 때문이다.

거시생물학적 관점에서 보면, 인간과 자동차의 공생관계는 특히 명확하다. 인간은 50억 대의 자동차를 보유하고, 그것에 필요한 연료를 생산한다. 그리고 그 운행을 위해 도로를 건설하고, 그 수리를 위해 정비소를 세우고, 그 번식을 위해 공장을 짓는다. 자동차라는 종의 유지와 생산을 해준 대가로 자동차는 인간에게 더 빠른 속도의 이동과 효율적인 행동, 공간을 정복하는 자유와 즐거움, 사회적 지위를 준다. 자동차는 앞장에서 보았듯이 또한 사회문제를 발생시키고, 범세계적 조지의 위험물이고 공해이기도 하다. 기생물로 변하는 공생 파트너처럼, 자동차는 생태계의 미래를 위험에 빠뜨리고 있다. 우리는 이 주제에 대해 먼 미래를 배경으로 하는 비극적 시나리오를 쓸 수도 있을 것이다. 진딧물을 길들이고 부리는 개미와 같이, 자동차라는 종은——기록적인 시간에 매우 효율적인 방법으로——거의 전인류를 굴복시키는 데에 성공할 것이다. 자동차는 인간에게 더 많은 자동차를 생산·판매하게 만든다. 그리고 귀한 석유를 더 채취하게 하고, 산업사회의 새로운 마약인 이 석유를 지키려고 전쟁까지 하게 만들고 있다는 것은 부인할 수가 없다.

컴퓨터와 로봇이 같은 길을 밟게 될 것이다. 인간과 컴퓨터·네트워크간의 공생은 이미 시작되었다. 세계의 주요 텔레매틱 시스템(산업적·재정적·행정적·상업적·군사적), 인터넷과 같은 공공 네트워크, 자동화된 공장이 이 사실을 증명해 주고 있다.

네트워크와 시스템은 이미 우리에게 새로운 구속을 가하고 있다.

우리는 이 사실을 몇몇 정치 엘리트나 기술 엘리트들이 결정한 공공
사업이나 계획에서 본다. 여론의 압력에도 불구하고 이를 멈추는 것
은 거의 불가능해진다. 이런 사업은 이를 창안한 사람들에게는 너무
매력적으로 보이기 때문이다. 이 사업을 멈춘다면, 그들의 행동을 정
당화·합법화시켜 주는 판단력과 권력이 위협받게 되기 때문이다. 거
대한 조직체와 거대한 시스템은 그 자체의 생명을 가지고 있다. 그들
의 존재를 위태롭게 하는 모든 조치에 저항하고 반대한다. 물론 생각
하거나 결정을 내리는 우리의 능력을 이 조직들에 투사한다고 해서,
이 메커니즘이 우리를 위해 우리가 바라고 있는 의미 이상의 의식이
있는 것이 되지는 않는다. 이것은 단순히 항상성의 메커니즘 때문이
다. 변화에 대한 모든 복합 시스템의 저항, 그 조직의 자체 보존기능
인 것이다.

　인간과 그의 집은 공생관계에 있다. 처음에 집은 거주자를 악천후
로부터 보호하는 수동적 피신처였다. 수도가 들어오고, 수세식 변기가
설치되고, 연료(가스, 전기)가 들어오고, 선들, 모든 종류의 회선들이
설치됨으로써 집은 어떤 '생리'를 가지게 되었다. 자동 가전제품, 통
신기구(전화, 텔레비전), 그리고 무엇보다도 전자설비들이 주택과 거주
자간의 공동진화의 새로운 단계를 말해 주고 있다. 근육(자동 가전제
품)의 등장과 미니텔, 비디오, 마이크로컴퓨터, 위성 안테나 등이 구성
요소가 되는 신경조직(통신기계)의 도입이 그것이다. 통신 네트워크가
현대 가옥에는 내장되어 있다. 이것이 자신의 기능을 제어하고 최적
화하는 기능을 갖춘 홈오토메이션의 등장이다. 수동적 보호자였던 집
이 능동적이 되고, 그곳 거주자들의 생활에까지 영향을 미치게 되었
다. 예를 들면 에너지 절약을 위해 온도조절을 한다거나, 이 방에서
저 방으로 옮겨다니는 거주자의 움직임을 감지하여 그의 생활습관에
따라 반응한다. 또한 전등이나 난방장치를 그의 행동에 맞추어 켜고
끄거나, 일과 중 주어진 시간에 정확한 기능을 작동시키거나 하는 능

동적 주택의 개념을 도입하는 건축가가 늘고 있다. 이 인공지능 주택은 인간과 그의 피신처의 공동진화의 산물이다. 공생관계가 서로의 이익을 위해 설정되었다. 집은 관리, 수리, 장식, 청소, 개조, 개축되었다. 의사소통이 가능한 인공지능 주택은 다른 주택과 메가네트워크로 연결되어 위험(화재, 도난, 침수, 주인의 외출 등)에 대비할 수도 있을 것이다. 원거리 제어기능 또한 자동응답기를 통해 메시지를 확인하는 일만큼 쉬워질 것이다.

인간과 기계와의 새로운 인터페이스

인간의 두뇌를 컴퓨터나 네트워크에 연결시키려면 새로운 종류의 시냅스(신경세포 연접)가 필요하다. 시냅스는 분자의 세계와 이온의 세계, 두 세계를 연결시켜 주는 역할을 한다. 시냅스는 균열이고 단절이다. 신경의 끝부분은 완전히 접착되어 있는 것이 아니라 살짝 맞닿아 있다. 신경충동은 신경조직 안에서 이 시냅스 균열을 뛰어넘으면서 순환한다. 한 신경의 끝부분에 이르면, 그곳에 있는 매우 작은 주머니, 즉 소포로부터 화학적 전도물질(메신저 분자)이 나온다. 전도물질 분자는 틈을 건너고, 건너편 리시버(일종의 분자 안테나)에 의해 감지되고, 이 리시버는 다시 신호를 내보내기 시작한다. 이렇게 하여 다른 세계가 돌아가기 시작한다. 이것은 신경의 내부와 외부 사이의 이온 불균형에서 오는 감극파(減極波)가 신경을 따라 다음 시냅스까지 전파되는 것이다.

범세계적 두뇌를 구축하려면, 인간은 시냅스 시스템과 유사한 시스템으로 기계와 의사소통을 하여야 한다. 다른 두 세계를 이어 주면서도, 상호정보전달이 가능하도록 하여야 한다. 두뇌는 생물학적 성질을 가지고 있고, 컴퓨터는 전자적 성질을 가지고 있으니, 이제는 전자생물학적 인터페이스가 필요하게 되었다. 이 왕도는 반드시 통과하여야 할 지점들로 표시되어 있다. 그 지점들은 버튼, 키보드, 브라운관, 리모트 컨트롤, 마우스 등으로 일컬어진다. 이 필수적인 도구들이 이제는 우리의 현재 환경의 일부가 되었다.

인간이 만들어 낸 기계의 증식 가운데 힘과 정보를 전달하는 많은 방법이 있다. 이것이 바로 인간 대 기계의 인터페이스 분야이다. 최적의 장치를 연구하는 분야가 인간공학이다. 즉 인간이 기계를 피로와 위험을 최소화하면서 가장 효율적으로 사용할 수 있도록 기계의 환경을 최적화시키는 학문이다.

역학적 세계에는 힘(에너지)과 정보를 동시에 전달하여야 한다. 마차 전체로 볼 때, 말에게 속도와 방향을 지시하는 고삐는 생체역학 인터페이스의 한 형태이다. 증기기관차의 손잡이, 개폐문, 레버, 핸들도 마찬가지이다. 우리 주변을 살펴보면, 우리의 환경은 생체역학적 성질의 커뮤니케이션 시스템이 산재해 있음을 알 수 있다. 문이나 서랍의 손잡이·수도꼭지·열쇠라든가, 자동차의 브레이크나 클러치 페달이라든가 배의 키잡이, 빗자루의 손잡이, 비행기의 방향타와 같은 것들이 있다. 유압, 유공압, 그리고 메카트로닉 타입의 릴레이가 이런 작용을 확대시킨다.

전기와 전자학의 출현으로 이런 인터페이스가 정교해졌다. 손가락으로 가볍게 누르기만 하면 엄청난 효과가 발생하게 된다. 이것이 핵전쟁을 시작하는 그 유명한 레드 버튼의 경우이다. 손가락 근육의 힘은 두 세계 사이의 특수한 연결에 의해 확대되고 전달된다. 전기 스위치 버튼이나 라디오나 CD 플레이어의 ON/OFF 버튼이 그렇다. 기계는 바늘이나 방향표지등, 스피커, 다양한 화면 등을 통해서 우리와 소통하고 있다.

타자기, 전화기, 컴퓨너의 키보드는 보다 복잡한 인터페이스의 형태를 도입하였다. 규격화된 순서로 배열된 일련의 스위치(건반)들이 역학적, 혹은 전자번역으로 인식되는 코드를 보낸다. 인간 대 기계의 인터페이스는 점점 무형화되어 가고 있다. 이동 기억장치가 우리와 기계 사이에 끼어들었다. 이렇게 하여 드라이브(디스크, 카세트, CD), 칩 혹은 전자카드가 기록된 정보를 해독하고, 레이저 바코드 인식기와 같은 것이 마그네틱 테이프나, 잡지의 바코드를 읽고 적외선으로 전달하는 것이다. 컴퓨터가 사용자를 추적하거나 신분을 확인할 수 있도록 특수한 신호를 내보내는 액티브 배지도 여기에 속한다. 기계를 다루지 못하는 사람이 비디오 플레이어를 프로그램할 수 있도록 도와주는 지능형 인터페이스도 처음으로 등장했다. 간단한 코드를 누르기만 하면 기계가 비디오 플레이어와 소통하며 나머지 일을 처리한다.

기계와 사용자 사이의 관계를 더욱 밀착시켜 주는 트랜스레이터가 이제는 어디에나 등장한다. 이것은 범세계적 두뇌를 향한 보조 코일과 같은 것이다. 리모트 컨트롤, 마우스, 모뎀과 같은 것들이다.

텔레비전 수상기의 적외선 리모트 컨트롤은, 몇 년 만에 전세계적으로 우리의 영상과 정보의 소비패턴을 뒤집어 놓았다. 이 단순한 상자, 손가락 놀림, 신비롭게 작동하는 마술 지팡이가 재핑〔비디오 리코더에 녹화한 프로그램을 재생시킬 때 녹화 화면의 광고 부분을 빨리 감는 일〕기능을 도입하여 우리의 세상을 반영하는 듯한 만화경의 들떠 빙빙 도는 화면으로 고속탐색이 가능하게 하였다. 재핑 시스템은 광고 메시지와 정치 슬로건, 방송 스타일의 형태를 근본적으로 바꾸어 놓았다. 뮤직 비디오, 정지 화면, 재핑은 오늘날 비디오권에 의해 축적된 대량정보의 허위적인 상호소비형태이다.

컴퓨터의 마우스는 손가락의 또 다른 확장이다. 스캐너 인터페이스 덕분에 화면상의 선택된 지점에 화살표를 가져다 맞추고, 클릭하여 어떤 기능을 작동시킬 수 있다. 컴퓨터를 이용한 의사소통으로 불과 몇 년 사이 얼마나 큰 진보를 이루었는가! 구멍 뚫린 카드 꾸러미와 끝없이 이어지는 리스팅을 본 사람들 중에서 얼마나 많은 사람들이 컴퓨터라면 딱 질색이라고 했던가! 에러가 한 군데만 있어도, 버그가 한 마리만 있어도, 새로 카드에 구멍을 뚫어야 하고 그 결과를 보려고 다음날까지 기다려야 했다.

키보드와 화면의 관계는 완전히 바뀌었다. 상호작용이 더 빨라지고 더 친밀해졌다. 화면을 통한 컴퓨터와의 관계는 문자를 늘어 놓는 형태의 커뮤니케이션에 머물러 있었다. 제록스사와 애플사의 작업으로 컴퓨터와의 관계에는 큰 변화가 있었는데, 그것은 바로 마우스의 도입으로 화면 어느곳이나 가리킬 수 있게 된 것이다. 이렇게 해서 그림도 그릴 수 있고, 가상공간에서 물체를 옮길 수도 있고, 실행중인 창이나 메뉴를 열 수도 있다. 그래서 파일, 기능, 프로그램의 연상기억 형상인 아이콘으로 가득 찬 무형의 세계 속에서도, 물리적으로 만질 수 있는 인터페이스가 가능하게 되었다. 마우스 덕분에 컴퓨터는 자동차처럼 운전할 수 있는 것이 되었다.

모뎀은 컴퓨터와 전화, 이 두 세계를 연결하는 일종의 시냅스와 같다. 모뎀은 변조기(modulator)-복조기(demodulator)를 뜻한다. 이 기계는 컴퓨터가 만들어 낸 전자 임펄스(비트의 형태로 숫자와 문자를 나타내는 코드)를 음향 임펄스나 압축 디지털 임펄스로 바꾸어 준다. 이렇게 하면 전화의 교환 네트워크를 빠른 속도로 이동할 수 있게 된다. 받는 측에서는 다른 모뎀이 이들을 텍스트, 도표, 영상, 혹은 음향으로 복구시켜 준다. 모뎀이 없었다면 미니텔도, 팩스도, 비행기 좌석 예약도 불가능하였을 것이다. 모뎀은 세계 신경조직의 만능 시냅스인 것이다.

'노우트 패드(note-pads)'라는 휴대용 개인비서와 함께 새로운 인터페이스가 등장했다. 그것은 바로 펜 페이퍼(pen-paper)이다. 작은 자동펜으로 화면상에 글을 써서 실행해야 할 작업을 지시할 수 있다. 전자페이지는 마치 수첩의 그것들처럼 넘겨지므로 서류철을 한 장씩

넘겨 볼 수도 있다. 팩스를 보내려면 전송할 서류와 수신인 주소, 팩스 아이콘을 클릭하기만 하면 된다.

이 신나는 잔치의 다음 단계는 사용자의 언어인지와 문장의 의미, 사용자의 몸짓과 표정의 의미를 이해하는 것이다. 이 단계는 2000년의 지평선에 그 모습을 드러내고 있다.

컴퓨터가 인간을 배울 때

인간과 인간의 가장 자연스러운 인터페이스는 언어, 문자, 얼굴이나 외모, 태도, 의복이나 장신구가 나타내는 표시를 관찰하는 것이다. 현대 컴퓨터의 정보처리능력, 특히 64비트의 마이크로프로세서의 등장으로 인간간의 인터페이스의 세계에 접근할 수 있게 되었다. 음성인식이나 합성은 최근 몇 년간 놀라운 발전을 하였다. 여러 기업들이 언어인지를 위한 서의 완벽한 알고리늠을 개발하였다. 단어 사이에 중단이 없는, 다중발성식(컴퓨터 사용 교육이 필요 없는) 인지를 추진하고 있다. 자동 속기장치의 등장이 매우 가까워졌음을 알 수 있다. 상업화된 첫 생산이 이루어지긴 했지만 아직 훈련이 필요하고, 단어 사이를 띄어서 읽어야 한다. 언어합성은 앞으로 더 개선될 것으로 보이는 훌륭한 특성들을 확보했다. 인간의 말과 컴퓨터가 발음한 수없이 다양한 말을 더 이상 구별하지 못할 것이다. 컴퓨터는 이미 그 음성 프로필이 내장되어 있는 사람의 목소리로 어떤 텍스트이든지 읽어낼 것이다. 기계는 대화를 모두 듣고, 화자의 어투의 특징적 요소들을 뽑아내어 앵무새처럼 따라 할 것이다. 다소 심술궂은 것처럼 보이지만!

수기나 몸짓·표정과 같은 다른 자연적인 커뮤니케이션 방법은 어떤가?

수기 인식기능도 놀라운 속도로 발전하고 있다. 개인 커뮤니케이션-비서는 이미 문자인식의 기초적인 시스템을 갖추었다. 알고리듬이 발전하고 있다. 새로운 메모리 용량으로 더 방대한 양의 사전을 참조할 수 있게 되었다. 인공지능 프로그램만으로도 전체 문장 비교가 가능하다.

몸짓은 인간의 의사소통 방법의 일부이다. MIT의 미디어 랩이나 일본의 휴먼인터페이스연구소, 혹은 팔로 알토의 제록스연구센터에서는 몸짓이나 표정인식이 가능한 컴퓨터가 실험단계에 있다. 손목에 근접센서를 차고 있고, 컴퓨터 위에는 카메라가 있어 문장을 강조한다든가, 물체를 지목한다든가, 공간에 형체를 그리려는 것을 동작으로 표시할 수 있다. 얼굴인식 프로그램은 이미 보안용으로 쓰이고 있다. 이 프로그램은 다양한 표정 변화로 기계와 의사소통을 하는 데에도 쓰여질 것이다. 컴퓨터의 눈이 당신을 알아보는 데는 다만 컴퓨터 앞에 앉기만 하면 될 것이다. (여기에 특수 신호를 발산하는 칩이 내장된 신원 확인 액티브 배지를 달면 더 좋을 것이다.) 그러면 컴퓨터는 당신을 이렇게 맞이하며 파일을 열 것이다. 안녕하세요? 오늘 아침은 컨디션이 좋지 않으세요? 기분이 안 좋아 보이시는군요. 지난주에 작업하시던 바캉스 파일을 열어 드릴까요? 사람마다 고유의 분자를 가지고 있으므로, 이를 감지하는 센서를 갖춘 컴퓨터는 냄새도 맡을 수 있을 것이다. 이렇게 하면 신원 확인이 더욱 용이해질 것이다. 이런 모든 자연적인 커뮤니케이션 형태는 그것들끼리 조합될 수도 있다.

최근 몇 년 동안 컴퓨터는 이렇게 감각기관과 유사한 기관을 갖추게 되었다. 우선 시각과 판독능력(스캐너, 광학문자인식, 전문 소프트웨어를 사용한 얼굴과 형태인식), 그리고 청각과 언어(음성인식과 합성), 그리고 이제는 가상현실 인터페이스를 통한 촉각(데이터 글로브, 입체영상 헬멧과 합성영상, 이것은 나중에 다시 이야기하기로 하겠다)이 그것이다.

컴퓨터는 점점 인간을 배우고 있다. 인간과 컴퓨터의 공생은 이렇게 해서 더 깊어지고 정교해진다. 그러나 이 긴밀한 관계를 위해 컴퓨터는 모터(마이크로프로세서)와 더 큰 용량의 메모리가 필요하게 된다. 이 분야에 최근 몇 년간 사이클 속도가 5백 메가헤르츠에 달하는 눈부신 발전이 있었다. 메가헤르츠는 초당 작동수(1억에서 10억 정도), 혹은 기억용량(칩당 10억 비트)을 말한다. 하드웨어와 소프트웨어는 눈, 목소리, 문자, 형상, 촉각과 같은 인간과 자연적인 인터페이스를 전문으로 하는 일련의 프로그램으로 보완되었다. 이 똑똑한 비서, 이 컴퓨터 소프트웨어는 우리에게 더 많은 능력을 준다. 이것을 어떻게 측정할 수 있는가?

　이를 위해서는 도표상에 나타낸 크기가 필요하다. 경제지표, 에너지소비량, 또는 노동시간은 한 사회의 발전정도나 효율성을 나타내는 전통적인 척도였다. 마찬가지로 전화나 팩스, PC, 메모리, 네트워크와 같은 보철기구에 연결된 인간두뇌의 정보처리능력을 측정할 수 있는 지표가 있어야 한다. 그 크기는 예를 들면 '뉴런당 비트' 등으로 표시할 수 있을 것이다. 생불학적 진화과정에서 흥미로운 것은 뉴런의 삭업을 도와 주는 세포의 수가 증가한다는 사실이다. 뉴런당 이런 세포의 비율은 두뇌와 그 두뇌에 연결된 기능이 복잡해짐에 따라 증가한다. 이 보조 세포들은 직접적으로 정보처리는 하지 않지만, 뉴런이 기능을 다하기 위해 필요로 하는 에너지를 공급한다든가 뉴런이 방출하는 쓰레기를 치우는 일을 한다. 이 세포는 뉴런의 기능 작동을 위한 소프트웨어 역할을 한다. 마찬가지로 시설이 잘 갖추어진 사무실에서는 정보파악과 처리, 저장과 분배에 맞는 소프트웨어 시설을 가지고 있다. 이 기능들은 우리가 만들어 낸, 그러나 우리 두뇌의 능력을 퇴화시키는 지능 보철기구들로 인하여 가능해졌다. 그 기능은 컴퓨터간의 통신 네트워크 안에서 두뇌들간의 연결에 의해 더욱 확장되었다. 이 정보처리의 장치들은 장차 우리의 두뇌에 접속될 것이므로, 그 성능과 관련한 뉴런 효율계수의 중요성을 이해하여야 할 것이다.

두뇌에 접속된 컴퓨터

인간은 자신의 생각을 텔레파시로 전달하거나, 아직 인간이 지각하지 못하는 힘이나 충격을 탐지한다. 또한 보이지 않는 것을 보는 새로운 감각을 가지기를 언제나 꿈꾸어 왔다. 전자생물학의 탄생으로 이 꿈이 실현되게 되었다.

인간들의 두뇌는 사이바이온트의 범세계적 두뇌를 구성하는 네트워크에 의해 서로 접속되어 있다. 물론 인간과 사회적 거대 유기체 사이에 다른 방식의 인터페이스도 존재한다. 그러나 생물학적 두뇌 대 전자학적 두뇌의 관계는 특수한 철학적·심리학적 의미를 갖는다. 그것은 인간과 기계 사이의 궁극적 인터페이스이다.

손으로부터, 혹은 음성으로부터 컴퓨터 화면으로 이어지는 회로는 필요 이상으로 복잡하다. 손의 경우 두뇌의 운동신경 중추에서 발생한 전기충격이 신경에 의해 손가락 근육으로 전달된다. 이 충격을 키보드를 누르는 생체역학적 힘으로 전환시킨다. 그리고는 표준화된 정보코드로, 또 화면의 번지지정 명령이 되어 문자가 된다. 음성의 경우 두뇌의 전기충격이 공기를 진동시키는 성대와 근육을 움직인다. 마이크로로 감지되어, 전자자기 충격으로 변환된 후 전선을 타고 전달됨으로써 소리는 언어인지 프로그램이 내장된 컴퓨터에 의해 표준화된 코드로 해독되어 문자형태로 화면상에 나타난다.

우리가 코드화된 충격을 그 근원지인 두뇌에서 감지하여 컴퓨터가 이해할 수 있는 언어로 옮겨 놓을 수 있다면, 궁극적인 전자생물학적 인터페이스는 실현 가능해진다. 이 분야는 전세계적으로 활발한 연구과제가 되었다.

이 모든 일이 약 15년 전 전투기 조종사나 장애인 보조를 위한 실험으로 시작되었는데, 그 필요성은 같다. 조종사는 조종을 하기 위해 막대한 생체역학적 기능과 감각적 기능을 쓰고 있는데, 눈과 생각으로 비행기에 정보를 전달할 수 있다면 어떨까? 팔이나 손·다리의 기능을 상실한 장애인이 눈과 생각만으로 직접 외부 세계와 접촉할 수는 없을까? 근위축성측삭경화증에 걸려 음성합성 컴퓨터로 이야기하는 스티븐 호킹의 경우는 세계적으로 널리 알려져 있다.

시선은 많은 의미를 담고 있으며, 또 그 관찰지점의 정확성도 놀랍다. 조종사는 시선추적기의 첫 실험 대상이었다. 보이지 않는 적외선 빔이 눈의 움직임을 따라다닌다. 그러다가 조종사가 조종판의 어느 부분을 좀더 오랫동안 응시하면, 컴퓨터는 이 시선에 버튼을 누르는 것과 동일한 것으로 간주하여 어떤 기능을 작동시킨다.

이런 원리에 기초를 둔 데이터 입력 주변장치가 개발되고 있다. 프랑스 연구원들은 장애인을 위해 시선을 사용한 컴퓨터 글쓰기 시스템을 개발하였다. 이것은 30개 정도의 그래픽 상징기호가 표시되어 있는 작은 판으로 되어 있다. 판 중앙에는 적외선 시선추적기에 연결된 소형 카메라가 장착되어 있다. 영상분석 소프트웨어가 동공의 형태와 각막에 비친 빛의 위치를 측정하여 눈이 응시하고 있는 기호를 찾아낸다. 장애인들은 이 시스템을 이용하여 전기 휠체어를 조정하거나 음성합성 기구를 사용할 수 있다. 그리고 텔레비전을 켜고 끄는 일이나 전화받기, 또 단순히 초인종을 울리는 일도 할 수 있다.

니콜라스 니그로폰트가 지도하는 MIT 미디어 랩의 연구원들은 센서가 장착된 화면과 시선으로 대화하는데, 이 화면은 인간의 형상을 하고 있어서 수신된 정보에 따라 표정을 바꾸거나 코멘트를 하기도 한다.

인간은 컴퓨터에 전달된 그들의 뇌파를 통해 외부 세계와 의사소통을 한다. 시각 시스템에 대한 연구를 하는 한 샌프란시스코의 연구소에서 퇴행성 대뇌피질 질환으로 장애인이 된 한 의사의 두개골 하단부에 전극을 이식했다. 이 전극은 두뇌의 시각중추에서 발산되는 뇌파를 감지한다. 이 의사는 현재 음성합성의 시스템이 내장된 컴퓨터로 쓰고 말할 수 있다. 그는 한 칸이 한 글자에 해당하는 네모칸으로 나뉘어진 야광문자판을 응시한다. 이 네모 하나하나를 조합하여 그는 6백 개의 단어를 말할 수 있다. 컴퓨터는 사용자가 응시한 네모칸을 확인하여, 사용자의 두뇌에서 발산되는 뇌전도를 분석한다. 이 정보는 워드프로세서나 합성언어 발성기로 전달된다.

장애인을 위한 전자생물학이나 사이버 생물학 분야에 있어 가장 앞선 프로젝트 중의 하나는, 캘리포니아의 로마린다대학 메디칼 센터에서 진행되고 있다. 그것은 팔로 알토의 바이오컨트롤 시스템사와 공동으로 데이브 워너가 이끄는 바이오뮤즈(Biomuse) 프로젝트이다. 실험자와 사용자는 이마에 운동선수 같은 가벼운 머리띠를 두른다. 이 머리띠에는 일련의 센서가 들어 있다. 두뇌에서 나오는 신호를 증폭시켜 주는 젤이 묻어 있어서, 전자생물학 센서는 피부에 밀착된다. 이 머리띠는 컴퓨터에 연결되어 있는 작은 상자와 무선으로 통한다. 마찬가지로 팔이나 손목·다리의 전자생물학적 박동을 감지할 수 있다. 많은 기능이 이런 방법으로 연구되었다. 말하자면 환경조절, 가상현실 속으로 옮겨갈 수 있는 실시간의 '바이오피드백,' 혹은 음악적인 소리의 발성과 같은 것들이다.

바이오컨트롤 시스템사의 연구원들은 눈으로 컴퓨터 마우스를 대치하는 작업을 하고 있다. 이 인터페이스는 두 가지 센서를 조합한다. 한 센서는 눈의 운동을 해석하고, 또 하나는 시근육의 운동을 해석한다. 관자놀이에 패취를 붙이고, 눈으로는 화면상의 커서를 움직인다. 클릭하려면 눈만 깜박거리면 된다.

신경충격으로 변환된 감각운동 정보는 많은 타입의 센서로 해독될 수가 있다. 감동, 공포, 기쁨, 고통, 주의 집중, 또는 경계 완화와 같은 느낌을 컴퓨터가 이해할 수 있는 신호로 바꾸는 것은 엄청난 연구가 따라야 할 것이다. 두뇌에서 컴퓨터로 직접 정보를 전달하는 연구에는 큰 진보가 있었다. 이 경우 거의 근원지라고 할 수 있는 최상류에서 미리 정보를 검색하게 된다.

미국의 소설가 래리 콜린스는, 두뇌 속에서 정보를 읽어내는 기술과 두뇌를 원격조종하는 기술이 줄거리가 되는 《미궁》(라퐁출판사, 1989년, 문고판, 1991)이라는 책을 썼다. KGB가 이 기술을 이용하여 미국의 대통령을 움직이는 내용이었다. 이런 기술은 존재한다. 이것은 자기뇌전도(MEG)라는 기술이다. 이 기술로 작동중인 뉴런에서 발생하는 아주 미미한 자장을 측정할 수 있다. 지구 자장보다 10억 배나 약한 이 자장을 감지하기 위해서는 초전도체 속성을 이용한 기계가 있어야 한다. 이 기계가 바로 SQUID(Superconducting Quantum Interference Device)로, 액체 헬륨 속에 들어 있는 자력계가 내장된 특수 헬멧을 조종하게 한다. 이렇게 하여 어떤 자극에 대한 뉴런의 반응을 뇌의 가장 깊은 곳에서 감지할 수가 있다. 예를 들면 이 헬멧을 쓰고 시뮬레이터에 탄 비행기 주종사에게 적기와 아군기의 사진을 빠르게 연속적으로 보여 주고, 적기를 포착할 때마다 버튼을 누르라고 한다. 그러나 SQUID와 자력계가 그보다 더 빨랐다! 조종사에게 연결된 컴퓨터는 조종사의 같은 뉴런에서 적기의 상을 읽었다. 컴퓨터의 개입은 조종사의 반사운동보다 상류에서, 즉 두뇌의 인지와 버튼을 누르는 행위 사이에서 일어났다. 우리는 아직은 래리 콜린스가 쓴 것처럼 한 사람의 행동을 좌지우지할 수 있게 반대 방향으로 정보를 보내지는 못한다. 그러나 그것은 물리칠 수 없는, 가능한 일이다.

전자생물학적 커뮤니케이션의 가장 진보된 형태는 말할 나위도 없이, 인간사고의 기본 형태를 컴퓨터로 해석하는 것이다. 70년대 말 스탠퍼드연구소의 연구원들은 컴퓨터상의 야광점 하나를 생각으로만 움직이도록 훈련을 받았다. 그들의 뇌는 전기뇌전도(EEG)로 컴퓨터에 연결되어 있었다. 그 이후로 많은 연구소에서 뇌통제술, 혹은 BAT(Brain Actuated Technology)의 응용에 대한 연구를 하게 되었다. 1991년 이래로 일본의 삿포로에 있는 홋카이도대학과 합동으로 후지쓰사에서 한 연구가 활발히 진행되었다. 그곳의 연구원들은 대뇌의 시각중추에서 물체를 포착하고, 그 이름을 발성하기 전에 침묵언어(silent speech)가 뇌에서 발설된다는 사실을 확인하고 측정하였다. 사실상 두뇌는 어떤 행동이 이루어지기 직전에 다양한 전압의 전기신호를 내보낸다. 1백여 명의 지원자에 의한 SQUID 실험과, 그 실험의 통계적 결과는 특수한 신호(예를 들면 피실험자가 A라는 모음을 '생각'할 때)가 존재한다는 것을 입증해 주었다. 그리고 이 신호는 컴퓨터가 파악할 수 있는 서열로 해석될 수 있다.

유사한 연구가 세계 각처에서 진행중인데, 그 중에서도 특히 일리노이대학의 군사연구센터(DARPA)와 알바니아에 있는 뉴욕 주 보건과의 여러 연구실에서 진행중이다. 그들의 목표는 인간의 사고를 컴퓨터에 직접 접속하는 것이다. 그렇지만 궁극적인 인터페이스를 위해서는 극소형, 생체적응 가능한 새로운 회로가 필요하다. 이 분자회로가 만들어지고 있는 중이다.

생물학과 컴퓨터공학의 결합

오늘날 우리는 생물학과 컴퓨터공학 사이의 결혼을 축하해 주고 있다. 이 결혼은 매우 풍성한 결과를 가져올 것이다. 또한 이 결혼에서 태어난 새로운 분야는 기초 분야이면서도 응용 분야인데, 그것은 생물학과 초분자화학같이 컴퓨터공학에서 사용된 방법론과 기술의 공동진화에서, 그리고 그 합성으로 생겨난 것이다.

1981년에는 공생적 인간의 탄생에 결정적인 역할을 한 이 새로운 학문을 구별해 내고 이름짓기 위해 새로운 어휘를 만들 때가 된 듯이 여겨졌다. 그래서 나는 바이오틱스(biotics: 생물학(biology)과 컴퓨터공학(informatics)의 축약. 조엘 드 로스네, 〈라비오띠끄〉, 《렉스빵시옹》, 1981년 5월 1일-21일, 149쪽; 〈21세기의 정밀전자공학, 바이오트랜지스터〉, 《라 르세르쉬》, No. 124, 1981년 7/8월, 870쪽)라고 부르고자 한다.

바이오틱스는 분자전자학적 회로(바이오칩, 바이오트랜지스터)와 새로운 부품을, 그리고는 인간과 컴퓨터·네트워크 사이의 전자생물학적 인터페이스를 개발하기 위한 생물학과 컴퓨터공학의 결합의 결과이다.

바이오틱스는 50년대와 60년대에 전자공학적으로 신체기관을 복사해 보려고 했던, MIT의 훔베르토 매튜러너와 월터 피츠·워렌 S. 머컬럭의 연구결과로 생겨난 생체공학(bionics; 생물학(biology)과 전자공학(electronics)의 축약)을 포함함과 동시에 그 범위를 능가한다. 바이오틱스가 연구하는 분야는 또한 '컴퓨터생물학'이나 '사이버생물학'의 범위보다 더 방대하다.

바이오틱은 두 추가 응용 분야를 재분류한다. 하나는 아날로그 방식 신호체계(이것은 전자생물학의 경우에 해당한다)이고, 다른 하나는 디지털 방식의 신호체계(이것은 분자전자공학(molecular electronics)이다)이다. 분자전자공학에서 만든 회로나 기억장치로 작동하고, 생체시스템과의 호환물질로 작동하는 바이오컴퓨터를 만드는 일은 바이오틱스 영역에 속한다. 바이오틱은 이제 다양한 분야에 적용되는 새로운 학문이 될 것이다. 최근 몇 년 사이 이 분야가 부상한 것은 생물학·고체물리학·유기화학·정밀전자공학·로봇공학과 초정밀공학에서의 발전 덕분이다.

분자전자학 성분은 반도체를 대체할 잠재력을 가진 것으로 여겨진다. 이 합성성분은 고전적인 반도체와 비교하면 많은 이점이 있다. 3차원 조립, 특성을 상황에 맞추어 얻을 수 있는 합성재료, 생물학적 구조에 근접한 소형화, 생체 시스템과의 인터페이스 가능성과 같은 것을 들 수 있다.

분자전자학은 70년대 말에 생겨났다. 발표된 일련의 논문 가운데——1974년 IBM사의 A. 에이비럼과 R. 래트너의 논문이 가장 유명하였다. 천리안을 가진 한 화학자 포레스트 L. 카터는, 버지니아 주 에어리에 있는 해군연구소(Naval Research Laboratory)에서 1978년 11월 19일 이 주제에 대한 세미나를 열기로 결정했다. 다양한 분야로부터 온 선구자 그룹과 유기 초분자구조의 아버지 가운데 한 사람인 CEA(Commissariat à l'énergie atomique)의 앙드레 바로가 이끄는 몇 명의 프랑스 학자들이 참석하였다. 1981년 3월 나는 두번째 심포지움에 참석할 수 있었는데, 이 흥미로운 분야를 창립할 대부분의 학자들을 거기서 만났다. 전류전환기·기억장치·2극진공관·분자섬유와 같은, 미래 바이오컴퓨터에 필요한 기본적인 분자학적 요소를 구체화시킬 가능성에 대해 새로운 생각들을 이야기했다.

분자전자학 분야는 오늘날 생물학적 세계와 컴퓨터 사이의 인터페이스와, 컴퓨터의 미래를 결정짓는 전략적 연구 분야로 알려져 있다. 정보처리를 위해 분자장치를 사용하는 분자전자학은, 컴퓨터공학 발전에 있어서 세번째의 중요한 단계가 될 것이다. 첫번째의 중요한 단계는 진공관(1940-1960)이었고, 두번째는 트랜지스터(1960-2000)였으며, 세번째는 분자전자학과 분자의 정보처리(2000-2050)가 될 것이다. 이를 이루기 위해서는 트랜지스터를 분자생물만큼 작게 만들 수 있어야 한다.

대부분의 분자와 고분자생물이 정보처리 기계이다. DNA와 단백질은 신호(전자, 이온, 소분자)를 인식하여 물리적 구조, 혹은 화학적 형태나 기능의 변화에 따라 반응할 수 있는 일종의 마이크로프로세서이다. 상호연결된 다량의 분자로 이루어진 초분자 결합은 세포 내에 많이 존재한다. 예를 들면 선택 투과 역할과 커뮤니케이션 기관의 역할을 하는 모세관(세포의 운동과 이동에 관여하는 매우 작은 기계), 또는 막과 같은 것이 있다. 초분자조합은 구성 요소의 밀도가 매우 높은 포장물과 같다. 1평방밀리미터당 1천조에 이른다. 반면 가장 진보된 현대 마이크로 전기기술로는 1평방밀리미터당 겨우 1백만 요소가 들어가는 정도에 미치고 있다.

나노미터(1백만분의 1밀리미터) 단위까지 측정하는 정도에 이른 무한소를 향한 분자전자학적 탐구는 고밀도 소형 회로의 미래에 결정적으로 중요하다. 컴퓨터공학은 사실상 한계에 달했다. 트랜지스터를 생산하자면, 광학사진 석판술로는 규소 덩어리 안에 매우 섬세하게 선들을 새겨 놓는 일이 불가능하다. 점점 더 강해지는 빛(자외선, X-레이, 전자총, 이온총)으로도 앞으로 20년 안에 마스크(mask)의 생산방법이 한계에 이를 것이다. 다음 단계는 분자전자학이다. 유전자공학과 유기화학 덕분에 특수한 성질을 지닌 요소들과 플라스틱 트랜지스터와 생물에 연결시킬 수 있는 바이오칩까지도 생산할 수 있게 되었다.

바이오컴퓨터를 위한 바이오칩

미래의 바이오틱스 회로는 혁명적인 기술로 생산될 것이다. 가장 유망한 기술 중의 하나가 '유기구조의 자동 결합'이다. 예를 들면 생물학에서는 바이러스가 미리 분해되어진 구성 요소로 자동 결합하는 능력이 있다는 것을 이미 알고 있었다. 특히 마이크로전자회로에서 사용된 수동적인 고전적 접근방법(각인, 침전, 접목, 도금)보다는 분자간 결합이라는 자발적 조직에 의한 능동적인 방법을 사용한다. 이것은 생산과 기술에서 근본적인 변화를 의미한다. 고전적인 가공법은 위에서 아래로 이루어진다. 정보는 외부(설계, 로봇, 기계, 도구)에서 들어온다. 재료를 절단하고, 재단하고, 제거하고(선반, 드릴, 프레이즈반), 혹은 조각에 금속 각인을 한다. 이 작업은 자신의 돌도끼와 같은 원시연장 생산과정의 연장선 위에서 볼 수 있다. 이때 그 도끼를 만드는 마무리 작업에서 돌의 부스러기를 없애는 작업을 하였다. 영어로 부스러기는 '칩'이라고 하는데, 이는 전자칩을 만드는 데 쓰이는 규소 부스러기를 가리키는 단어이기도 하다. 새로운 가공법은 아래에서 위로 이루어진다. 그것은 이미 분자나 고분자 안에 담겨 있는 정보들과, 그 정보들이 다양한 층위로 연결되는 성질을 사용하는 것이다. 예를 들면 단백질의 아미노산은 단백질의 특수한 형태인 3차원으로 접을 수 있는 고리를 형성하는 데 필요한 정보를 담고 있다.

이 능동적 초정밀공학적 방법은 바이오컴퓨터를 만들고, 분자전자학의 마이크로회로를 생산하기 위한 미래 방법이다. 처음으로 회로를 크리스탈이 자라듯이 '자라게' 할 수 있게 될 것이다.

이를 위해 과학자들은 여러 결정적인 단계를 거쳐야 할 것이다. 우선 한 상태에서 다른 상태로 넘어갈 수 있는 고신뢰분자 전환장치를 생산하고, 그 전환장치의 상태가 어떤지를 알 수 있도록 이 전환장치들을 살핀다. 그리고 여러 번 재사용이 가능한 가역분자 기억장치를 생산하고, 원거리 정보전달을 위해 분자섬유로 그 구성 요소들을 묶는다. 그 다음에는 정돈된 기능들을 수행하기 위해 여러 수준의 통신과 접속이 가능한 구조나 네트워크 안에 이 전환장치, 기억장치와 분자섬유를 조립한다. 마지막으로 이 시스템을 수리할 수 있어야 한다. 제대로 작동하지 않는 분자를 탐지하고, 그 구성 요소를 바꾸어야 한다. 자동 수리가능한 이런 분자로봇 시스템은 생물학적으로 존재하는데, 특히 DNA의 복원과정에서 볼 수 있다.

컴퓨터는 이런 회로의 설계나 조립에서 중요한 역할을 한다. 그것은 컴퓨터가 자동차나 비행기 생산이나 의약용 분자의 자동 설계에서 이미 하고 있는 역할과 유사하다. 그것은 바로 여러 가지 분자 요소를 연결시키고 기능성 단위로 합치는 것이다. 과학자들은 매우 특별한 도구의 힘을 빌리기도 한다. 즉 취리히 IBM연구소의 게르트 비니히와 하인리히 로러(노벨물리학상 수상자)가, 1981년 발명한 주사투과 현미경(TEM)과 같은 것이다. TEM은 변형의 도구가 되었다. TEM 덕분에 개체 분자를 조종하고, 화학기능과 구조를 수정할 수 있게 되었다.

이런 기술로 해서 최근 몇 년간 분자전자공학은 눈부신 발전을 이룩하였다. 이제는 정밀전자공학과 화학의 강국인 미국과 유럽·일본이 투자를 많이 하는 국제적 전략 분야가 되었다. 다음과 같은 기술은 이들 국가가 가장 앞섰다는 점을 인정해야 한다. 나노회로용 분자섬유 연결, 광학전환기, 반도체 중합체 트랜지스터, 야광판 플라스틱 중합체, 분자 2극진공관, 색광(色光) 기억장치, 인조망막과 같은 기술에서이다. 그리고 1비트의 분자 정보조작에 이르기까지!

바이오틱스의 괄목할 만한 발전에도 불구하고 많은 의문이 제기된다. 이 회로는 수리가 가능한가? 화학적 연결은 끊었다가 다시 이을 수 있는가? 생물학적 마이크로 기기와 같은 자동 기계가 개입할 수 있는가? 그렇다면 어느 단계에서? 회로의 논리는 전세계의 모든 컴퓨터가 작동원리로 삼는 2진법 논리와 다른가? 이 회로가 신경 네트워크 구축에 이용될까? 상호연결된 분자세포 로봇의 생산에 잘 적용될까? 그리고 우리 두뇌에 생물학적 거부반응을 일으키지 않는 재질로 된 회로를 상호연결할 때, 무엇보다도 해를 입히지 않는 조건은 무엇일까? (전극을 이식하지 않고, 신체기관에 생물학적 침해를 입히지 않고.)

이런 질문에 대한 답을 기다리지 않고, 과학자들은 생물의 두뇌 정보 당량(當量)을 구축하려고 노력한다. 교토의 ATR연구소에서 위고드 글라리스가 이끄는 휴먼정보처리연구소팀이, 수십억 개의 인조 뉴런으로 된 규소두뇌를 만들고 있다. 이 요소들은 자연적인 두뇌 네트워크와 같이 서로 연결이 가능하다. 과학자들의 목표는 인간두뇌보다 더 많은 수의 시냅스를 갖는 것이다. 3차원 네트워크에 집적된 이런 밀도로 임계질량에 다다른다면, 아마도 지금부터 2015년까지 자동 지능을 만들어 낼 것이다.

공생적 인간의 새로운 의미

미래의 인간은 어떤 모습일까? 생물학자·미래학자·공상과학 소설가들은 오래 전부터 이 위험한 시합에서 서로 경쟁하고 있다. 어떤 사람들은 미래의 인간이 두뇌 뉴런수의 증가로 비상한 지능을 소유한 슈퍼맨이리라고 생각한다. 큰 머리에 빈약한 팔다리(자동차를 늘 타고 다니므로)에, 치아의 수는 늘어난(압축시킨 식량을 섭취하므로) 상태이리라고 생각한다. 이런 유의 캐리커처는 얼마든지 그려 볼 수 있다. 그리고 그것은 사실과는 거리가 먼 것일 터이다. 생물의 진화는 기술권에 비해 그렇게 빨리 이루어지지 않아서 그런 변이를 일으킬 정도는 아니다.

어떤 사람들은 미래의 인간은 신체기능을 기계로 강화한 인간이 될 것이라고 생각한다. 교환할 수 있는 전자컴퓨터 부품으로 이루어지고, 개인별 치수에 따라 신체기관과 감각을 맞추고, 시청각 시스템을 확장시킨 바이오닉 인간이 될 것이라고 생각한다. 수백 미터 떨어진 곳의 소리를 듣고, 어둠 속에서 보고, 가젤처럼 민첩하게 달리고 점프하는 인간, 이런 바이오닉 인간은 전세계에 방영된 텔레비전 연속극 덕분에 유명해졌다.

과학자들과 공상과학 소설가들은 로보캅이나 터미네이터와 같은 사이버네틱 인간(사이보그), 반인간, 반로봇을 상상했다. 브루스 매즐리쉬는 인간이 만든 신세대 지능, 컴보트(computer-robot)를 예언했다. 이 로봇은 자체 번식하고, 인간과의 관계하에 사는, 생물적 인류와 동거하는 새로운 형태의 종이다. 한스 모라벡은 미래의 로봇은 인간이 그들의 작동을 멈추려고 코드를 뽑는 것을 막을 수 있을 정도로 지능이 발달되리라고 추측했다. 그리고 애완용 동물처럼 측은한 감정을 불러일으키고 우리 생활 속으로 깊이 파고들어, 이 로봇들은 우리에게 감정적인 압박을 가할 수도 있을 것이다.

　이런 미래에 대한 여러 가지 예측은 주로 개인에 한정되어 있다. 나는 그보다는 인간에 대해, '공동진화하는 전체'로서 사회와 기술권에 대해 생각해 보겠다. 내가 생각하는 미래의 인간은 공생적 인간이다. 20세기의 인간과 신체적으로나 정신적으로는 별로 다르지 않지만, 생물적·심리적·기계생물적으로 사이바이온트와 연결되어 있어 놀라운 지식과 행동의 가능성을 가진 인간이다.

　나는 조금씩 인간과 생물권(주로 농업, 오늘날에는 생명공학에 의한)의 공동진화와, 인간과 기술권(기계, 산업, 교역, 경제를 통하여)의 공동진화를 설명해 왔다. 그리고 컴퓨터와 거대한 통신망을 통한 인간과 정신영역과의 공동진화도 설명하였다. 또한 인간과 역학적, 혹은 전자적 기계 사이의 인터페이스도 강조하였다. 그러나 정보생물학의 대두로 인간과 인간이 만든 기계 사이의 인터페이스가 보다 긴밀해져, 새로운 기관과 새로운 감각을 만들게 되리라 추측된다.

　컴퓨터와의 공생관계는 우리의 두뇌에서 기계로, 일방적으로 설정되는 것이 아니다. 우리도 역시 컴퓨터로부터 오는 정보를 받는다. 오늘날 이 정보는 화면을 통한 숫자로, 텍스트로, 그래픽으로, 고정화상으로, 동화상으로, 혹은 스피커를 통한 음향으로 전달된다. 그러나 수첩처럼 휴대하고 다니는 휴대용 컴퓨터와 점점 소형화되는 전화·화상전화·무선호출기의 사용으로 보다 개인적이고 비밀스럽게, 그리고 친밀하게 정보를 두뇌로 전달할 필요성이 느껴진다.

　우리는 인간을 '향하는' 전자기계의 통신방법의 혁명 초기에 있다. 우리가 통신혁명이라고 부르는 것은, 사실상은 앞으로 21세기의 첫 10년간 일어날 혁명의 첫단계에 불과하다. 통신에 관해서는, 아직 우리는 아무것도 본 것이 없다! 그러나 듣고, 보고, 냄새 맡고, 무엇보다도 인간과 인터페이스할 수 있는 전자귀·전자눈·전자코가 이미 첨단 기업에서 제안되고 있다. 컴퓨터와 통신장비를 통해서 정보를 받는 작업이 새로운 국면에 접어들었다. 몇 가지 예를 살펴보기로 하자.

캘리포니아에 있는 한 회사에서 귓속에 넣을 수 있는 마이크 이어 폰을 개발하였다. 이 혁신기술은 정보발신 기지와 이어폰·마이크 사이의 교묘한 관계를 이용한 무선이다. 모든 것은 헤르츠파로 전달된다. 움직이면서 자기의 컴퓨터와 대화도 하고, 호주머니 속에 휴대폰을 넣고 상대방과 낮은 소리로 대화를 할 수도 있다. 귀 외부에 설치된 마이크는 귀와 입 사이의 거리를 고려하면서 주변의 잡음을 전자장치로 제거한다. 게다가 독특한 방식으로 뼈와 두개골에서 나오는 음파를 감지한다. 이렇게 해서 발화자가 낮은 소리로 말하여도, 목소리의 음질을 증폭시킨다. 다른 기업들은 청각장애인의 보청기와 유사하게, 귓속에 더 깊이 넣을 수 있는 임프랜트를 개발중이다. 합성음성을 가진 당신의 컴퓨터가 당신의 귀에 대고 직접 말해 줄 것이다.

인조코는 세계의 여러 연구소에서 개발중이다. 그 가운데에서도 맨체스터대학에서 개발한 것은 벌써 분자전자학을 이용하고 있다. 한 센서가 후각 점막의 역할을 한다. 이 센서는 전도 중합체로 이루어져 있다. 이 위에 냄새 분자를 인지하는 화학기가 붙어 있다. 공기중에 실려 온 분자가 리시버 위에 붙으면, 중합체의 전도에 변화가 일어난다. 이렇게 하여 문제가 된 물질의 후각적 특징을 말해 주는 프로필과 흔적이 남게 된다. 그러면 뉴런 네트워크가 이 정보를 이미 기억되어 있는 여러 종류의 냄새와 비교를 한다. 컴퓨터는 화면에 냄새의 특수한 곡선을 띄우고, 식별된 물질의 이름을 가르쳐 준다.

형태를 구별할 수 있는 합성망막은 신세대 로봇의 눈을 미리 보여 주고 있다. 이제까지는 로봇의 시각 시스템이나 인공지능 미사일에서 사용된 인조망막은 규소를 사용하였다. 일본의 후지 연구팀은 염도가 높은 바다, 특히 사해에 살고 있는 광합성 박테리아에서 광(光)수용기의 역할을 하는 단백질인 박테리아-로돕신(rhodopsine; 망막의 자주

빛 색소)을 이용하였다. 이 인조망막의 특징 중 하나는 빛의 강도 변화에 따라 단 몇 마이크로 세컨드(1백만분의 1초) 안에 반응할 수 있다는 것이다.

휴대폰과 마이크 이어폰의 개발은, 손목시계나 팔찌와 같은 손목에 차는 화상전화 개발로 이어졌다. 일본 기업들은 휴대폰으로 가지고 다닐 수 있도록 텔레비전 영상을 압축하는 문제는 일부 해결하였다. 오늘날 압축 칼라영상은 초당 1만 비트의 속도로 전달된다. 6만 4천 비트 내지는 12만 8천 비트로 전송되는 화상회의 시스템의 성능을 갖는다면, 대화식 스크린 화상전화 손목시계의 상업화도 가능해진다.

음향과 영상을 저장할 수 있는 메카트로닉 시스템——무빙파트가 전혀 없는 카세트 녹음기와 비디오——이 전자칩 한 개의 크기로 압축되고 있는 과정에 있다. 카세트, 마그네틱 테이프, 모터, 헤드여 안녕! 이런 소형화를 통해 이런 기계들이 우리의 감각기관에 더 가까워지고 있다

마침내 시청자로부터 몇 미터 떨어져 있던 텔레비전이 특수 안경 덕분에 눈앞에 바싹 다가온다. 이 TV-안경은 전투기 조종실에 사용되는 헤드 업 디스플레이(head-up display: 투과성 반사경을 사용하여 파일럿의 전방 시야 안에 계기의 각종 정보를 나타내는 장치)의 기술과 유사한 기술을 사용한다. 안경테 윗부분에 2센티미터의 투명한 액정 화면이 숨어 있다. 화면은 시청자의 시야에 비스듬히 놓인 박을 입히지 않은 거울에 반사되어, 시청자는 하나의 화면을 보고 있는 것처럼 느낀다.

이런 예들은 텔레비전 수상기·전화·컴퓨터에서 비롯된 시청각 정보전달 시스템이 소형화되고, 또 인체에 가까워지고 있음을 보여준다. 이제는 인간과 사이바이온트간의 커뮤니케이션의 다음 단계를 생각해 보게 된다. 두 가지 방향을 생각해 볼 수 있다. 하나는 인체에 침투하는 방법과, 다른 하나는 침투하지 않는 방법이다.

첫번째 방법에는 깊숙이 설치하는 보청기나 심장박동 조절장치와 같이, 플러그를 꽂고 인체에 삽입하는 모듈이나 이식조직·전극 등이 있다. 두번째 방법으로는 가상현실의 새로운 커뮤니케이션 도구, 즉 비디오 헬멧, 필요한 복장과 장갑, 그리고 감각을 느낄 수 있는 바이오센서……와 같은 것들을 일단 감각과 감동을 직접 느낄 수 있는 두뇌와의 인터페이스가 나타나기를 기다리면서 들 수 있겠다. 비침투적인 방법에는 가상세계에서 고유의 생명을 유지하고 있는 이상한 존재들의 생성이다. 컴퓨터와의 대화와 정보 하이퍼스페이스를 항해하는 데 도움을 주는 존재들, 인텔리전트 에이전트들이다.

우선 직접 통신방법의 적용을 살펴보고, 가상현실과 에이전트의 세계로 들어가 보자.

망막-화면과 기억이식

많은 연구소에서 직접 통신기구에 대한 연구가 이루어지고 있다. 인체에 침투하여야 한다는 성격으로 해서, 내 생각에 이 방법은 인체 적응에 대한 많은 문제를 야기할 것이다.

위스콘신대학교 연구팀은 벌써 망막 페인팅을 추진하고 있다. 그들의 목표는 동공을 통해 약한 강도의 레이저 빔으로 망막 위에 합성그림을 직접 그리는 것이다. 이 반도체 소형 레이저는 특수 안경 위에 놓여 있다. 더 이상 눈앞에 화면이 있는 것이 아니라 화면은 눈 속 깊은 곳에 있다. 이렇게 해서 이는 우리들의 텔레비전의 음극선관 표면에 해당하게 된다. 이제는 이 기술이 눈 중앙의 약한 세포에 정말로 위험이 없는지, 그리고 사용자들이 인식력을 잃지나 않을지를 알아보는 일만 남았다. 화면에 싫증이 나면, 그들이 보는 광경을 맞추어 주기 위해 외부 좌표들을 제거할 수도 있다.

두뇌 속의 한 부분을 건드리는 충격에 의해 자극을 받아 감동, 쾌락 (쾌락의 중추를 알아내어 그것을 자극할 수 있다)과 기쁨, 혹은 공포가 내적으로 생성되듯이 두뇌의 특정 중추 속에 영상과 소리를 직접 만들어 내는 것은 더 이상 불가능한 일이 아니다. 이식된 전극의 힘을 빌리지 않더라도 이런 자극은 맥박에 부착하는 패취, 혹은 피부에 부착하는 발신 밴드와 같은 바이오뮤즈 계획(124쪽 참조)의 일환으로 개발된 것들과 같은 인체에 반침투하는 방법으로 통제중추에 다다를 것이다.

연구소에서는 노년기의 질병이나 두뇌 손상의 치료를 위해 이식할 수 있는 기억장치 모듈을 연구중이다. 인터넷에서 유래한 세계적인 상업용 네트워크, 트랜스넷에서 언젠가 이런 광고를 보게 될 것이다. 기억을 상실하셨나요? 자, 여기 1백 기가바이트의 보조 모듈이 있습니다. 플러그 인(plug-in) 카드를 원하지 않는다고요? 문제 없어요. 아래 번호로 연락하시면, 당신이 원하시는 백과사전을 전송해 드립니다. 압축 모드의 30초 동안 바이오인터페이스를 꽂는 것을 잊지 마세요.

이런 시스템(패취, 밴드, 접촉 전극, 보조 모듈)으로 해서 새로운 마약의 망령이 출현한다. 그것은 전자마약이다. 오늘날 시장에서 바이오피드백 도구에 의해 사용되는 인터페이스와 비슷한 인터페이스로, 자극적인 시퀀스(음악, 색상, 영상)가 칩 속에 압축 디지털 형태로 담겨져 두뇌에 직접 전달될 수 있다. 마약의 돈벌이 시장에 대혼란이 예상된다! 더 이상 노출될 위험이 있는 마약 재배도, 복잡한 화학처리 실험실도 없다. 마약은 디지털 방식으로, 세계적인 네트워크를 통해 은행 신용카드 번호만 대면 구할 수 있을 것이다. 아마도 뇌 속으로 직접 전달될 것이다.

인간의 전통적인 오감(五感)은 십감(十感)이 될 것이다. 시각·청각·후각·미각·촉각 외에 우리는 중력과 가속을 느낄 수 있을 것이다. 뱀은 적외선에 반응하는 감지기로 먹이의 위치를 파악하고, 꿀벌은 자외선 속에서 볼 수 있다. 또 상어는 매우 희미한 전파를 감지할 수 있다. 비둘기·거북·꿀벌, 그리고 박테리아조차도 방향을 잡는 데 쓰는 자기 입자와 소형 나침반을 가지고 있다. 생물적 감각을 이용하여 우리는 의식적으로 저주파의 전자기파 방사선, 혹은 방사능와 같은 것을 지각할 수 있을 것이다. 우리들이 소리와 색깔을 인식하는 범위를 가청주파수와 가시광의 좁은 창 밖으로 확대하는 것, 공간에서 우리가 나아갈 방향을 잡는 것과 분자 몇 개를 가지고 위험한 물질의 미세한 흔적을 추적하는 것 등 말이다.

벌써 여섯번째 감각이 가상세계 안에서 합성영상과의 상호작용으로 형성되고 있다. 이것은 현실과 가상의 세계 사이의 관계를 뒤흔들게 될 단계이다.

가상현실 : 복제와 편재성

가상현실 속에서 나는 담을 넘고, 풍경 위를 날고, 마술 상자를 열고 침입자들을 물리쳤다……. 사이버 공간 속으로의 여행은 절대로 잊혀지지 않는다. 나는 우리가 정기적으로 들어가고 싶은 꿈만큼이나 상세히 그 여행을 기억한다. 우리 앞에 펼쳐진 이 신기하고 불안한 세계는, 우리의 통신방법의 혁명에 전혀 새로운 상황을 만들어 낸다. 이것은 범세계적인 두뇌의 탄생에 결정적인 단계이다.

5년 만에 가상현실은 정보매체의 세계를 장악하였다. 1989년 제이런 레이니어의 VPL사에 의해, 가상세계와의 초기 인터페이스 기기에 의해 상업화된 가상현실(VR)은, 오늘날 사회의 가장 중요한 발전 분야 중에서도 가장 전략적이고 상업적·산업적 가치가 높은 분야로 부상하였다. 이 책은 가상현실만을 다루는 책이 아니므로, 보다 전문적인 연구자료로는 이마지나(Imagina)를 만든 필립 케오, 가상현실

전문기자 장 스귀라, 또 가상현실에 관심 있는 사람이 반드시 읽어야 할 하워드 라인골드의 저서를 참조하라고 권하고 싶다. 나의 취지는 사이바이온트와 공생적 인간의 도래를 앞당기는 네트워크, 컴퓨터, 인간 사이의 두 갈래의 새로운 인터페이스의 중요성을 설명하고자 하는 것이다. 이 새로운 도구(내 생각에 이 도구는 내시경 역할을 하는데)를 통한 사이버 공간 정복의 철학적인 면에 대해서는 나중에 설명하기로 하겠다.

우선 가상현실이란 무엇인지 간단히 짚어 보기로 하자.

이 통신기술은 컴퓨터를 사용하여 가상공간을 만드는 것이다. 이 공간 속에서 컴퓨터 사용자는 이동하기도 하고, 합성영상으로 재구성된 환경에 대처하기도 한다. 이 공간 속의 여행은 집중, 대화, 항해의 세 가지 양상을 띠고 있다. 이를 위해 특수 헬멧을 쓰는데, 이 헬멧에는 소형 TV 화면 같은 안경이 부착되어 있어, 거기에 컴퓨터가 칼라 입체영상을 보낸다. 스테레오 이어폰이 스테레오 음향을 보낸다. 헬멧에 장착된 센서가 머리의 움직임을 감지하여, 컴퓨터가 새로운 영상을 합성하고 계산하여 시야를 바꾸어 주도록 한다. 역시 동작센서가 부착된 특수 글러브를 착용하여, 직접 자신의 손을 움직이는 것처럼 화면상에 자신의 손이 움직이는 것을 볼 수 있다. 이렇게 해서 실제 물체를 잡듯이 전자물체를 잡을 수도 있고, 안전장치를 여닫을 수도 있고, 엔진을 가동시킬 수도 있고, 손잡이를 움직이기도 하고, 기계를 조종하기도 하고, 가상질환의 수술도 할 수 있다. 컴퓨터에 신체의 움직임을 전달하는 데이터복을 착용할 수도 있다. 다른 장소에 있는 여러 사람이 같은 사이버 공간 속으로 들어가 만나고, 만져 보고, 서로 반응하면서 가상현실 사회를 형성할 수도 있다. 보다 더 중요한 사실은 가상현실 기술은 실제 인간과 닮은 가상의 복제인간을 만들어 낼 수 있다는 것이다. 이런 기술로 해서, 접근할 수 없는 상상의 세계(극도로 작은 세계, 극도로 큰 세계, 적성 국가 같은 곳) 내지는 친숙한 장소(실험실, 상점, 광장, 공원, 아케이드, 관광지와 같은 곳)를 재현한 공간(사이버 공간)으로 들어갈 수 있다.

가상현실 기술은 매우 다양한 분야에 적용된다. 항공우주나 자동차(모델 연구, 보조 설계, 무중력 실험, 사고의 시뮬레이션), 군사(전투기 조종실, 전쟁터, 전투기 조종), 로봇공학(원격작업, 위험한 곳), 교통운송(도로안내), 건축(건물 건축, 가상방문, 인테리어 디자인), 의학(수술 시뮬레이션), 심리학(혐오증 시뮬레이션), 화학(분자 가시화, 원자 사이의 힘 측정), 교육(신체탐구, 모의실험), 오락(놀이동산), 예술(새로운 공간, 가상미술관 견학), 재정(주식 동향 예측), 마케팅, 부동산(가전제품 판매)과 같은 분야에 적용된다.

오늘날에는 더 이상 VR 기업들이 개발한 장비와 시스템에 의존하지 않는다. 귀찮은 헬멧, 복잡한 글러브뿐만 아니라 '조이스틱,' 버튼, '트랙볼'들도 서서히 가벼운 안경, 바이오센서, 사용자에게 가한 힘과 압력을 되돌려 주는 역응력 글러브, 또는 신체의 특정 부위를 자극하는 데이터 복장으로 대체되고 있다.

이렇게 해서, 도쿄의 휴먼인터페이스연구소에서는 데이터 글러브를 대체할 장비를 개발하였다. 그것은 고감도 바이오센서로 손목에 (시계처럼) 차기만 하면 된다. 이 센서가 손과 손가락 근육에서 나오는 전기신호를 감지한다. 이 정보가 인간두뇌를 본뜬 칩 속으로 뉴런식 네트워크를 통해 전달되면, 거기서 이 신호가 어느 근육에서 온 것인지 식별한다. 컴퓨터는 이 정보를 가지고 손을 재구성하고, 이 손이 가상물체를 조작할 수 있게 된다.

역응력 글러브는 한 영국 기업에 의해 개발되었는데, 멀리 떨어진 물체를 실제로 만지는 느낌을 준다. 이 장비를 갖춘 사람은 이 가상물체의 압력이나 저항을 체감할 수 있다. 이 메커니즘은 정맥과 비슷한 튜브 덕분에, 누르면 공기로 부풀어오르는 20여 개의 작은 판으로 되어 있다. 컴퓨터의 조종을 받아서 글러브는 이렇게 손가락과 손바

닥의 안쪽 면을 자극한다.

　가상현실이라는 전혀 새로운 분야는 컴퓨터화된 새로운 촉각 과학의 발전을 필요로 한다. 이 분야의 목표는 어떻게 컴퓨터가 물체 표면의 질감이나 과일 같은 것의 물렁함이라든가, 공의 탄력성을 지각하여 전달할 수 있을까를 연구하는 것이다. 이 새로운 학문은 역학·생물학·컴퓨터공학의 경계선에서 생겨났다. 학자들은 이 학문을 촉각학(haptics; 그리스어로 haptein은 붙잡는다는 뜻)이라 명명하였다. 이 학문은 주변기기와의 역학적·수동적 상호작용이다. 이렇게 해서 우리는 손목의 각도, 압력, 가하는 힘에 대한 정보를 근거로 하여 가상의 망치로 못을 박는 느낌을 가질 수 있다. 촉각학 분야의 연구로 외과의학도들은 가상수술을 할 때, 수술 부위 조직의 강도도 느낄 수 있게 될 것이다. 그리고 디자이너는 작품을 만들기에 앞서, 컴퓨터로 만든 소재의 질감도 참작할 수 있을 것이다. 소비자는 가상화면의 상품 카탈로그에서 가죽제품의 품질을 손끝으로 만져 가늠해 볼 수 있을 것이다.

　이런 일련의 장비들—이 장비들은 점점 더 저렴해지고, 성능도 개량될 것이다—에서, 가상 인터페이스에 의한 대화의 가능성을 고려해 볼 만하다. 이 가상 인터페이스를 이용하여 정보는 인간과 컴퓨터 쌍방을 오간다. 이렇게 하면 가상현실은 인체에 접속하지 않고도 완전한 첫 대화식 바이오틱 인터페이스가 될 것이다.

　VR를 이용하여 인간은 이제 음성이나 눈짓·고개·손이나 팔과 다리뿐만 아니라, 몸 전체를 통하여 컴퓨터와 대화하게 될 것이다. 인간은 곧 신체의 여러 부분에서 나오는 전자생물학적 자극을 가벼운 비침투식 센서를 통해서 컴퓨터에 전달하게 될 것이다. 그리고는 침묵의 언어를 통해 두뇌에서 직접 전달하거나, 측정된 뉴런의 움직임을 두뇌 자장의 수정으로 컴퓨터에 직접 전달하게 될 것이다.

　반대로 컴퓨터는 소리(합성언어, 소음, 음악)와 3D 영상을 통하여 동영상·촉감·역응력을 인간에게 전달한다. 새로운 가상 인터페이스로 합성환경에서 나온 바람과 물·열·진동·동요·냄새와 같은 것을 육체적으로 느끼게 할 수 있다. 그리고 인체의 민감한 부분에 직접 연결된 감각기관 자극기로 인체는 흥분될 수도 있다. (이미 사이버섹스를 위해 이런 인터페이스가 제안되고 있지 않은가!) 더 발전된 가상 인터페이스는 두뇌에서 직접 영상이나 음향·감각을 생산하기 위해, 두뇌 속의 시각·후각·정서·운동신경 중추와 연결된 바이오틱 인터페이스를 이용할 것이다.

가상현실은 단순한 커뮤니케이션 기술 이상이다. 이것은 새로운 공간으로 들어가는 문이다. 인간은 항상 빨리 이동하고, 중력의 힘으로부터 벗어나고, 멀리 있는 것을 보고 듣기를 꿈꾸어 왔다. 인간은 오늘날 자동차와 비행기·전화·텔레비전을 통하여 이 꿈을 실현시키고 있다. 그러나 편재하는 재주라든가 원거리 이동, 원거리 참여, 외모의 변화, 인격의 복제, 신체의 복제는 영원히 불가능해 보였다. 가상현실은 이런 분야의 실현가능성을 보여 주고 있다. 한 사람이 여러 명의 가상 복제인간이 되어, 이 복제인간이 사람을 대신하여 원거리 이동을 하고 연설을 할 수 있다(복제, 편재, 원거리 이동). 이 사람은 복제인간들을 원격조종하고 실시간에 움직일 수 있다(원거리 참여). 외모를 바꾸고, 가상사회의 여러 사교활동에 참여하는 여러 인물들을 만들어 내기도 한다(외모 변경과 인격복제).

가상현실과 바이오틱스의 결합은 인간두뇌와 사이바이온트 두뇌 사이의 궁극적 인터페이스에 이를 것이다. 그렇게 되면 인간은 새로운 무형의 세계 속으로 들어갈 수 있을 것이다. 현실과 상상 사이의 관계에 있어서 현실, 상상, '그리고' 가상의 관계가 더해진다. 이렇게 해서 만들어진 세계는 공유된 무형의 세계이다. 또한 범세계적 공(共)의식을 구성할 공생의식들의 한정된 존재에도 불구하고, 자체의 고유한 삶을 살게 될 범세계적 공의식의 시작단계이다.

올리버와 사라 : 인텔리전트 에이전트

　정도의 차이는 있지만, 바이오틱 인터페이스는 전자기구들을 인체에 삽입·부착하여야 한다. 물론 손목시계나 안경보다 더 간편하고, 어디에나 부착할 수 있는 가벼운 바이오센서들이 흔히 사용되기는 한다. 그러나 문제는 아직 더 특수한 보충기구가 필요하다는 것이다. 여기서 새로운 형태의 컴퓨터와 네트워크를 위한 인간화된 인터페이스의 중요성이 부각되었다. 그래서 인텔리전트 에이전트가 생겨났다. 이것은 인간과 같은 친절한 자동 전문 프로그램으로 일종의 무형 로봇-소프트웨어이다.

　미래의 사이버 공간은 정보과다를 겪게 될 것이다. 정보고속도로상의 통행, 데이터베이스와 대화식 네트워크의 증가, 멀티미디어 텔레비전의 1천 개의 대화식 채널, 가상도서관, 시청각 카탈로그, 안내책자, 호텔과 자동차 예약의 시스템…… 최적의 가격에 전부를…… 결국에는 포화상태에 이르게 될 것이다! 네트워크 안에서 방향을 잡고, 항해하고 서핑하고, 수많은 패스워드와 정보 키, 다양한 코드를 사용하는 일은 생물학적으로 고립된 인간의 두뇌에는 미션 임파서블이 된다. 이런 인간에게는 수호천사, 착한 요정, 지칠 줄 모르는 집사, 열성적이고 충실하고 똑똑한 비서가 필요하다. 다른 말로 바꾸면, 인텔리전트 에이전트는 상호접속의 미로에서 방향을 잡아 주고, 적절한 정보를 선택하고, 분류하고, 정보에 접근하는 전략을 제공한다. 그리고 컴퓨터의 디지털 대화중에 만들어진 정보 꾸러미를 찾아내어 정리하고, 자기 주인의 이익을 위해 다른 에이전트와 협상도 할 수 있다.

　이 에이전트는 무엇과 비슷하다고 할까? 이 재미있는 명칭은 컴퓨터와 네트워크에 의해 제공된 기능 전체에 상설 전자비서 역할을 하는 전문 프로그램을 일컫는다. 컴퓨터의 패러독스는 컴퓨터가 발달하면 할수록 사용자의 참여가 더 요구된다는 점이다. 오늘날 실행 메뉴, 아이콘, 대화 영역과 같은 것은 모든 컴퓨터 화면의 익숙한 광경의 일부이다. 그러나 소프트웨어는 사용자가 그 컴퓨터에 무엇을 해달라고 할지, 결정할 때까지 수동적으로 기다려야 한다. 에이전트는 사용자가 하려고 하는 것을 가능한 가깝게 점치려고 노력한다. 일정 기간 주인과 함께 실험하고 시운전을 한 후에, 에이전트는 늘 반복되는 작업을 자동적으로 해치운다. 전자우편함에 메시지를 수신할 때, 에이전트는 이것을 우선 순위로 정리할 것인지 다른 사람에게로 전해야 하는 것인지를 결정한다. 에이전트는 직접 스프레드시트로 들어가서 정보를 찾아, 해당하는 사람에게 팩스로 보낼 수도 있다. 에이전트들은 바쁜 간부급 인사들의 미팅을 주선하기 위해 네트워크상의 빈 시간에 대해 서로 협상을 하기도 한다. 또한 주식시장 정보도 얻어 오고, 증권거래도 한다. 사용자의 이익에 따라 선별한 정보를 수집하고, 여러 상품 카탈로그를 섭렵하여 가장 유리한 가격에 상품을 구매하도록 조언도 한다. 에이전트는 또한 영화나 텔레비전 프로그램 안내도 하고, 그리고 신문을 읽고 나서 주인에게 흥미있는 기사를 알려 주기도 한다.

우리가 꼭 필요한 사람을 접촉해야 할 때, 그 사람과 접촉하기 위해서는 에이전트들이 꼭 필요해질 것이다. 한 통계자료에 의하면 우리가 긴급히 누군가에게 연락을 취해야 할 때, 그와 전화 연결이 되는 경우는 4분의 1밖에 되지 않는다고 한다. 나머지는 허사이거나 시간 낭비만 하게 된다는 것이다. ATT나 모토로라, 혹은 IBM 같은 대규모 컴퓨터나 전화회사는 인텔리전트 메신저 시스템을 개발하고 있다. 이 시스템은 여러 가지 통신 시스템을 연결하여, 연락하고자 하는 사람을 찾아낼 수 있다. 원하는 사람과 접촉하기 위해서는 소형 컴퓨터를 두드리기만 하면 된다. 그러면 에이전트는 전화·팩스·전자메신저·휴대폰·비퍼와 같은 모든 수단을 동원하여 연락할 방법을 찾는다.

거의 인간과 같은 표현과 언어를 사용하고, 명확한 아이콘으로 표시되어 있다. 에이전트는 똑똑하고, 재미있고, 아이러니컬하고, 비판적이기도 하지만, 늘 친숙하고 꼭 필요한 진정한 비서가 될 것이다.

에이전트는 제너럴 매직〔General Magic; 애플, 마쓰시타, 필립스, 소니가 재정지원을 하는 첨단 소기업〕에 의해 처음으로 개발되었다. 이 회사는 네트워크에서 작용하는 에이전트팀을 조절·통제하기 위해, 그래픽 인터페이스인 매직 캡(Magic Cap)을 개발하였다. 애플사와 같은 컴퓨터 생산회사들은 그들이 만든 멀티미디어 컴퓨터상의 대화식 아이콘을 의인화시켰다. 이렇게 해서 사용자는 여성 혹은 남성 인물로, 사용자가 고안한 어떤 합성조직 내지는 로봇으로 에이전트의 육체적 외양과 음색을 선택하며 인터페이스를 설정할 수 있다. 이 아이콘은 화면 위에 나타나 말을 하고, 그 입술은 합성형태로 움직인다. 에이전트 프로그램은 인간의 말을 포함하고 있으며, 메뉴 위에서 한 기능을 클릭한 것처럼 반응한다.

내가 가장 좋아하는 에이전트는 올리버와 사라이다. 이 두 에이전트는 루퍼트 머독 그룹의 미국 자회사인 뉴 엘렉트로닉스 데이터의 사장 존 에번스에 의해 만들어졌으며, 그는 매우 뛰어난 두뇌를 가졌다. 올리버와 사라는 바로 그러한 그와 긴밀한 협조하에 일하고 있는 컴퓨터 생물이다. 에번스 사장의 목표는 컴퓨터 사용자들이 이 에이전트들의 작업으로 각자 맞춤 신문《데일리 미》를 만들 수 있게 하는 것이었다. 그러나 출장시 교통편과 호텔 예약, 데이터베이스 탐색과 같은 여러 가지 다른 기능이 생겨났다. 이 에이전트들은 지금 소프트웨어 시장에서 구입할 수 있다.

올리버는 사냥감을 찾아오도록 길들여진 밝은 빛깔의 라브라도 사냥개이다. 올리버는 작동중인 기능과는 상관 없이 할 일이 있는지 없는지를 알아보기 위해 수시로 화면에 나타난다. 또한 그에게 특별히 할 일을 주지 않으면 지루해하고, 몸을 긁고, 종이 뭉치를 가지고 장난을 치고, 자기 집으로 들어가 버린다. 예를 들어 그에게 인터내셔널 데이터베이스에 가서 키워드를 찾아오라고 시키려면, 찾는 방법을 써서 그에게 알려 주면 된다. 그러면 그는 네트워크 속으로 사라져 버린다. 올리버는 번개처럼 빠른 속도로 10개 정도의 데이터베이스 번호를 돌려 코드를 입력하고, 키워드를 쓰고, 파일 속에 정보를 수집하여 메모리시킨다. 그리고는 기록적인 시간에 자기가 탐색한 결과를 가지고 돌아와 꼬리를 흔든다. 그가 만족스럽게 일을 처리했으면 주인은 그에게 전자 비스킷을 준다. 만족스럽지 못하면 개집으로 돌려보낸다. 올리버 전문 프로그램은 주인의 반응을 기억하고 다음 명령을 수행할 때 그것을 참작하여, 어떤 전략은 계속하고 어떤 전략은 버린다. 그래서 이 프로그램에는 개를 훈련시킬 때와 같은 습득과 강화의 측면이 있다.

사라는 사라지는 인물이다. 희미하고 신비로운 그림으로 그려진 선녀 같은 존재이다. 사용자는 일단 시뮬레이션 게임의 커서와 비슷한 일련의 커서를 사용하여 사라에게 자기가 원하는 여행을 말한다. 그 후에는 그에게 다음과 같이 간단히 지시하면 된다. 1월 15일 10시, 짐 스튜어트와 런던에서 약속을 정해 주시오. 그와 점심을 먹고 저녁에는 파리로 돌아왔으면 하오. 이 지시사항을 가지고 사라는 일을 시작한다. 그는 새벽 비행기는 싫어하고, 자기가 좋아하는 지역의 호텔에 예약해야 한다는 주인의 성격을 알고 있다. 파리 출발은 그의 마지막 약속(사라는 주인의 수첩을 갖고 있다) 후로 해야 한다. 렌트카, 식당 예약(사라는 접촉 파일을 통해 짐 스튜어트의 식성도 파악하고 있다)과 귀국 비행기 예약, 여느 때처럼 파리 공항에서는 택시로 돌아온다. 이런 조건을 정한 후, 사라는 올리버를 여행사로 보내 비행기 스케줄을 확인하여 예약하도록 하고, 렌트카·호텔·식당·택시도 예약하도록 한다. 이제 사라에게는 14일 저녁과 15일 하루 동안의 주인의 상세한 스케줄표를 인쇄하는 일만 남았다. 주인은 돌아와서 사라에게 자신의 소감을 전달하여, 자신이 원하는 기준을 다시 조정할 것이다. 이 경우에도 마찬가지로 에이전트 전문 프로그램은 시간이 흐름에 따라 점점 발전한다.

　유능한 비서는 물론 이런 일쯤은 능숙하게 처리한다. 그러나 우리는 비서와는 인간적인, 가상생물과는 다른—다행스럽게도 —관계를 이룬다. 올리버와 사라의 경우는 그러나 놀라운 전자 속도로 일을 처리한다. 이 에이전트들은 동시에 10가지 일을 연결하여 처리하고, 지겹고 반복적인 일을 스트레스받지 않으면서 다른 에이전트들과 대화하며 처리한다. 아직 시작품의 단계에 있는 올리버와 사라는, 소프트웨어 회사들에 의해 개발된 신세대 에이전트들의 모델이 되고 있다. 이제 전통적인 인간비서는 보다 풍부하고 인간적인 접촉이 필요한 일에 전념할 수 있을 것이다.

　에이전트들은 급속도로 새로운 가상생물들의 군(群)을 형성하게 될 것이다. 컴퓨터 바이러스처럼 이들도 번식하고, 군을 이루고, ‘문화’를 갖게 될 것이다. 인공생명체로서, 사이버 공간의 전대륙을 서서히 점령할 것이다. 에이전트들은 팀을 이루어 작업할 것이다. ‘자격증(구매나 협상의)’과 허가증을 소지하고, 그들은 서로 작업을 나누고 정보도 비교할 것이다. 그리고 그들의 업무처리 능력은 자료 탐색작업이나 서류 준비작업에 따라 늘어날 것이다. 네트워크를 돌아다니며, 이 신종 내계인(intraterrestrial)은 서비스를 제공할 것이다. 발생연산(52쪽과 98쪽 참조) 덕택에 이 에이전트 프로그램은 점점 더 복잡한 문제를 해결할 수 있도록 변이를 일으키고, 자율선택하고, 진화할 것이다. 그들의 가치가 주식시장에서 전자업종의 주가를 높일 것이다. 그러나 이 에이전트도 잠재적인 위험을 안고 있다. 그들 주인의 모든 습관과 취향·비밀을 알고 있으므로, 네트워크상에서 납치되어 주인에게 불리하게 이용될 가능성도 있다. 까다로운 문제에 대해 협상중인 에이전트들은 자기들끼리 조직을 하여 주인의 요구에 반대하거나, 어떤 구속에 대해서는 거절할 수도 있다.

에이전트의 외양도 많이 변할 것이다. 합성전자 생물이나 실제 인물의 복제인간을 만들 수 있는 화상복제술로 이들은 보다 인간과 닮게 만들 것이다. 이들은 말, 재치 있는 대답, 표현에 따른 표정 변화, 적당한 몸짓을 통해 의사소통을 하게 될 것이다. 공상과학 소설가나 1970년대 미래학자들은, 애완용 동물들처럼 집에서 함께 사는 로봇 하인들이 등장하는 세계를 그려 왔다. 《별들의 전쟁》의 R2D2 로봇과 C3PO 로봇은, 이런 부류로서의 인간 형체를 한 상냥한 로봇을 형상화한 것이다. 아마도 어떤 기능은 계속 그 수가 증가 추세에 있는, 실제로 다양한 메카트로닉로봇과 컴퓨터로봇이나, MIT의 로드니 브룩스(102쪽 참조)가 개발한 것들과 같은 곤충의 무리를 닮은 미니로봇 군단에 맡겨질 것이다. 그러나 인체에 부착 또는 삽입하는 복잡한 인터페이스가 번거롭지 않은 가상 인터페이스로 교체되듯이, 새로운 가상로봇인 에이전트들이 미래의 사이버 공간·하이퍼미디어·정보고속도로를 메울 것이다. 가상복제를 통해 이들은 우리의 실제세계에 불쑥 나타나기도 할 것이다. 여러 연구소에서 입체 홀로그램 동영상의 투사를 연구중이다. 연구성과는 놀랍다. 공상과학 영화는 이미 홀로그램 타입의 투사를 통해 실제세계와 교통하는 인물을 등장시켰다. 《별들의 전쟁》에 나오는 공주의 움직이는 실루엣이나, 《토탈 리콜》에서 아놀드 슈워제네거의 부풀어진 형상이 그런 예이다. 가상복제인간의 입체 투영기술의 발달은 실제 우리 세계에 우리와 대화를 나누는 동영상 인물을 나타나게 하고, 또 발전시킬 것이다. 이 인물들이 바로 차세대 인텔리전트 에이전트들이고, 가상로봇의 공생 무리들이다.

세계적인 인터넷 네트워크는 가상복제생물들, 인텔리전트 에이전트, 그리고 물론 바이러스와 네트워크를 오염시키는 다른 기생충들이 돌아다닐 새로운 집단 사이버 공간의 기초이다. 생물학적 복제—생물윤리적 측면에서 용납이 안 되는—나, 인간두뇌에 연결하는 보철물이나 우리 주변에 있는 로봇집단이 없이도, 가상현실은 상상과 실제 사이에 무형의 세계를 건설한다. 이 세계는 우리의 개인생활과 단체 활동에 많은 영향을 주게 될 것이다.

　인간과 사회적 거대 유기체 사이의 공생의 기술적 조건은 이렇게 모여졌다. 미래에 대해 가장 빠르고 가장 의미 있는 진화 가운데 하나는, 바로 바이오틱 인터페이스와 사이버 공간과 범세계적 두뇌의 진화인 듯하다. 그래서 이 분야의 진화를 공생적 인간의 탄생이라는 측면에서 생각해 보아야 할 모델로 선택하였다. 인간의 근육과 인간이 만든 기계와 인간의 두뇌를 통하여, 거대한 범세계적 존재가 서서히 형태를 갖추고 생명을 얻고 있다. 이것이 바로 사이바이온트이다.

4

사이바이온트의 일상생활

범세계적 거대 유기체

인류는 전례 없는 도전에 나섰다. 그것은 바로 인류 전체의 조직보다 더 우월한 조직을 가진 생물을 내부로부터 건설해야 하는 것이다. 이 생물은 인류의 공생 파트너가 될 것이다. 인간의 존엄성과 이 세상에 대한 인간행동의 영향력을 위태롭게 할 이 거대한 작업에, 어떤 정치적·철학적·종교적 접근도 준비되지 않았다.

이런 예상을 상상해 보려고, 그리고 인류의 다음 진화단계를 가시화시켜 보려고, 나는 지금 형성중인 범세계적 거대 유기체인 사이바이온트의 비유를 제안하였다. 여러 가지 면에서 사이바이온트는 원시상태에 있지만, 이미 자신의 동력으로 살고 있다. 다양한 사회조직들, 도시들, 집중되어 있거나 분산된 인간사회들, 기계류, 교통통신망들은 사이바이온트의 생체조직과 기관을 이루는 눈에 보이는 거대 구조들이다. 서서히 이 잡다한 인간조직은 생물이 탄생할 때의 태아세포와 유사한 방식으로 개체수를 늘리고 차별화시키면서, 지구 표면 위에 펼쳐진다.

사이바이온트로의 비유는 이런 현상의 총체성을 표현하는 데 유용하다. 지구와 사이바이온트를 비교해 보자. 지구는 그 작동방식이 유기체의 그것을 연상시키는, 자체 조절되는 한 인공지능 기계이다. 이 모델(제임스 러블로크가 가이아라고 부른, 158쪽 참조)은, 여러 학문 분야에 나뉘어져 있던 많은 요소들을 합친 한 개념으로 모아 놓았다. 가이아가 지구의 환경 시스템이라면, 사이바이온트는 사회적 거대 유기체이다. 세계는 너무나 다양해서 '단 하나의' 세계적 거대 유기체의 탄생을 생각하는 것은 비현실적일지도 모른다. 지구의 이쪽에서 저쪽 끝까지, 국가와 인간사회는 겉보기에는 동시대에 살고 있는 것 같지만 서로 다른 시대에 살고 있다. 각 나라와 사회는 그 선진산업과 기술, 심오한 고유 문화, 관습과 세계관의 독창성으로 인하여 어떤 다른 나라나 사회에 정복될 수 없다. 어느 정도 발전된 국가의 개념은 어떤 사회에는 적용할 수 없는 경제적 기준에 바탕을 두고 있다. 그래서 사이바이온트의 하위 구조가 되는 여러 거대 유기체가 존재하게 될 것이다. 그리고 다른 시간 속에 존재하는 여러 사이바이온트도 있을 수 있다. 아마도 미래에는 여러 사이바이온트들이 존속하기 위한 패권 다툼이 있을 것이다.

단순화시키기 위해 나는 사이바이온트를 유일한 범세계적 조직으로 간주한다. 특히 형성과정에 있는 '범세계적 두뇌'의 가장 앞선 형태로 간주한다. 여기에는 몇 가지 이유가 있는데, 우선 발전속도이다. 통신 시스템과 정보처리 시스템의 공동진화가 있은 후, 우리는 네트워크에 연결된 요소 전체의 자율선택에 이르게 될 자가촉매작용을 보고 있다. 여기서 적용되는 것은 이미 본 적이 있는 기본적인 공생학 원리이다. 그리고 사이바이온트는 진화과정중에 생물권에 의해 침해당하고, 부분적으로 무형화된 가장 고정적인 조직형태 중의 하나이다. 아직은 전체가 이동해야 할 필요는 없다. 가이아에 기생하면서 생존에 필요한 에너지를 공급받는다. 정보의 임계질량을 축적하여 시간을 압축하는 사이바이온트의 현재 형태는 통신 네트워크를 통하여 지구 전체로 뻗어 나가고 있다. 그 조직적 영향과 촉매 역할은 점점 더 결정적인 것이 되어간다. 사이바이온트는 이렇게 해서 빠른 속도로 전혀 다른 형태의 거대 생명체가 되어간다.

많은 저술가(과학자·철학자·공상과학 소설가·시사평론가)들이 범세계적 거대 유기체의 탄생을 언급했거나, 때로는 매우 상세하게 설명하기까지 하였다. 이런 설명은 우리가 충분히 거리를 두고 인류 전체의 진화와 인류가 발명·생산·건설한 것을 고찰하면 저절로 얻어진다. 지구상에 존재하는 사회 시스템을 특징짓는 부조화·불균형·진화속도의 차이를 염두에 둔 설명이 될 것이다. 때로는 이런 거대 유기체에 대한 문학적이고, 유토피아적이고 순진한 묘사도 있다. 그 또한 나름대로 우리가 증인도 되고 주인공도 되는 거시적 현상을 묘사하고 있다. 나는 이 설명들과 유사한 점이 있지나 않을까 염려하지는 않는다—유사한 점에서 종종 새로운 아이디어를 얻으므로—그러나 항상 너무 단순하고 눈에 보이지 않는 신인동형론〔동물과 식물을 인간과 닮게 하는 것〕적 태도를 경계하면서, 나는 사이바이온트의 생을 현재 통용되는 언어와 이미지를 사용하여 설명하고자 한다. 이 단계는 미래 조직체의 생성에 공생적 인간의 역할을 보다 잘 설정하기 위한 단계이다.

지구 차원에서의 필수 기능들

인간의 차원에서는 사이바이온트의 생을 지각하기란 어렵다. 산 정상에서나 비행기의 원창을 통해, 우리는 자연 속에 흩어져 특히 밤이면 빛나는 도시 세포들의 광경을 본다. 마치 동맥과 정맥처럼 (한쪽 줄에는 흰 불빛만, 다른 한쪽 줄에는 빨간 불빛만 보이는) 거대한 펌프가 빨아올리고 밀어내는 듯한, 고속도로상의 끊이지 않는 자동차 행렬을 보며 분주한 생활이 우리의 발 아래 펼쳐지고 있다는 느낌이 들 때가 있다. 더 높이 올라가서 인공위성이 전송한 사진을 보면, 푸른색 지구와 매머드 도시생활, 도로망, 공장의 연기들을 보게 된다. 지구의 빛이 찬란한 사진, 완전히 편집된 밤의 지도를 나는 기상위성에서 찍은 지구 사진과 함께 영구히 보존하고 있다. 이 지도에서 우리는 단번에 문명의 형태가 각기 다름을 알 수 있다. 세 군데 빛의 향연을 벌이고 있는 매머드 도시권(미국 동부, 서유럽, 일본), 큰 도로상의 불빛선(북유럽 고속도로, 시베리아 횡단도로, 나일 강 언덕), 석유 유전의 가스 불길, 그리고 집어등을 켜고 고기를 잡는 어선단, 삼림을 베어내고 땅을 개간하는 개발도상국들의 삼림 속, 덤불 속 불빛이 보인다.

이 사진이 주는 느낌은 매우 강렬하지만, 금방 잊혀져 버린다. 우리가 늘 보는 눈높이에서는 모든 사물이 제각기 확고한 위치를 잡고 있고, 또한 인간 중심으로 되어 있다. 눈에 보이는 거대 세계를 이루는 도시·통신·도로·철도·전기망, 그리고 다리·댐·공장, 그리고 무엇보다도 인간에게 수없이 계속 변화를 주어 온 이 풍경은 인간이 수천 년 동안 함께 살아왔다. 거대 세계의 보이지 않는 면은 경제 및 동시에 이루어지는 수많은 거래들, 그리고 지구를 거미줄처럼 둘러싸고 있는 인공위성이 쏘아대는 전파, 라디오와 텔레비전 전파들의 세계이다. 게다가 화폐순환의 세계, 지하 내지는 해저송유관, 통신케이블의 세계, 그리고 컴퓨터 데이터베이스와 인간사회의 수많은 활동을 조합하고 규제·통제하는 법, 규칙, 조약의 세계이다.

모든 생물과 마찬가지로 사이바이온트도 인간과 기계를 통하여 자체 보존, 자체 조절, 자가 수리와 같은 기본적인 중요 기능을 가지고 있다. 사이바이온트도 영양을 섭취하고, 그것을 에너지로 전환시키고, 소화시키고 찌꺼기를 버린다. (아직은 불완전하게) 사이바이온트의 주식은 석유와 탄수화물이다. 석유는 전기를 사용하여 전자역학기계를 작동하는 데에 쓰이고, 광합성과 농업에서 얻어지는 탄수화물은 생물기계(인간과 동물)의 연료로 쓰인다. 사이바이온트는 다른 형태의 에너지(핵, 생물자원, 천연가스)도 섭취하지만, 지구 차원에서는 석유와 탄수화물이 주식이다. 생물·역학·전자기계는 에너지를 유용한 일로 바꾸어, 사이바이온트의 구조와 기능을 유지하고, 발전시킨다.

사이바이온트의 생체조직은 생물의 그것과는 다르다. 도시를 예로 들면 거주지역은 주로 가옥으로 되어 있다. 농촌지역은——태양 에너지와 생물자원을 인간과 동물의 생존과 발전에 쓰이는 에너지로 전화시킬 수 있는 자급자족에 입각한 단위인——농장이 드문드문 있다. 농장이야말로 인간과 자연의 공생의 진보된 형태를 보여 준다. 도시에서는 식량과 석유·물·원료·장비·정보와 자본을 쌓아두는 저장소가 있다. 각 가정까지 모세혈관처럼 연결된 공급망이 에너지와 원료와 정보를 배달해 준다. 사이바이온트의 내부의 흐름은 생물의 그것과 유사하다. 항공이나 수로, 철도나 도로를 통하여 정보·상품·에너지를 나르는 운송망의 모세혈관, 정맥, 동맥이 있다. 이 운송작업에 참여하는 모든 운송기구는 세포와 혈구처럼 고유의 기능과 특성이 있다. 사이바이온트의 기관과 조직의 전체 부위를 고치고, 상하게 되면 다시 만들고 하는 동안에 상품과 승객은 이 지방에서 저 지방으로 멈추지 않는 회전목마를 타고 옮겨진다.

사이바이온트의 소화기관은 복합적인 재료를 자신의 대사작용을 위해 쓰거나, 차후에 쓰기 위해 저장해 둘 단순한 물질로 변화시킨다. 폐수나 찌꺼기는 하수도로 배수시켜 주고, 청소기관에서 치워서 특수공장에서 제거나 화학처리를 하든지 재활용한다. 이는 마치 생물의 콩팥이나 간의 역할을 하는 것과 같다. 사이바이온트의 소화기관은 아직 가이아와 공생관계를 맺고 작동하는 것은 아니다. 쓰레기는 하치장에 낭종(囊腫)이 되고, 대기에 쌓여 지구 전체를 오염시키고 있다. 자연환경 생태계에서는 분해작용을 하는 미생물이 자체 조절작용 사슬을 닫아 주지만, 거대 조절작용을 하는 사이버네틱 사슬은 아직

닫히지 않았다.

사이바이온트는 자체 구조와 기능을 유지하기 위해 겹겹으로 이루어진 방어체제와 수많은 메커니즘으로 이루어져 있다. 도시는 인간사회를 외부로부터 격리시켜 자신들의 문화적·정치적·산업적·경제적 교환만을 도모하는 방어체제이다. 원래 도시의 성벽은 거주자들을 그들의 수확물이나 재산을 약탈하러 오는 외부 침략자들로부터 지키는 역할을 한 것이다. 집들은 에너지 공급 시스템이나 쓰레기 수거, 통신 시스템 기술 덕분에 인간과 공생하도록 기능이 조절된 소형 환경이 되었다. 이런 형태의 공생은 기능이 조절된 다른 소형 환경에도 확산되었다. 노동(사무실, 고층 건물), 상업(슈퍼마켓, 쇼핑물), 여가(실내 스포츠 센터, 실내 관광지), 문화(박물관, 과학기술단지), 여행(신공항)에서 찾아볼 수 있다. 면역성 방어망이 여러 가지 위험과 불청객들로부터 사회조직을 보호한다.

컴퓨터에 연결된 세계적인 통신망이 사이바이온트의 뇌와 신경조직의 기초가 된다.〔조엘 드 로스네, 《범세계적 두뇌》, 파리, 올리비에 오르방 출판사, 1986.〕 조절작용, 대화, 영상, 음향의 무형 데이터의 꾸러미가 끊이지 않고 활발하게 돌아다닌다. 그러기 위해서 전선, 케이블, 광섬유, 전자파, 위성, 라디오와 텔레비전 발신기와 수신기, 컴퓨터 화면, 전화, 출판물 등을 이용한다. 인간사회 조직망의 기능은 너무나도 복잡하고 빨라서, 여기에 각별한 관심을 기울여야 할 것으로 보인다.

사이바이온트의 두뇌와 신경 시스템은 사이바이온트를 유지시켜 주고, 사회조직의 대사작용을 이루는 교환과 운송의 하드웨어 시스템을 통제·조절한다. 이렇게 전자학과 역학의 합작품인 사이바이온트는 물자와 정보 에너지의 흐름을 조절하고, 지구의 생태 시스템인 가이아와 관계되는 대순환을 조절하는 내부 제어형 혼성장치이다. 거대 인터페이스는 각각의 인간 뉴런을 사이바이온트의 거대한 대사기능에 연결시킨다. 예를 들면 신용카드와 현금지급기 사용으로 전자은행

서비스 회로와 국제 비행기 예약 시스템이나 직렬식 데이터 정리 시스템으로 재화와 용역시장에 접속시킬 수 있다. 또는 인공위성에 의한 도로교통량 조절을 위한 시스템, 컴퓨터를 이용한 무인통신 네트워크, 컴퓨터 여론조사, 경제건전지수…… 등을 통해 인간을 사이바이온트의 대사기능에 연결시킨다. 시청각 매체의 범세계적 눈과 귀, 기상관측기, 원격측정기는 점점 지구의 진정한 감각기관이 되어간다.

사이바이온트의 생은 시장의 강렬한 요동, 주식시장의 급격한 등락, 화폐평가의 변동으로 해서 빠른 리듬으로 분주하게 움직이는 것처럼 보인다. 시장은 가격, 이율, 지수 등과 같은 단순한 법칙에 따르는 수많은 요소들의 움직임과 결정을 통합하는 병행처리 슈퍼컴퓨터와 비슷하다. 주식시장은 살아 있는 생태계이다. 컴퓨터와 통신 네트워크, 시차(時差)로 인하여 이 시장은 실시간에 거의 끊이지 않고 열려 있다. 심장박동·호흡리듬·혈압변화·혈관 호르몬 농도와 같이 생체 패러미터로 지속 측정된 모든 것들처럼, 그래프로 기록된 이 시장의 변동은 카오스적이고 거의 생물적이다. 순진하게 애니미즘에 빠져 있지 않아도, 주식시장과 세계 금융시장을 보고 있으면 우리는 살아 있는 생태계를 보고 있는 듯하다. 이 조절할 줄 아는 거대 인터페이스는 고유의 심리를 가지고 있다. 주식시장 해설가들은 이 시장의 기질을 상상하여 묘사한다. 이 시장이 의기소침하다든가, 행복해하고 있다든가, 음울하다든가, 들떠 있다고 이야기한다. 이 시장은 대기상태에 있거나 반대로 결과를 예상하고 있다고도 한다. 우리는 이런 유의 표현에 너무나 익숙해져, 실제로 이 표현들이 지니는 거시적인 성격은 잊어버린다. 주식시장은 사이바이온트의 생리를 알 수 있는 한 직접적인 신호에 지나지 않는 것이다.

나는 사이바이온트의 생리를 생물의 그것과 비교하여 은유적이고, 동질이형의 유사한 설명을 몇 페이지나 할 수 있다. 그러나 이것이 내 목표가 아니다. 왜냐하면 그런 설명방식에는 금방 한계가 느껴지기 때문이다. 나의 주제는 인간, 무엇보다도 공생적 인간이다. 사이바이온트의 생리가 주는 구속에 대하여 인간의 자유를 어떻게 설명하고, 인간행동의 중요성을 어떻게 강조할 것인가? 인간은 조화롭게 조절되고 작동하는 사회적 거대 유기체에서 어떤 이익을 얻게 되는가?

나는 사이바이온트 생리의 두 가지 기본 기능을 빌려, 이런 방향으로 설명해 보겠다. 한 기능은 환경과 경제의 합작에 의한 '자체 보존(autoconservation)' 기능이다. 다른 한 가지는 사이바이온트의 존재와 집단의식과 집단지능의 생성으로 인한 '자체 지각(autoperception)' 기능이다. 이 두 기능——하나는 생태권적이고, 다른 하나는 정신적인——에서 창조자이며 주인공인 인간과 사이바이온트 사이의 공생관계가 지금 이 순간에도 생성·발전·가속화되고 있다.

가이아와 데이지 꽃의 세계

생태계가 일종의 생물처럼 움직인다고 생각하는 것은 새로운 것이 아니다. 이미 1795년에 제임스 허턴이 지구를 거대 유기체에 비유하였다. 블라디미르 베르나드스키는 생물 전체와 상호작용하는 네트워크를 총칭하기 위해 생물권(biosphère)이라는 단어를 만들어 냈다. 1969년 제임스 러블로크는 살아 있는 지구를 지칭하는 가이아라는 개념을 제안하였다. 이 개념에서 몇 가지 전제를 떼어내면, 논란의 여지는 있지만 은유적이고 많은 의미를 담고 있는 개념이다.

러블로크는 시스템적인 방법과 인공지능학을 지구 생태계에 총괄적으로 적용한다. 이 면에서는 시스템공학자를 놀라게 하는 점은 없다. 비록 가이아가 몇 가지 한정된 범위의 단순한 해석에 이르게 될 소지를 안고 있기는 하지만, 가이아 개념에는 일종의 범신론적 사고가 있기는 하다. 대지의 여신에게 새로운 환경적 신앙을 바친다!

　러블로크의 가설은 흥미로운 것이다. 이 가설은 직관적이고, 종종 감정적이기까지 하다. 이 방법에 대해 주로 비판을 가할 수도 있다. 이 가설은 직관과 다른 저자들의 저술 해석과 편집의 산물이다. 이 가설은 가정, 실험, 발표, 제3자에 의한 검증, 이론 등등의 전통적인 과학의 방법을 쓰지 않았다. 게다가 카를 포퍼의 의미로 오류를 증명할 수가 없다. 리처드 도킨스는 이 가설을 부정하는데, 그 이유는 이 가설이 다른 가이아들과의 경쟁 없이 단 한 개의 가이아만을 고찰하였기 때문에 자연선택의 메커니즘을 적용할 수 없기 때문이라는 것이다. 여기에는 가이아 내부에 경쟁상태에 있는 하위 시스템들이 존재하므로, 자연선택의 메커니즘은 가이아 내부에 적용할 수 있다고 반박할 수 있다. 가이아의 은유는 여러 분야의 접근과 통합에 매우 유용한 것이다. 논란의 여지가 있기는 하지만 이 가설은 과학자 사회에 새로운 사고를 하게 만들고, 무엇보다도 다른 분야의 학자들을 서로 접근시켰다.

　가이아는 병들었다. 인간은 가이아의 균형을 깨는 기생충처럼 작용한다. 온실 효과는 가이아가 열이 나는 것이다. 오존층의 구멍은 가이아의 피부암이다. 산성비, 고체 쓰레기에 의한 오염, 수질오염은 가이아의 소화기 장애이다. 지구생리학이 가이아의 전체적인 기능을 설명해 준다고 허턴과 러블로크와 같이 생각하면, 우리는 지구의 병을 고칠 수 있는 의술을 적용할 수가 있을 것이다. 그래서 환경학과 환경을 생각하는 정치는 생물학(생물에 대한 지식)과 의학(예방, 진단, 치료)이 연결되어 있듯이 연결되어 있다.

　《거시경》에서 나는 비슷한 방법으로 지구는 생물과 같이 항상성을 가진 인공지능적 기계라고 설명한 적이 있다. 그리고 지구상의 생명의 출현에 대해서도, 지구의 조절주기를 포함한 생물지구화학적인

(biogeochemical) 현상이라고 설명하였다.

　지구는 인공지능 기계처럼 움직인다. 지구는 자체의 기능을 조절할 뿐만 아니라, 지구의 균형을 지켜 주고 지구의 궁극적 목적을 유지하며 지구를 구성하는 여러 종류의 생물에 근거를 둔 겹치고 겹친 네트워크를 담고 있다. 생태권은 복합 시스템과 이 시스템의 역학에 대한 모든 정의와 설명에 부합한다. 즉 열린 시스템, 복합성의 위계적인 층위, 조절작용의 인공지능의 사슬, 통신 네트워크, 다양한 요소, 자가촉매 메커니즘, 항상성 메커니즘, 진화, 하위 시스템의 경쟁, 요소와 구조의 지속적인 소멸과 재생산과 같은 설명들에 부합한다. 생물은 복합적이고, 독립적이며, 자체 조절이 되고 진화하는 시스템이다. 그래서 우리는 가이아의 기능이 생물의 그것과 유사하다고 할 수 있다. 이 은유는 많은 의미를 담고 있다. 이 은유는 예전에 분산되어 있던 여러 분야를 환경이라는 곳으로 통합시킨다. 그래서 지구화학·지학·지구물리·인종생물학·식물생물학·유전공학·생화학·대양학·기상학·기후학 등이 그 예이다. 지구는 그곳에 사는 생물들이 그 환경을 변화시킬 줄 모르는 불활성(不活性)의 돌덩어리가 아니다. 지구는 해부적 구조와 생리를 가지고 있다. 탄생과 대사작용과 진화를 한다. 생물권과 전체 생태 시스템은 분리할 수 없는 복합 시스템을 이루는 많은 조절사슬과 주기로 연결되어 있다. 생물은 이렇게 해서 자신들의 생존에 유리한 기후조건을 만들기 위해 환경 — 특히 대기 — 을 지배할 수 있다.

　어떻게 지구의 평균온도는 자동적으로 유지되는 것일까? 우리는 시스템이 자동 온도조절장치와 같이 작동하는 것이 아닌가 생각해 본다. 그렇다면 누가 평형점을 설정하였는가? 인공지능학과 시스템 이론은 목적 원인론을 거론하거나 어떤 생물의 의도 내지는 계획이라는 설명을 하지 않고, 어떻게 이런 평형이 공동진화와 증폭 촉매작용에 의해 이루어지게 되었는지를 보여 준다. 가이아 가설의 기초를 확립한

제임스 러블로크에 의해 설명된 데이지 꽃의 세계(Daisy World)는
그 한 모델이다.

데이지 꽃의 세계는 밝은 빛깔의 꽃과 어두운 빛깔의 꽃, 이 두 종
류의 꽃들이 사는 상상의 혹성이다. 이 혹성은 태양이라고 하는 한
항성이 있어 밝고 따뜻하다. 밝은 빛깔의 꽃들은 그 열을 반사하여(눈
처럼) 혹성 표면을 부분적으로 식게 한다. 어두운 빛깔의 꽃들은 열을
흡수하여 지표를 부분적으로 덥게 한다. 시뮬레이션(소형 컴퓨터로도
쉽게 할 수 있는)이 낮은 온도에서 시작되었다. 어두운 빛깔의 데이지
꽃들은 태양의 열을 집적하여 살아남아 번성하고, 지표의 많은 부분
을 점령한다. 이렇게 해서 지표의 온도는 올라간다. 이렇게 되면 생명
체에 유리한 온도가 된다. 어두운 빛깔의 꽃들은 급속도로 번식하지
만, 지표를 너무 많이 덮어 지표온도는 한계점을 넘는다. 어두운 빛깔
의 데이지 꽃들이 대량으로 죽는다. 그러나 밝은 빛깔의 꽃들은 적응
을 잘한다. 열을 반사하면서 번식하고 지표를 넓게 차지하고 열을 식
힌다. 지표의 온도는 내려간다……. 이번에는 너무 밝은 빛깔의 데이
지 꽃들이 죽고, 어두운 빛깔의 데이지 꽃들이 늘어난다. 어느 정도의
진동이 있은 후에는 어두운 빛깔의 꽃과 밝은 빛깔의 꽃이 차지한 면
이 모자이크 형태를 이루며, 혹성의 표면에서 공존하고 공동진화한다.
개체는 태어나고 죽지만, 무리의 비율은 반복되는 온난화와 냉각화
사이에서 두 종류의 꽃에 모두 적당한 평균온도를 유지한다. 그리고
이 온도는 최적 평형점 주위로 진동하게 된다. 아무도 이 크기를 정
하지 않았다. 이 온도는 데이지 꽃의 생태와 진화과정에서 창발한 것
이다. 게다가 태양이 갑자기 더워지면 이 시스템은 새로운 평균온도
에서 균형을 찾고, 새로운 조건에 적응한다. 두 종류의 데이지 꽃만이
있는 세계와는 달리, 가이아 모델은 동시에 수많은 상호의존적인 네
트워크를 만들어 내는 상호작용을 담고 있다. 그러나 기본 원리는 마
찬가지이다. 그것은 생명체에 유리한, 그리고 생명체 자신이 환경과

공동진화하면서 이루어 낸 역학적 평형점의 창발이다.

환경 : 자연의 경제

이런 단순하면서도 의미 깊은 모델은 공생적 진화이론에는 매우 중요하다. 이런 모델은 복합 시스템의 조절작용을 해주는 양적·질적 평형값이 인간사회에 창발하게 된 것을 이해하는 데에 도움이 된다. 그 값은 가격, 시장, 여론조사나 투표 결과와 같은 데에서 나타난다. 생태 시스템은 총체적으로 어떻게 움직이는 것일까?

생태 시스템은 우리가 살고 있는 곳 이상의 것이다. 어떤 의미에서는 이것은 생물과도 같다. 그 거대한 순환이 무생물계와 생물계 전체를 움직인다. 생태 시스템의 생물공장은 수십억 톤의 유기물을 생산한다. 무기질의 형태로 차례차례 저장되고, 분배되고, 소비되고, 재활용된 후, 이 유기물은 이 공장에 다시 들어와서 태양 에너지를 가득 채운 후 다시 이 모든 조직의 생명을 유지하러 순환회로 속으로 돌아간다. (《거시경》, 20쪽)

사실 태양 에너지가 생태 시스템의 순환이 이루어지게 한다. 뜨거운 힛 소스(heat source, 태양)와 차가운 힛 씽크(heat sink, 항성 사이의 공간) 사이의 에너지 낙차 때문에 지구에서 대양의 조류 흐름, 대기의 바람, 생물권의 순환, 생물의 번식과 같은 여러 가지 현상이 일어난다.

생태 시스템은 상호작용하는 네 분야로 이루어져 있다. 그것은 물(hydrosphere, 수계)·공기(atmosphere, 대기)·땅(lithosphere, 지각), 그리고 생명(biosphere, 생물권)이다. 생명에 필수적인 요소들은 탄소·질소·유황·인·산소와 물의 거대한 주기 속에서 연속적으로 사용되고 재활용된다. 이 요소들은 때로는 단 몇 분간에서 때로는 수백만 년 동안 저장되는 크게 세 군데의 저장소 사이를 다양한 형태(기체분자, 용해성 이온, 무기질 결정, 유기분자)로 순환한다. 세 저장소는 바로 대기(그리고 수계) 저장소, 생물자원 저장소와 침전물 저장소이다. 이 저장소들은 전체 메커니즘 조절과 항상성 유지를 위한 완충 기억장치 역할을 한다. 대기권·지각권·생물권 주기가 돌아가면서 둘씩 짝을 지으므로, 생태 시스템을 유지하는 거대한 주기를 생물지구화학적 시스템이라고 한다.

이 거대한 인공지능 기계 —혹은 초유기체(거대 유기체) —안에서, 생물권은 단순한 두 가지 작용으로 생물지구화학적 주기를 순환시키는 심장의 역할을 한다. 이 두 작용 중 하나는 바로 콩과 식물이 대기의 질소를 고정하여 암모니아 이온으로 변화시키는 것(아미노산과 단백질 생성의 기초)이고, 다른 하나는 이산화탄소를 광합성을 통해 당으로 변화시키는 것이다. 이 두 작용(질소 효소와 엽록소라는 촉매 덕분에)은 지상과 수중 생물자원 형성과 인간생명이 탄생하는 데에 기여하였다.

생물권의 경제는 '생산자(광합성을 하는 녹색식물과 수초)'와 '소비자(유기물을 섭취하고 호흡작용으로 에너지를 생산하는 동물)'·'분해자(죽은 유기체나 쓰레기를 섭취하는 재활용자 미생물)' 사이의 관계에 달려 있다. 생산자는 물과 빛과 탄산가스에서 당과 산소를 생산한다. 동물은 산소를 이용하여 당을 태워 생물적 에너지를 생산하고, 식물에게 탄산가스와 물과 무기질을 되돌려 준다. 분해자는 생물권의 필수적인 요소들을 재순환시켜 준다. 이 모든 기능은 교환과 거래의 시장이라는 범주에서 서로서로 조절된다. 이 시장은 에너지·정보·구성 물질의 시장이다.

경제가 사회 시스템의 '환경'이듯이, 환경은 곧 자연의 '경제'이다.

경제 : 살아 있는 생태 시스템

경제는 살아 있는 생태 시스템이다. 아무도 경제를 만들지 않았다. 경제는 상호작용하는 네트워크 전체와, 또 우리가 시장이라고 부르는 자체적 폐쇄 사이클의 자가촉매작용으로 창발하였다. 그리고 이 시스템은 현대 경제와 같은 외양을 갖추기까지 복합화 과정을 겪었다. 환경과 경제는 생존과 자체 보존과 발전을 모색하고, 생태계와 기술권 사이의 공생 시스템 초기단계에 있는 동일한 지구 시스템의 보완적인 (오늘날에는 대립적이지만) 두 면이다. 환경은 자연적인 생태 시스템 (가이아)으로 들어가는 문이고, 경제는 인공적인 생태 시스템(사이바이온트)로 들어가는 문이다. 사이바이온트의 대사작용은 가이아 속에서 에너지와 자원을 자신의 이익을 위해 끌어와, 자신의 생존이 달려 있는 지구의 미래를 위험에 빠뜨리며 진행된다.

경제는 증여, 물물교환, 시장으로 생겨난다. 우리는 시장을 커뮤니케이션 시스템 병행처리기능을 가진 멀티프로세서로 정의할 수 있다. 시장에서는 많은 구성원들이 자신들이 추정하는(물물교환) 가치나, 고시된(가격) 가치에 따라 원하는 재화와 용역을 비교하면서 개별적인 결정을 동시에 내린다. 그들은 이어 다른 재화나 용역, 또는 화폐와 교환을 한다. 시장은 개인의 행동이 이런 네트워크에 개입되어 마을 광장에 내다 놓은 상품에 대해, 물물교환형태가 창발하도록 하였다. 이런 형식의 교환은 생산품의 양과 소비품의 양의 균형이 이루어지게 하였다. 그후 시장은 화폐 덕분에 무형적으로 발전되어 갔다. 이 경제의 윤활유·촉매·감속장치는, 공간과 시간 속에서 노동·교환·소비·저축을 확대시켰다. 여기서 이 시간 동안 노동을 하면 새로 얻어지거나 오랫동안 저장되는 화폐로 다른 장소, 다른 시간에 교환될 것이다.

화폐는 거래시간의 동시성을 소멸시키고 교환장소의 공간의 일치성을 없애, 자가촉매적 발전에 파격적인 여건을 조성하였다. 상호연결된 시장 네크워크 전체는 이미 말한 바 있는 록인 현상이라는 공생적 과정에 의해 자율선택된다. 세계적인 텔레매틱 네트워크로 신용카드를 은행 컴퓨터에 연결하는 화폐제도의 출현으로 복합성과 가속화의 정도가 더 빨라졌다. 시장은 자체 조절되는 적응 시스템이다. 가격은 희소와 욕구의 수렴점에서 형성된다. 그것은 마치 경제라는 생태 시스템의 조절정보와 같이 움직인다. 경제는 전반적으로 인간의 필요를 만족시키는 재화의 생산과 교환으로 간주될 수 있다.

보다 단순한 구성 요소들을 보면 경제는 생태계처럼 움직인다. 에너지 낙차는 작업을 생산하면서 기계를 돌린다. 도식화시켜 보면 크게 다섯 분야가 상호작용하고 있다. 기업(생산)·가정(소비)·행정(국가)·금융기관(은행), 그리고 외부 생태 시스템처럼 이 분야들도 물량으로 연결되어 있고, 저장소 역할을 하며, 인공지능적 피드백 회로로 조절되고 있다. 이 물량과 사슬 뒤에는 개별적·집단적 결정을 내리는 수많은 주체가 존재하고 있다. 소비자는 기업에서 일하고 급료를 받는다. 이 화폐량으로 그들은 시장에서 재화와 용역을 구입하거나 금융기관에 저축을 한다. 기업은 자신들이 판 상품의 대가를 받고, 생산에 필요한 재화와 기술을 사고 나머지는 투자를 하거나 저축을 한다. 국가는 사기업과 공기업으로부터 재화와 용역을 구하고, 금융기관에서 돈을 빌려 오고, 가정에는 사회이익을 돌려 준다. 개인과 기업은 국가에 여러 가지 세금을 낸다. 이 조절 메커니즘은 무역수지라든가 환율, 외채, 외국 중앙은행의 이율, 석유 가격, 원자재 가격 등 외적인 요인에 의해 지속적으로 수정된다.

정치·경제지도자들은 여러 경로를 통해 경제 조절 메커니즘에 영향력을 행사한다. 그 경로는 주로 은행의 이율, 환율, 인플레이션 통제, 노사간 임금협상, 세제(稅制), 소비활성화, 세금인하, 고용증진책, 수출증대책, 군수물자와 중공업 매각과 같은 정책들이다. 그러나 그 여러 가지 결과는 우리가 기대하는 대로 반드시 되지는 않는다. 시스템이 복잡하고 경제요인들의 양상을 예측할 수 없기 때문에, 때때로 정책이 원하는 바와 반대되는 잘못된 효과를 발생시킨다. 게다가 경제위험지수 리스트(GDP, Gross Domestic Product; 주가지수, 화폐가치, 지급준비율, 실업률, 구매력)는, 시스템의 요소와 요인과 조절장치 전체가 개입할 수는 없게 한다. 경제지표는 두 생태 시스템간의 관계 전체에 대해 매우 단순한 시각을 갖게 한다.

2000년대의 가장 큰 도전 중의 하나는 창조적이고 보완적으로 환경과 경제를 결합시키는 일이다. 이를 위해서는 자신만을 위한 태도보다는 전체를 위한 태도를 가져야 할 것이다.

이기적 시민에서 환경 시민으로

더 이상 경제를 고전적인 시각에서와 같이 자체 내에서의 고립된 시스템으로 볼 수는 없다. 경제는 자신을 지탱해 주는 환경에 열려 있는 시스템이다. 경제기계가 가속을 하든지 레이싱을 하든지 할 때면, 많은 에너지와 원료와 정보를 필요로 하며 자연에 많은 쓰레기를 배출한다. 초기에는 가이아의 대사량과 사이바이온트의 새로 생겨나는 대사량 사이의 커다란 불균형이 있었다. 이로 인해 경제는 무한정한 무상의 자원을 바탕으로, 환경에 충격을 주지 않고 쓰레기를 방출하면서 발전할 수 있을 것처럼 보일 정도였다. 그러나 경제대사량은 급속도로 저장소의 크기를 다 채우고 일정 농도에 달했으며, 자연 생태 시스템의 대사량과 비교가 될 정도의 수치에 이르렀다. 그때부터 생태 시스템은 경제 시스템을 통한 인간사회, 농업, 산업의 존속과 발전을 보장해 주지 못하게 되었다. 이렇게 해서 지구자본에 있어서 증가·발전·감소의 균형이 매우 중요하다는 사실이 확인되었다. 경제에 대한 현대적인 시각은 생태 시스템과의 긴밀한 연결을 전제로 할 수밖에 없게 되었다. 노동을 산출하기 위해서는 분산되는 에너지량과 환경 시스템 전체에 영향을 미치는 쓰레기량의 연관관계를 생각지 않을 수 없게 되었다. 경제를 에너지원이나 외부 자원과 연결시켜 생각지 않았으면, 그리고 경제기계 전체가 생산하는 쓰레기량을 고려하지 않았으면, 아무리 널리 알려진 보편적인 경제 모델이라 해도 이제는 불완전한 것으로 생각할 수밖에 없다. 생태 시스템 모델에 따르기 위해서는 엔트로피가 감소되는 포텐샬 에너지 강화와 재활용의 고리가 있어야 한다.

경제와 환경을 보다 잘 결합시키기 위해서는 환경자본(ecocapital)이라는 시스템을 존속시키기에 꼭 필요한 자본을 고전적인 두식에 더하는 것도 좋은 방법이다. 환경자본은 세 가지 형태의 기존의 고전적인 자본(땅, 노동, 기계와 금융자본)을 보완한다. 이 자본도 다른 모든 자본들처럼 감소되며, 투자하게 되면 재축적된다. 가이아의 역할도 고려되어야 한다. 이 역할은 두 가지 형태로 계산될 수가 있다. 재생산 가능한 자원과 재생산 불가능한 자원의 제공, 그리고 자연의 서비스(유독성 폐기물의 흡수와 파괴, 재활용, 기후조절을 통한 생존여건 유지, 자외선 차단……), 이 두 가지 형태이다. 환경자본과 자연서비스 개념을 도입하면서 가이아 대 사이바이온트의 연관관계는 미래세계를 위한 꼭 필요한 요소로 부각된다.

이렇게 하여 자연적인 것(가이아)과 인공적인 것(사이바이온트의 대사작용, 경제), 두 가지 생태 시스템이 존재한다. 전자는 파트너간의 상호이익을 추구하는 공생적 관계에 의해 환경자본을 이용하면서 형성되었다. 후자는 자원의 채취를 가속화하면서, 환경자본을 재활용할 수 없게 만드는 방식으로 사용하면서 이루어졌다. 전자는 태양 에너지와 거기서 파생된 에너지 형태를 이용한다. 후자는 그 매장량이 한정되어 있는 화석 에너지(석유)나 생물권에 위험을 초래할 수도 있는 (핵 연료) 에너지를 사용한다. 이 두 형태의 생태 시스템간의 갈등은, 이 시스템에 기생하여 살고 있는 자들로 해서 병든 도시— 시민들의 자기 중심주의로 병든— 에서 분명히 드러나 보인다.

경제학자들이 왜 더 일찍 자연적 생태 시스템과 사회적 생태 시스템간 관계에 대한 성격을 고려하지 않았는지 놀랍기만 하다. 에너지 대사, 자체 보존, 선두 다툼, 업종이나 기업, 민족, 국가간의 경쟁과 같은 동일한 주요 공생학적 원리가 작용하고 있다. 정보, 문화, 경쟁적 배제, 물량, 저장소, 결정, 시장, 교환도 이런 원리이다. 기술적·사회적 진화와 경제적 환경 시스템은 다윈적 생물진화의 직접적인 연장선상에 있지는 않다. 이들은 성격이 다르다. 의식을 가진 존재들은〔인간〕 네트워크의 노드에서 움직이고 있지만 공생학적 원리는 같다. 이들은 자연의 통일성을 증명해 보이고, 무엇보다도 미래의 행동 방향과 미래를 건설하는 길을 제시한다.

공생이 현실적으로 가능하기 위해서는, 사람들은 개인주의의 일부를 자신들보다 큰 어떤 시스템에 참여하는 데에 써야 한다. 그러면 거기서 이익을 끌어낼 수 있을 것이다. 고전적인 경제 시스템은 사실상 개인적인 보상에 기초를 두고 있었다. 개인주의를 자극하고 개인적인 목표를 달성하기 위해 교육, 홍보, 성공 사례, 인재양성정책 모든 것이 동원되었다. 현대 경제는 이기적 시민, 즉 이기주의자를 생산하는 기계가 되어 버렸다. 개인적인 필요, 쾌락, 명예를 채우기 위한 원대한 계획들, 경제성장률, 국경을 초월하는 공동체 건설을 지향하는 조약들, 외국과 경쟁하는 국가경쟁력, 국가의 국제적 위상 등은 2차적인 가치로 전락하고 말았다. 불행하게도 전쟁이 이런 이기적이고 당파색이 짙은 이해를 초월하게 한다. 그러나 생태 시스템과 이와 공생관계에 있는 시스템들은, 개인과 전체에 동시에 관련되는 개개인의 행동에 근거를 둔 집단지능이 있어야만 작동이 된다. 하향적 성격(정책, 관료, 계획, 프로그램)의 현행 절차를 다른 가치들에 기반을 둔 상향적인 것(단체운동, 공동체생활, 참여민주주의)으로 뒤집는 것은 새로운 의미의 단체성을 정립하는 성격을 가진다. (이 주제는 제Ⅲ부에서 다루겠다.) 오늘날 우리는 경제주의의 한계에 달했다. 개인주의의 장벽을 뛰어넘어, 개인의 자유와 창조성을 존중하는 조직적인 단체성에 이르기 위해서는 새로운 가치와 경제윤리가 필요하다. 우리가 개인적 목표 추구에서 단체적 의미를 의식하는 행동으로 전이하기 위해서는, 이기적 시민의 태도에서 환경 시민의 태도로 바뀌어 가야만 한다. 공생적 인간은 세계의 환경 시민이다.

어떻게 환경과 경제가 양쪽에 모두 공생적 이익을 가져오는 방향으로 모아질 수 있을까? 가이아와 사이바이온트의 공생을 어떻게 고찰해야 할 것인가?

가이아와 사이바이온트의 공생

여러 작가들이 범세계적 거대 유기체에 대한 설명을 할 때, 근본적으로 이분법을 보이고 있음은 놀라운 사실이다. 한편으로는 생태계가 지구조직체의 유일한 기준 모델이고, 다른 한편으로는 인간사회와 인간이 만든 기계들은 생태권과 거의 상관없는 사회적 변화성-조직체(meta-organism)로 간주되고 있다. 내가 선택한 방법은 이 두 집단을 공동진화하는 공생적 파트너 관계로 연결시키지만, 이 관계는 아직 원시단계에 있다. 현재의 세계는 평형을 유지하고 있다. 인간과 인간이 만들어 낸 산물은 생태 시스템의 일부가 아니라 그들의 증가속도, 폭발적인 인구수, 에너지 소비량, 그들이 일으키는 오염의 심각성으로 인해 생태 시스템과 경쟁하는 집단이다. 20세기 중반부터 인구는 2배가 되었고, 세계 경제생산은 5배가 되었으며, 빈부의 격차가 심해졌다. 1960년에는 선진국의 국민 20퍼센트가 세계 수입의 70퍼센트를 차지하였다. 오늘날에는 이 수치가 80퍼센트에 이른다. 광합성에 의한 지구의 생물 에너지 생산량은, 이론상 연간 유기물 1천5백억 톤에 달한다. 인간은 이미 이 능력의 12퍼센트를 파괴하였고, 28퍼센트를 사용하였으며, 나머지 생물들에게 60퍼센트를 남겨두었다. 이 관계는 기생관계이다. 삼림 파괴, 산성비, 온실 효과, 오존층 파괴, 수질 및 대기오염, 토양의 산성화, 많은 생물의 멸종이 기생관계의 정도를 보여 준다.

이 기생충은 자신이 침범한 숙주를 죽일 것이 분명하다. 생물학과 의학은 암에서 에이즈에 이르기까지 이런 관계의 예를 얼마든지 보여 준다. 그러나 이제 형성되는 인류의 집단지능은 가이아에 공생적으로 적응하는 해결책을 만들어 낼 수도 있다. 지구의 거대한 주기와 환경과 경제 조절고리는, 생체 시스템 안에서 여러 가지 순환작용들이 세포 안의 대사기능과 구조를 유지하기 위해 서로 연결되듯이 연결을 이룰 수 있다. 경제와 환경 사이의 공생관계는, 가이아와 사이바이온트의 공동진화와 자체 보존의 항구적인 기초를 세울 수 있다. 이것이 지속적인 발전이라는 중요한 개념이 대체로 담고 있는 것이다. 그러나 이 개념은 환경과 경제 사이의 실제적인 보완성을 강조하지는 않는다. 그래서 나는 조절 적응할 수 있는 발전의 개념을 제안한다(228쪽 참조). 단순히 환경을 고려한다는 점을 넘어, 이 개념은 가이아와 사이바이온트의 공존 내지는 기생관계—언젠가 종말이 올 수밖에 없는—보다는 공생의 길을 모색해야 한다는 필요성에 역점을 둔다. 물론 생태 시스템이 이기적인 전체 균형의 회복반응을 보이면 인류가 멸망할 수도 있다는 위험도 강조한다.

현시점에서는 걱정할 만한 이유가 충분히 있다. 도시는 인간이 이룬 공동체가 주변환경에 기생적 진화를 하는 전형적인 예이다. 우리는 '개별적으로'는 똑똑하지만, 우리의 진화가 가속화되어 초래한 구속여건들에 대해서는 적당한 해결책을 '집단적으로' 빨리 찾아낼 능력이 없는 듯하다.

그러나 위험을 느끼면서 인간은 조직화되기 시작했다. 유독물질 사용을 금지하는 국제조약을 맺었다. 컴퓨터로 연결되고, 도시·바다, 혹은 인공위성에 설치된 탐지기들이 여러 가지 오염상태를 측정하고 탐지한다. 신문이나 텔레비전을 통해 정보를 얻은 시민들은 자신들의 자동차나 보일러의 사용을 제한할 줄 알고 있다. 규제, 탐지, 예방, 적절한 개인적 조치, 이 모두가 거대 조절작용의 인공지능형 고리가 된다. 이미 이야기한 바 있는 공생의 원리에 따르면, 단순한 규칙으로 동시에 이루어지는 개인의 행동이 전체적인 문제를 해결할 수 있는 집단행동이 될 수 있다. 중요한 문제는 조절을 위한 시스템을 정착시키고 피드백 고리를 봉쇄함으로써 제기되었다. 강한 동기의 강화, 보상의 메커니즘이 있어야 한다. 생태 시스템에는 이런 것들이 많이 있지만, 우리의 사회적 시스템에 이것들을 적용시키기는 매우 어렵다. 이들은 구조적·경제적·정치적·산업적 난관에 봉착하고, 근시안적인 개인 이익을 우선적 동기로 삼는 이기적 시민의 이기주의에 부딪힌다. 반대로 강한 동기와 공동체 이익과 거기서 파생된 시너지가 맞물려 돌아가기 시작하면, 시스템 전체는 바라는 균형을 향해 빠르게 나아갈 수 있을 것이다. 이 점을 입증해 주는 예를 하나 들어 보겠다.

지구자본을 50억 지구인이 주식으로 나누어 가지고 있다고 도식적으로 상상해 보자. 입수한 정보와 늘 고시되는 이 자본의 건강지수에 따라, 주주들은 그들의 공동자본의 가치를 극대화하는 결정을 내릴 수 있다. 만일 대기 중 이산화탄소의 함량이 많아져, 그래서 인공위성에서 측정한 오염농도가 위험수위로 올라가면 주가는 떨어진다. 지구

자본은 가치가 떨어진다. 이런 사태를 막고 현명한 투자를 통하여 지구자본의 가치를 높이기 위해 각 주주는 시간과 돈과 기술력을 투자할 수 있다. 개별적으로 정보를 입수하여 상황을 개선시키기 위해 집단적으로 개입할 수 있다. 생태자본인 지구자본의 감소라는 개념은, 환경보호라는 개념보다 엘리트주의적인 어구로 동기를 더 유발한다. 다음의 그림이 보여 주듯이, 소비나 재활용의 단계에서 재투자가 이루어질 수 있다. 우리는 자본 그 자체는 건드리지 않고, 거기서 나오는 이익만 취할 뿐이다.

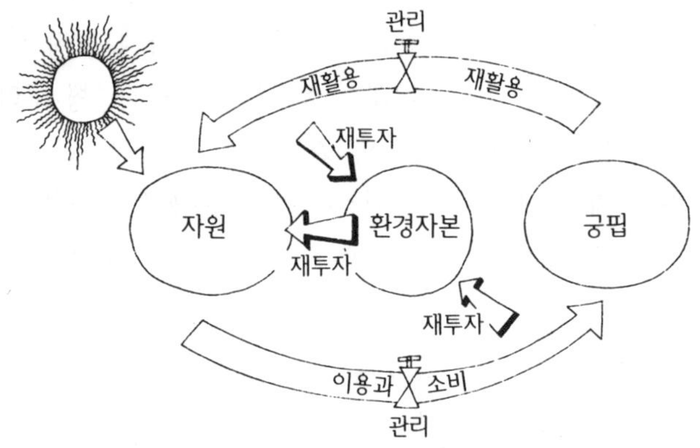

　　이런 지구자본의 주주제도의 메커니즘은 물론 단순하고 약간은 공상적일 수도 있다. 그래도 이 메커니즘은 수백만의 개인이 동시에 취한 행동이나 내린 결정을 포함하는 거대 조절작용 안에서, 효용순환이 일어날 수 있다는 것을 증명해 보인다. 그리고 환경과 경제 사이의 의도적인 공생관계의 이점도 보여 준다. 가이아 대사작용와 사이바이온트 대사작용의 공생관계의 이점을 말이다.

　　이 지구의 대사작용이 있어야 자체 보존을 위한 중요한 기능들이 작동한다. 이 기능들은 바로 에너지 순환과 이용, 재화생산, 물질의 재활용이다. 그러나 정보와 네트워크들도 역시 그 나름대로의 역할을 한다. 정보와 네트워크는 집단의식을 탄생시킨다. 공간은 무형교환의 새로운 세계를 예시해 준다.

사이버 공간을 항해하는 사람들

사이바이온트의 범세계적 두뇌는 만들어지고 있는 중이다. 이 두뇌는 우리가 인터넷의 예에서 보았듯이, 컴퓨터와 통신 네트워크로 연결된 인간-뉴런으로 작동한다. 정보고속도로는 세계 신경 시스템의 큰 축들이며, 점점 소형화되고, 어디서나 구할 수 있는 개인용 컴퓨터는 뉴런을 작동시키고, 인터페이스를 만들 수 있게 해주는 교합 세포들이다. 세계적으로 상호연결된 사적·공적·상업적·군사적 네트워크를 통해 네트워크의 네트워크, 또한 지역 네트워크는 새로운 형태의 집단 두뇌의 조직망을 비가역적으로 형성한다. 생물적이면서 전자적인(바이오틱) 혼성 두뇌는 우리들이 가진 수십억 개의 뉴런이나, 가장 용량이 큰 고립된 컴퓨터보다 정보처리 능력이 비교가 안 될 만큼 우수하다.

인간-뉴런, 정보고속도로, 컴퓨터, 메가메모리는 사이바이온트의 집단사고의 새로운 전자환경인 사이버 공간을 만들어 낸다. 사이버 공간은 통신 네트워크상에서 인간들이 주고받은 정보로부터 생겨난 가상의 세계이다. 이 공간은 정보교환의 빈도, 밀도와 공동진화함으로써 무한한 하이퍼텍스트, 시청각적 세상을 상상해 볼 수 있게 해준다. 이 공간에서는 새로운 전자 시민 자격조건이 생겼다. 문화적·상업적·학문적 호기(好機)가 조성되고, 새로운 형태의 인간관계와 경쟁이 생겨났다. 그러나 사이버 공간은 많은 위험이 도사리고 있는 정글이다. 여기서 우리는 길을 잃을 수도 있다. 이 거친 디지털 서부 지역에서 도적과 사기꾼이 제멋대로 자랄 수도 있다. 사이버 공간은 끝없는 대양, '미지의 땅'이다. 우리는 이곳을 불완전한 지도를 가지고, 적절한 여행장비도 없이 아직은 한정된 몇 가지 절차에 따라 탐험한다. 이 지식과 창조와 휴식의 공간으로의 출입과, 또한 그 속의 이동을 좀더 쉽게 하기 위해서는 '인간지능공학(intellectual ergonomics)'을 발명해야 한다.

왜냐하면 이것은 전자 하이퍼미디어와 하이퍼스페이스 안에서 이동하는 것이고, 항해하는 것이기 때문이다. 이 항해의 기본적인 규칙은 무엇일까? 바다에서의 항해규칙은 잘 알려져 있다. 항해사는 정해진 시간 안에 항구에 도착하기 위해 뱃머리를 향한다. 항해사는 바람(풍속과 풍향), 조류, 암초, 또는 다른 선박과 같은 방해여건들을 감안하면서 키를 조종해야 한다. 나침반·육분의(六分儀)·항해도·레이더·수중 음파탐지기와 같은 장비를 사용하며, 경표(警標)와 등대가 인도하는 대로 항해를 한다. 자동차로 여행할 때에도 우리는 지도나 교통안내도를 사용하고, 교통표지판을 읽는다. 마찬가지로 책을 읽을 때에도 우리는 쪽머리에 있는 제목과 쪽번호, 각장의 제목, 차례 등을 읽어 책의 구조나 읽는 부분의 위치를 파악한다. 자동차와 책읽기에서 찾아낸 동일한 방법은 사이버 공간의 혁명 범위를 이해하는 데에도 유용하다. 책이란 이미 축적되어 있는 지식에 개인이 접근할 수 있는 자유를 상징한다. 자동차는 개인이 공간을 자유로이 정복할 수 있다는 의미를 지닌다. 사이버 공간 안에서의 이동을 가능하게 하는 도구인 컴퓨터는 책과 자동차의 자유를 합친 것이다. 컴퓨터는 하이퍼미디어에 들어가고, 그 안에서 항해할 수 있는 개인적 장치인 동시에 접속기·안내도·항해도·나침반·레이더·음파탐지기이다.

그러나 그 전에 아직은 밑그림의 상태인 사이바이온트의 심리를 설명해야 한다. 집단두뇌의 정신의 내성적(內省的)인 자각에서 내가 '정보권(introsphere)'이라고 부르는 것이 생성된다.

이 설명에 시간 요소는 별로 중요하지 않다. 선형 곡선의 외삽에 기초를 둔 예측은 종종 오류를 범한다. 나는 이런 활용이나 도구, 이런

과정의 도래 시기를 제안하기보다는, 마치 오늘날 이 과정이 이루어
지고 있는 것처럼 공동진화과정의 가능한 수렴형태를 설명해 보겠다.
이제 사이바이온트와 그의 도움을 받는 공생적 인간의 두뇌 사이의
인터페이스의 긴밀한 작동을 서술해 보고자 한다.

정보권 속으로의 여행

　여러 가지 가능성 가운데 두 세계가 우리의 정보권 속으로의 탐험
에 길을 열어 준다. 하나는 가상현실 장비를 사용하여 들어갈 수 있
는 합성물, 공동체, 복제물, 로봇 공간의 가상세계이다. 다른 하나는
생물학적으로 살아 있는 존재들의 세계로서, 이 생물들이 소속되어
살고 일하는 조직의 지능 퇴화를 초래하는 컴퓨터의 조밀한 네트워크
로 연결된 세계이다. 이 두 세계는 활용하기에 따라서 상호보완적인
방식으로 공존한다.
　사이바이온트에 접속하는 인터페이스는 지속적으로 발전하고 있고,
생물적 네트워크을 특징짓는 인터페이스들에 점점 더 가까워진다. 우
리는 개인용 컴퓨터와 전화·텔레비전이 합쳐진 혼성 컴퓨터를 사용
한다. 전화의 전기코드를 없애, 이 혼성체는 휴대할 수 있고 소형화되
어 간다. 강력한 충전지를 사용하여 하루는 문제 없이 사용할 수 있
다. 이 기계와는 음성으로 의사소통할 수 있다. 우리는 단어 사이에
쉬지 않고 정상적인 어투로 말을 하면 된다. 기계는 우리가 선택한
대로 변조된 남성, 혹은 여성의 목소리로 우리에게 말한다. 이 대화에
인간적인 느낌을 주기 위해 움직이는 얼굴이 화면에 평면, 혹은 입체
적으로 나타난다. 이 얼굴은 때로는 3차원 입체영상의 작은 인물로
화면에서 불거져 나오기도 한다(보는 시각에 따라 투사되거나, 홀로그
램으로 처리한 가상복제인간). 이 기계는 종이와 비슷한 부드러운 전자

메모지 위에 손으로 쓴 글씨를 읽을 수 있다. 물론 휘갈겨 쓴 글씨까지도 읽는다. 이 기계는 얼굴 표정과 그 의미, 몸짓, 신체의 움직임도 파악한다. 여기서 정보를 추출하여 우리를 더 잘 이해하고 대화를 더 부드럽게 한다. 이 기계는 냄새와 향기를 감지하고, 이를 정보의 보충 자료로 삼는다.

　이 고성능 기계는 휴대용으로 만들어져 지갑처럼 주머니에 넣고 다닐 수 있다. 이 기계들은 무선으로 우리 귀에다 조용히 말을 한다. 유도장치나 라디오파를 이용하여, 또는 특수 안경의 가상화면상에 우리의 눈앞에 바로 떠다니는 듯한 영상과 텍스트를 띄워 우리와 대화를 한다. 가상현실 인터페이스는 단순하고 번거롭지 않다. 헬멧은 무선 이어폰이 장착된 3D 영상 안경으로 대체되었다. 역응력 장갑 대신에 손목이나 팔다리에 부착하는 센서를 사용하는데, 이것들은 신경이 근육에 전달하는 생물전자학적인 충격을 감지한다. 언제든지 자기가 원하는 대로, 적당한 인간지능공학 덕분에 가상현실 속에 잠길 수 있다.

　이렇게 해서 네트워크는 두뇌 보철기구에 늘 접속되어 있다. 강력한 컴퓨터에 언제나 접속할 수 있어 개인용 컴퓨터의 처리능력을 감소시킨다. 인터넷 타입의 네트워크 중의 네트워크는 사이바이온트 두뇌의 선행기능 실험 분야이다. 인터넷 사용자의 인터페이스는 현격하게 진보하였다. 우리가 영상이나 텍스트·그래픽을 보여 주거나, 대화를 나누는 데 사용하는 모자이크 혹은 넷스케이프 인터페이스(아이콘이나 텍스트 한 줄에 클릭하면, 컴퓨터에서 컴퓨터로 세계 전역을 돌아다닐 수 있게 해줌)는 인텔리전트 에이전트나 로봇의 얼굴로 대체되었다. 네트워크상에서는 디지털 방식의 라디오뿐만 아니라, 가상현실 속에서 원거리조종이나 작동으로 원격출현(telepresence)한다거나 화상회의를 열 수 있는 대화식 비디오를 쓸 수 있다. 이 공간을 통하여 많은 만남이 쉽게 이루어진다. 이 가상공간은 제록스 팔로 알토 연구 센터에서 비롯되었다. 이곳의 연구원들은 복수 사용자 적응 객체(multi-user oriented objets; MOO) 프로그램을 개발하였다. 이 프로그램으로 여러 명의 사용자가 칠판과 책상, 서랍 카페테리아가 갖추어진 화기애애한 공간에서 원격으로 대화를 나눌 수 있다. 단순한 사용설명서를 따라 사용자는 이 공간에 시각적·청각적으로 들어가 실시간에 동일한 물체를 작동할 수 있다.

사이버 공간에서는 실험실 작업이나 공동실험을 할 수 있고, 거대한 가상도서관도 열람할 수 있다. 우리는 거기서 실제로 서가 사이를 걸어다니는 것 같은 기분을 느낀다. 책표지 위에 클릭하여 책 속을 들여다본다. 이 책의 인쇄나 그림의 색깔은 실제 책과 동일하다. 가상 슈퍼마켓이나 상점에 들어가기, 상품 카탈로그 열람, 물품 소개, 분자 조종, 마이크로스페이스 내부의 이동도 다 마찬가지이다.

네트워크 중의 네트워크와의 인터페이스는 음성 조종과 다용도 마이크의 자동 연결, 인텔리전트 에이전트의 사용이 보편화되면서 근본적으로 수정되었다.

일회용 만년필이 있는데도 여전히 잉크를 넣는 만년필을 사용하듯이, 아직도 우리는 소형 컴퓨터를 사용하고 있다. 그러나 이것은 진부해져서 환경 속으로 사라져 버린다. 비용 절감·성능·소형화를 추진하다 보니, 이 소형 컴퓨터는 책상 위의 메모지철·전자배지·인공지능 포스트 잇 등 10가지 정도의 다양한 형태로 바뀐다. 컴퓨터가 돌아다녀야 할 필요는 없다. 컴퓨터도 환경의 일부가 되는 것이다. 제록스연구센터 수석연구원인 마크 와이저의 말처럼, 컴퓨터는 유비컴〔ubicomp; 편재하는, 어디에나 있는(ubiquitous) 컴퓨터(computor)라는 뜻의 합성어〕이 되는 것이다. 편재하는 컴퓨터는 거의 일회용에 가깝다. 그것은 어디에나 있어, 우리들이 달고 있는 대화식 배지로 우리를 알아본다. 이 컴퓨터는 무선이어서, 라디오나 적외선 연결로 다른 네트워크 컴퓨터나 주변에 있는 다른 유비콤과 즉시 통신을 한다. 우리가 명령하면 메시지를 읽어 주는 에이전트를 통해 통고받을 수 있기 때문에, 더 이상 전자우편함에 메시지가 들어 있는지 접속해 볼 필요가 없다.

많은 사람들이 일하는 조직에서는 사람들이 그들의 움직임을 알려주는 전자배지를 단다. 카메라가 이 사람들과 서류의 움직임을 녹화한다. 사용자는 계속해서 절차를 체크하여 사생활이 침범되지 않도록 한다. 이렇게 하여 조직 전체는 일과 사건과 거래와 회의를 기억하는 장치의 보조자처럼 움직인다. 이렇게 하여 일과 거래, 회의 결과의 분류와 사용은 용이해진다. 회의나 세미나를 하는 동안 컴퓨터는 격조 높은 말을 요약하고 녹음한다. 이렇게 네트워크상에 언제나 열람할 수 있는 종합 보고서를 준비한다. 비디오 카메라에 장착된 전자메모지도 사용한다. 이전에 쓴 메모 위에 클릭하면 정확히 그 순간에 해당하는 디지털 시퀀스에 바로 접속된다.

이런 통신과 집단 기억장치 기술의 목표는 조직 지능의 향상에 있다. 예전에는 수단과 방법을 개인에게 초점을 맞추어, 그의 능력과 생산력을 증가시키려고 했다. 오늘날에는 조직 그 자체에 초점을 맞추어 조직의 지능을 발전시키려는 것이다. 이 조직은 정보의 정적 구조에서 통신의 동적 환경으로 전환되는 것이다. 역시 제록스연구센터의 수석연구원인 존 셀리 브라운의 말을 빌리면, 이것은 지식의 정제공장이 된다.

하이퍼네트워크의 이상한 종족

사이버 공간의 가상세계에는, 이 사회가 실시간에 작동하기 위해 꼭 필요한 전자생물들이 살고 있다. 가장 널리 퍼진 종족은 인간과 공생관계를 맺고 있는 인텔리전트 에이전트들이다. 이 에이전트는 세 가지 특성을 가진 전문 프로그램이다. 첫째, 그들의 프로그래밍은 목표 지향적이다. 그래서 이들은 주어진 임무에 매우 유연하게 적응한다. 둘째, 이들은 모든 접속과 인터페이스 절차를 알고 있어 네트워크상에서 매우 기동력이 있다. 셋째, 이들은 사용자가 설정할 수 있어 원하는 형태와 스타일을 가질 수 있다. 에이전트는 다양한 작업을 실행한다. 문서나 시청각 전자메시지를 관리하는 통신 에이전트, 비서, 파일관리자, 상품과 서비스 구매나 판매상담원, 증권관리인, 대리인, 심부름꾼, 안전요원 등의 역할을 한다. 컴퓨터 바이러스의 사촌인 이 에이전트들은 매우 빠르게 네트워크상에서 이동하고, 변신하고, 결합하고, 하부-종족을 구성한다. 그들의 사용자에 의해 인격화되어 많은 거래에 개입하게 된다.

자, 여기에 어떻게 상대방이 원하는 서류를 에이전트가 팩스로 보내는지 그 예를 들어 보자. 한 디지털 화상전화 사용자에게 집으로나 사무실로 전화가 걸려 온다. 발신자의 얼굴이 수신자의 화면에 나타난다. 자동 응답메시지가 나간다. 지금 부재중입니다. 제 에이전트가 당신이 원하는 일을 해드릴 것입니다. 메시지 관리 에이전트의 얼굴이 화면에 나타난다. 원하는 서류에 대한 대화가 오간다. 에이전트는 자유로이 들어갈 수 있는 화일 속에서 이 서류를 찾아 확인하고, 팩스나 전자우편으로 발신자에게 보낸다. 접수된 메시지가 중요하다거나 급하게 생각되면, 에이전트는 적절한 통신수단(휴대폰, 비퍼, 팩스, 전자메시지)을 이용하여 멀리 있는 주인에게 연락을 취한다.

다른 예로 동시통역의 경우를 들어 보자. 한 사람이 구어적 표현과 문장에 대해 의미론적·구문론적 인식을 전문으로 하는 컴퓨터와, 헤르츠 방식 모뎀으로 접속되는 고성능 소형 컴퓨터를 휴대하고 있다. 마이크가 이야기 상대자의 음성을 감지한다. 에이전트는 적절한 번역 시스템과의 연결을 한다. 에이전트가 담화의 속도나 강도에 따라 동시통역한 내용이 청취자의 귓속에 설치된 이어폰을 통해 들리게 된다.

에이전트들은 대화식 다중채널 텔레비전의 모든 프로그램을 읽는다. 아무리 여러 가지 장비를 동원하여도 컴퓨터의 도움을 받지 않는 인간의 두뇌로는 교육, 영화, 뉴스, 게임, 구직, 여행, 홈쇼핑, 여러 가지 거래, 금융, 스포츠 등등 수백 쪽에 달하는 일상 프로그램을 다 읽어 보기란 불가능하다. 에이전트들은 이 프로그램의 원전에 들어간다. 케이블 통신망이나 정보고속도로에 접속하여 주인이 좋아하는 프로그램 프로필에 따라, 원하는 대로 프로그램에 대한 지속적인 정보수집을 한다. 타성에 젖지 않기 위해서 자기 특유의 제안도 덧붙인다. 정보과다와 정보오염에 노출되는 것을 막기 위해 에이전트들은 흥미로운 분야의 적절한 선택으로 정보의 지능형 다이어트도 강구한다.

에이전트의 역할을 이야기하다 보니 한 가지 일화가 떠오른다. 몇 해 전 내 컴퓨터로 아침마다 자동으로 인쇄되는 개인 신문을 겨우 받고 있었다. 이를 위해서는 이용할 수 있는 여러 가지 서비스들(AFP, 주식 동향, 메신저, 기상예보)에 딱 한번만 접속하여, 신문기사 항목이 되도록 이들을 서로서로 연결하면 된다. 각각의 정보는 파일 속에 저장되고, 일련의 메시지로 인쇄된다. 이 기법을 기계조작을 몹시 싫어하고, 컴퓨터에 싫증을 내고, 키보드라면 알레르기 반응을 일으키는 친구에게 설명했다. 그러자 이 친구는 매일 아침 나와 똑같은 서비스를, 게다가 그에게는 매우 중요한 인간적 관계의 분위기까지 곁들여서 제공받고 있다고 했다. 그의 장비·모뎀·소프트웨어에 대한 나의 질문 세례를 받고서, 그는 이렇게 간단히 대답했다. 나에게는 운전사가 한 명 있네. 매일 아침 차 안에서 이 운전사는 내가 필요로 하는 정보를 선별하여 자기의 유머와 판단까지 곁들여 전해 준다네. 이 얼마나 좋은 실용주의의 예인가! 그리고 또 인격화가 얼마나 중요한지를 보여 주는 것인가!

에이전트들은 자기들끼리 계약도 하고, 약속도 정하고, 가격 결정도 한다. 어떤 에이전트들은 주인의 취향이나 자신들의 심리적·감정적 특징에 따라, 사이버 공간에서 여러 가지 종류의 활동을 위한 잠재적인 파트너를 찾는다. 통신 분야 전문인 어떤 에이전트들은 컴퓨터에 연결된 프레젠테이션을 관리한다. 회의실 스크린이나 많은 원격화상 회의장의 화면에 동시에 투사되는 사진, 서류, HP, 비디오 시퀀스 등이 연사가 원하는 대로 나타난다. 이것은 에이전트가 시간과 공간 속에서 기획하는 것이다. 전통적인 연속적 의사소통방식(X는 말하고, 다른 사람들은 듣고, 다음에는 Z가 말하고 하는……) 대신에 의사교환이 동시에 이루어진다. 각각의 발표자는 포스터를 이용한 과학적 커뮤니케이션의 한 장면이 연출되듯이, 실시간에 논의할 수 있는 공간에 에이전트가 관리해 준 순서대로 자신의 메시지 내용을 게시하는 것이다.

상상을 넘어서 : 가상현실

인터페이스를 관리하면서, 인텔리전트 에이전트들은 기존의 모든 네트워크를 상호연결시킨다. 이렇게 해서 인간은 정보를 얻고, 두뇌 뉴런처럼 실시간에 반응할 수 있다. 이 새로운 범세계적 뉴런 하이퍼 네트워크는, 상호작용하는 가상로봇과 수많은 인간 에이전트가 병행적으로 내리는 결정에 따라 카오스적이며 유동적으로 항상 설정된다. 이 네트워크는 이런 점에서 면역체계, 호르몬체계, 신경체계과 비슷하다. 유기체 내에서 상호연결된 이 세 시스템은 정신신경 면역반응을 결정짓는다. 마찬가지로 네트워크상의 인간들의 커뮤니케이션에는 세 가지 기본 방법이 있다. 하향적인 것(대중매체), 상향적인 것(사회적 반응), 횡적인 것(전화를 이용한 개인간의 통화나 대화식 가상공동체에 의한 집단 대 집단의 통화). 이 방법의 상호연결은 사이바이온트 심리의 기초가 되고, 사이바이온트가 내향적 의식을 갖게 한다.

가상현실은 사이버 공간으로 들어가는 우선적인, 그러나 인체에 삽입하지 않는 인터페이스이다. VR은 사이바이온트의 정신을 탐구하는 장비, 즉 내시경(introscope)이다. 우리는 신체에 부착하는 장비들의 구속에서 벗어나, 여러 가지 기능을 가진 소프트웨어 로봇과 가상 복제인간이 사는 미지의 세계, 꿈의 세계 혹은 악몽의 세계를 돌아다니며 마음대로 탐험한다. 편재기술, 원거리이동, 원격참여, 복제인간, 인격복제의 가능성이 내시경을 이용하여 이루어진다. 우리는 공유된 시간에 개입할 수도 있고, 자신의 매니저 혹은 공보비서 역할을 하는 에이전트에게 시간관리를 맡겨, 동시에 여러 일에 참여할 수도 있다. 직장생활과 여가생활이 현실세계와 가상세계 사이에서 진동한다. 어떤 사람들은 거기에 빠져 버린다. 신종 전자마약의 중독자들, 무한한 하이퍼스페이스의 주변에 사는 사이버 공간 거지들, 영원한 가상지옥을 헤매는 전자유령들이 된다. 그러나 어떤 사람들은 시간관리의 시스템과 집단두뇌를 공유하는 데에서 나오는 창조력을 끌어낸다. 이 사람들은 어디서나 접속할 수 있는 정보로 채워진 지적 환경과 말을 잘 듣고 충실한 에이전트 덕분에, 한 사람의 두뇌가 해내지 못한 일을 해낸다. '집단적 창조' 행위의 복합성을 완전히 터득하고 활용한다. 그러나 사이바이온트와 파트너를 이루면서 공생적 인간은 자신의 창조력을 감소시키게 된다.

결정적인 단계는 지났다. 눈뜨고 꾸는 꿈과 상상의 새로운 세계가 도래했다. 정신과 감각과 행위로 조종할 수 있는 세계, 즉 정보권이 도래했다. 이 세계가 공생적 인간의 발명능력에 미친 확대 효과로 보다 더 진보한 수준의 복합성과 집단의식을 향한 공생적 진화는 가속된다.

이 단계를 공생적 진화의 범주 안에서 자리매김해 보는 일도 매우 중요해 보인다.

인간이 나타나기 전에 생명체의 발명은 DNA, 에너지 대사를 하는 살아 있는 유기체와 환경 사이의 상호작용에서 유래한 것이다. 생물학적 진화의 범주에서 각 아이디어는 실제 크기로, 그리고 자신에게 경쟁적 이점이 되는 새로운 특성을 가진 변이를 겪는 생물의 형태로 시험되어야 한다. 자연선택 법칙의 결과로 환경은 부적당한 발명품, 또는 아이디어를 제거하는 여과지 역할을 한다. 유용한 발명품의 전달은 연속적이지만, 한 세대에서 다음 세대로 넘어갈 때만 이루어진다. 그래서 생물학적 진화의 전체 과정은 유난히도 느리게 진행된다.

발명품 한 가지가 변이 한 가지에 해당하는 지적인 진화에서는 공생적 진화가 매우 가속화된다. 인간은 발명할 수도 있고, 자신이 만든 것들이 가져오는 결과를 평가하기 위해 새로운 세대가 나타날 때까지 기다릴 필요도 없이 잘못을 저지를 수도 있다. 현실세계와 상상의 세계 사이를 연결하여 가설을 세우고, 모델을 구축하고, 시뮬레이션이나 추론으로 이를 검증해 본다. 이것을 현실 속에서 즉시 해석하여야 할 필요는 없다. 우리는 상징이나 유추·은유로 생각할 수 있고, 사고의 귀납적 방법을 사용할 수 있다. 상상력은 우연한 다양성을 발생시키는 힘이다. 생물의 생명이 달려 있는 DNA는 생물 속에 들어 있었지만, 이제는 설계도·프로젝트·청사진·면허장·모형·안내도·전자 기억장치의 형태로 외부에 드러난다. 그리하여 수정과 비교·재조합이 쉬워진다. 현실과 가상은 발명과 창조행위의 상호보완적인 양면이다. 그래서 기술적-사회적 진화는 생물학적 진화에 비해 가공할 만한 속도로 빨라지고 있다.

가상공간에 연결된 정보권 외에 또 다른 한 세계가 현실과 가상세계 사이에 파고든다.

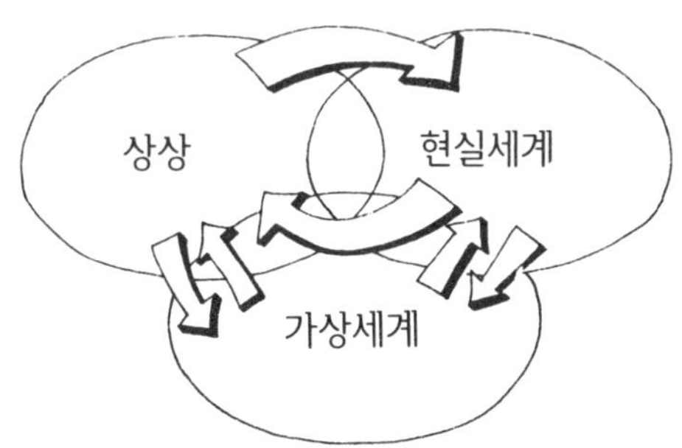

우리는 무형 가상공간에서 복합물체와 시스템을 상상할 수도 있고, 이것이 작동되는 것을 생각해 볼 수도 있고, 이것들을 구축할 수도 있으며, 우리의 가설을 검증해 볼 수도 있다. 내시경은 창조력의 훌륭한 촉매가 된다. 게다가 가상공간에는 발명품과 모델과 구축물을 분류하고 제거하고 강화시킬 수 있는 다른 공생적 지능들도 들어올 수 있다. 마치 경제 속에 화폐가 다른 차원을 끌어들였듯이, 다양한 아이디어가 혼합된 속에 가상은 또 다른 차원을 끌어들인다. 앞에서 보았듯이 답답한 물물교환이 교환의 흐름을 억제하였다. 경제의 윤활유, 화폐가 시간과 공간을 크게 확장시켰다. 무형 화폐제도로 인하여 거래와 물량의 흐름은 매우 원활하게 되었고, 복잡한 경제와 금융을 실시간에 관리할 수 있게 되었다. 마찬가지로 이제부터 상상과 현실의 보완형태인 가상은 또 다른 수준의 집단의식을 만들어 갈 것이다.

그러나 현실·상상·가상 사이를 연결하기 위해 결정적인 또 하나의 단계를 넘어야 한다. 인류 역사에 기록될 만한 과도기이며 전환점이다. 그것은 바로 공생적 인간의 두뇌와 사이바이온트의 두뇌를 바이오틱 인터페이스를 써서 직접 연결하는 것이다.

바이오틱은 생물학과 컴퓨터공학을 합병하여 생겨난 것이다. 두뇌나 다른 신체 부분에 접속된 트랜스듀서나 바이오센서는, 어떤 기능을 작동시킬 수 있는 정보를 컴퓨터 쪽으로 전달한다. 두뇌와 가상세계 사이의 바이오틱 인터페이스는 집단의식의 창발과정 중 새로운 단계이다. 이 집단의식은 그것을 이루고 있는 개별적 의식들 뒤에도 살아남을 수 있는 계속되는 의식이다. 바이오틱 인터페이스로 해서, 인간과 사이바이온트가 그 사고의 모델이 되는 범세계적 거대 유기체 사이의 진정한 공생관계가 이루어진다. 음성인식, 합성언어, 수기(手記)인식, 얼굴 표정과 몸짓인식 같은 것들은 인간두뇌와 사이바이온트 두뇌의 궁극적인 인터페이스를 향한 중간단계이다. 학문 분야를 새로운 형태로 조직하는 데서 나온 세계적 뉴런식 하이퍼네트워크가 작동될 것이고, 생각도 하게 될 것이다. 이것은 바로 생물학적인 동시에 바이오틱한 여러 분야를 혼합한 세계적 두뇌이다.

사이바이온트의 정신

가이아와 사이바이온트, 공생 파트너가 여기 있다. 전자는 자기 보존과 발전(절약)의 원시적 대사를 하고, 후자는 초기 상태의 범세계적 두뇌(생각하는 네트워크)를 가지고 있다.

생물의 경우는 에너지 사용은 정보에 의해 통제된다. 가이아와 사이바이온트의 관계에서는 범세계적 두뇌가 가이아의 자연적인 항상성을 점진적으로 대신하고 있다. 경제유통과 에너지 흐름, 그리고 환경의 동적인 안정조건을 알고 있는 거대 조절작용은 인류로부터 유래될 수 있을 것이다. 정보에 의한, 어느 정도의 에너지와 자원 유통조절책은 이미 실행되고 있다. 컴퓨터로 비행기 운항이나 고속도로상과 도시 내의 승용차나 트럭 교통량 조절(인공지능 톨게이트, 인공위성에 의한 교통안내)이 그 예이다. 우체국이나 택배업체의 컴퓨터를 이용한 소포와 화물의 목적지별 분류도 마찬가지이다. 또는 전자공학의 무형 기술과 화폐의 물질성, 재화와 용역을 합친 화폐제도의 확대가 그런 예이다. 그러나 유감스럽게도 에너지 소비에 있어 사용자는 소비하는 입장에서 어떠한 조절도 할 수가 없다. 전력생산업체는 어떠한 절약책 없이도 소비를 자극하는 경향이 있다.

개인두뇌, 컴퓨터, 상호연결된 통신수단으로 이루어진 생각하는 네트워크는 카오스적으로 작동한다. 관계는 설정되었다가는 사라져 버리고, 집단은 구성되어 동적 기억장치의 역할을 하고 다른 집단과 연합하기도 한다. 어떤 노드 사이의 관계는 강화되기도 하고, 또 어떤 노드 사이의 관계는 약화되기도 한다. 아이디어의 연합, 메시지 전달의 동적인 흐름, 난류, 안정, 삭제 등등의 여러 형태가 나타난다. 사이바이온트의 두뇌는 유동적이어서 계속해서 재편된다. 이 점에 있어서는 진정한 '움직이는' 두뇌인 면역체계와 기능에 있어 자체적으로 닫혀 있는 신경체계와 비슷하다.

1949년 몬트리올 맥길대학교의 신경병리학자인 도날드 O. 허브는, 《행동의 조직》이라는 자신의 저서에서 심리적 행동의 혁신적인 이론을 제시하였다. 그에 따르면, 두뇌는 신경의 유입식 전달을 하는 시냅스를 지속적으로 재편성하고 있다는 것이다. 이 시냅스들은 활성화 호르몬이나 억제 호르몬의 화학작용의 영향을 받으므로 자각과 흥분, 다양한 자극제에 따라 다시 프로그램된다. 뉴런 통로와 뉴런 연결의 연속적인 자극에 의해, 수많은 뉴런으로 이루어진 전체 영역이 움직이고 연결되어, 인상(형태·색깔·음향·단어)을 강화함으로써 기억하는 하위 집단을 이룬다. 이 하위집단이 뉴런식 상호작용의 동적 네트워크, 두뇌정보 구축 블럭을 이룬다.

나는 마찬가지 방식으로 사이바이온트의 두뇌가 형성되고 작동한다고 생각한다. 카오스적으로 상호작용하고 있는 수많은 에이전트인 인간이 하이퍼네트워크의 뉴런이다. 컴퓨터를 통해 (그보다도 바이오틱 인터페이스로 직접 연결된) 연결된 이들은 사이바이온트의 정신기능을 나타낸다. 세계적인 의식이 (보편적인) 정보권 안에 반영된다. 이 연결은 바꿀 수 있고, 강화나 억제요건에 따른다. 자가촉매현상이 일어나 새로운 개념·해답·제안을 내놓는다. 인터넷은 이것의 가장 번창하는 한 예이다.

공생적 인간은 이 하이퍼네트워크의 노드로 작용한다. 인간은 네트워크 전체인 동시에 그 구성 요소이다. 인간은 네트워크에 의해 존재하고, 네트워크는 인간에 의해서만 존재한다. 노드들과 그 연결관계는 총체적인 한 기능 안에서 합쳐지고, 이 기능은 역으로 이 노드들과 관계에 각각 작용한다. 전체는 요소들을 인식한 기능에 의해서만 존재하고, 각 요소는 전체의 기능이 작동하여야 생기를 얻어 작동된다. (그 지적 잠재력이 확대된다.) 인간은 옛날에 자신의 육체적·지적·문화적 능력을 확대시킬 수 있는 사회적 네트워크를 도시에서 발견하였다. 경제적·사회학적·환경적 억압 사이의 충격에서 발생한 나쁜 결과로 인하여 인간은 다른 보완적인 무형 네트워크, 자신의 잠재력을 확대시킬 방법을 찾았다. 네트워크 중의 네트워크에 의해 제시된 전자도시는 가능한 해결책 중의 하나이다. 개인의 두뇌와 인텔리전트 에이전트와 사이바이온트의 정신이 합쳐, 한 정보 생태 시스템을 만들어 냈다. 그리고 이 생태 시스템의 발전은 걷잡을 수 없다. 이 시스템이 작동하여 한 집단의식이 생겨났다. 서서히 자신에 대해 알기 시작하는 이 의식은 바로 이 공생관계에서 생겨난 것이다.

사회적 개인, 호모 에코노미쿠스에서 공생적 인간으로의 이행은 모든 공생이 다 그렇듯이 이익도 있지만 위험도 안고 있다. 우리는 이 미래를 원하는가? 사이바이온트의 존재가 인류에게 어떤 이익을 가져오는가? 이 새로운 단계로의 진입을 위해서는 진화를 어떻게 이끌어 가야 하는가?

그러므로 이쯤에서, 우리가 구성원이 되는 동시에 책임자가 되기도 하는 복합 시스템을 이끌어 가기 위한 몇 가지 행동규칙을 찾아내야 할 때가 된 것 같다. 이 규칙은 전통적인 정치에서 산업, 경제, 그리고 공동체를 존중하면서 개인의 생을 영위하는 데 필요한 가치들에 모두 적용이 된다. 그래서 나는 다음장에서 이 모든 것들을 모아서 우선 복합성 운영에 대한 주제를 다룰 것이다. 그리고 미래산업의 조직과 생산을, 마지막으로 개인이 자신보다 더 큰 집단에 통합되는 데 꼭 필요한 사회적·개인적 가치들에 대해 이야기할 것이다.

III

미래를 원한다면

5

인도하는 것 : 복합성의 경영

세상으로 돌아와 : 분열된 세계에의 도전

고차원적 공생체인 사이바이온트의 모델은, 인류로부터 더 복잡한 조직체의 단계로 점진적으로 이동하는 것을 보여 준다. 사회조직의 정치적인 모형은 그러한 발전의 신호들이다. 공동체, 연방, 공동시장, 경제협력조약, 초국가적 유기체들은 하나의 전세계적인 거대 유기체의 구성 도상의 단계들을 나타낸다.

그러나 거대 유기체와 그것의 분주한 삶은 산업화된 세계에 특징적으로 기생하는 혹이다. 즉 그 비중이 항상 커져만 가는 에너지와 정보·질료 들의 유통을 기화로 생겨난 선진사회의 일종의 암으로 나타날 수 있다.

기생충인가, 아니면 공생관계의 파트너인가? 세계적인 독불장군이 될 것인가, 아니면 다른 것들과 경쟁하는 거대 유기체가 될 것인가? 나는 거대 유기체를 가설적인 모형으로 간주하여, 우리의 미래를 규정하는 동시대적인 선택을 반대급부로 밝히고자 한다. 2000년대에 도래할 법한 인류보다 우월한 세계적인 거대 유기체는 실제로 인간 그 자신과의 관계, 자연에서의 그 역할을 변화시키는 천성을 타고난 듯하다.

거의 공상과학 소설이 될 만한, 또 고도의 기술적 내용들을 가진 이 미래 지향적인 비전은 충격을 줄 수 있고, 더욱이 그 비대한 규모로 인해 지레 움츠러들게 만들 수도 있다. 기술의 진보에 대한 지나친 낙관주의적 비전은, 마치 세상이 인류의 커다란 문제들에 대한 기술적인 해결책을 스스로 발견한다는 인상을 줄 수 있다. 상호연결된 컴퓨터로 짜여진 세계적인 두뇌, 세계인구의 한 부분을 위한 경제적 신진대사, 지구의 균형을 위험에 처하게 하는 성장 같은 것들이 생물권 전체 발전의 귀착점으로 간주될 수 있는가? 다시 현실로 돌아가자!

물론 익숙한 풍경은 일상적인 극적인 상황에서 더 친숙하다. 이런 각도에서 그것을 간주하고 분석하는 것이 항상 더 현실적인 것 같다. 인구의 증가, 기아, 전염병, 전쟁, 불평등, 에이즈, 마약, 도시로의 과도한 집중, 천연자원과 식량의 고갈, 멸종, 환경 파괴……. 일상적인 메뉴가 된 이러한 세상의 소식은, 종합적인 비전이나 기술사회적인 발전의 가능한 방향에 대한 장기적인 안목을 생각할 때 고무적이라 할 수 없는 것들이다.

예를 들어 부의 균형과 분배의 문제에 대한 어떤 것도, 우리들이 인구의 증가 문제를 해결하지 못한다면, 그 해결책을 찾을 수 없다. 나폴레옹 시대에는 지구의 인구가 10억 정도였다. 그러던 것이 1930년 무렵에는 20억, 1960년에는 30억, 1974년에는 40억, 1987년에는 50억이 되었다. 2030년에는 85억에서 120억이 될 것이라고 예측한다. 이처럼 세계의 인구가 20억 명에 이르기까지는 1만 명의 수명에 해당하는 기간이 걸렸던 반면, 지금은 보통 한 사람의 수명 동안에 2배가 된다.

오늘날의 세계는 55억 명이 6천여 개의 문화권으로 나뉘어 살고 있다. 이러한 모자이크가 세계적인 거대 유기체의 창출에 한몫 할 것인가? 살아가면서 생기는 욕구를 충족시키고, 시장 경제에서 제공되는 재화와 용역을 소비하고, 더 나아가 기득권들은 더 많은 재물을 축적하는 등 개인간이나 국가간에 이기주의가 판치는 요즈음에 공생관계는 유토피아처럼 보인다. 이처럼 세계인구의 20퍼센트가 전세계 부의 80퍼센트를 소비한다. 가난, 불평등, 재난, 질병, 폭력, 교조주의, 편협, 개인의 자유에 대한 침해가 버젓한 것처럼 되어 있는 작금에 어떻게 호혜적인 공생관계를 설정할 수 있을까? 투쟁, 경쟁, 그리고 치열한 아귀다툼의 세계에 협동, 상보관계, 연대성이 설 자리가 있을까? 세계는 시계가 가리키는 단일의 시간에 발맞추어 살아간다. 그럼에도 '여러' 세계들이 그들 나름대로의 상이한 시간 속에서 공존한다. 각 세계가 그의 시간테 속에 갇혀 있으며, 각각의 특이한 시간의 '농도'로 존재한다.

우리가 단순히 식량과 교통을 비교의 기준으로 삼는다면, 지구 위의 6천 가지 문화의 차이가 극명하게 드러난다. 도식적으로는 3가지 속도의 세계가 존재한다. 10억 명의 빈털터리, 30억 명의 중간층, 10억 명의 특권층이다.

가장 불행한 10억 명의 사람들은 식수도 전기도 없다. 그들 중 대다수는 글을 읽지도 쓰지도 못한다. 그들은 주요 에너지원인 지역 생물군 덕분에 근근히 살아가고 있다. 그들의 수입은 하루당 1달러 미만이며, 지구의 전체 부의 1.4퍼센트만 점유한다. 이 10억 명의 사람들은 걸어서 이동한다. 그들 중 6억 명은 만성 영양결핍 상태에 있으며, 4억 명은 성장부진·정신지체·요절 등의 위험에 직면해 있을 만큼 영양부족을 겪고 있다. 1억 명은 집도 없다. 세계의 중간층 정도가 겨우 균형을 유지하며 산다. 30억 명의 사람들이 버스나 자전거로 이동하며, 식물성 단백질을 함유하고 있는 곡물류와 콩류를 먹고 겨우 깨끗한 물을 마시며, 아이들을 위한 우유를 확보하고 있다.

부유층에 속하는 10억 명이 전세계 식료품의 66퍼센트, 에너지의 70퍼센트, 철강의 75퍼센트, 목재의 85퍼센트를 소비한다. 그들은 또한 연구와 개발기금의 90퍼센트와 교육지출의 80퍼센트를 사용한다. 이 10억 명의 낭비자들은 제3세계의 한 사람보다 10배의 철강, 12배

의 석유, 15배의 종이, 18배의 화학제품, 19배의 알루미늄을 더 사용
한다. 그들 중 4억 명은 전세계 이산화탄소 배출량의 14퍼센트를 내
뿜으며, 자동차를 타고 다닌다. 이 10억 명은 육류 소비로 그들 섭취
열량의 40퍼센트를 동물성 지방에서 흡수한다. 그들은 나머지 40억
명보다 1인당 3배나 더 지방을 섭취한다. 이 육류 탐식증은 세계 곡
물수확의 40퍼센트를 가축의 사료로 소비하게 한다. 왜냐하면 단 1
킬로그램의 고깃덩이를 생산하기 위해서는 5킬로그램의 곡물과 2리
터의 석유에 해당하는 에너지가 필요하다.

　4억 명의 사람들이 기아선상에서 헤매고 있는 이면에, 미국인들은
다이어트 약제와 식품을 사는 데 1년에 50억 달러를 지출한다. 미국
에서는 아이들이 5억 명의 최빈곤층의 연간 총소득을 훨씬 상회하는
2백30달러를 연평균 용돈으로 지출한다. 그리고 이러한 빈부의 격차
는 선진국 내에서도 계속해서 커지고 있다. 마하트마 간디는 '부유한
사람들은 더 검소하게 살아야 한다. 가난한 사람들이 근근히라도 살
수 있도록' 이라는 말을 하였다.

　바로 이것이 2가지 근본적인 기준만을 간주했음에도 세계가 보여
주는 광경이다. 우리는 단일감이나 연대감과는 거리가 멀다. 이러한
상황 속에서 도래하는 대전환을 어떻게 성공시킬 것인가? 균형잡힌
인구를 향한 인구통계적 전환, 세계의 자본보다는 소득의 사용을 통
한 경제적 전환, 자원의 보다 나은 분배에 의한 사회적 전환, 환경을
보호하는 도구와 기계로 인한 기술적 전환, 그리고 국가기구간의 더
안정된 균형을 통한 기구적인 전환이 필요하다.

　우리의 발전 규범의 변화와 장기적인 비전은, 이 전환들이 성공하
는 데 일조할 것이다. 이 규범의 변화는 현재 진행중이다. 환경보호에
서 생겨난 전체적인 비전은 그것의 신호이다. 단순한 산업 분야의 확
대를 배제한 장기적인 생각은 인류의 다음 단계를 당면하게 할 수 있
다. 이 다음 단계는 '그것보다 더 큰 단계' 안으로의 개성화한 통합이

다. 종교적인 것도 아니요, 전체주의적인 것도 아니나 유기적·물질
적·생물적이다. 그것은 바로 자연적 인공물이다.

사이바이온트의 혜택 : 포섭술

　인간과 그 다양성을 온전히 존중하면서 분할된 그런 세계를 변화하
게 하고 발전하게 하기 위해서는, 개인적인 활동을 전체적인 행동에
통합시킬 수 있는 전체의 비전을 가져야 한다. 지금까지는 오로지 종
교와 구속적인 정치제도만이 인간을 바람직하고 유망한 방향으로 나
아가도록 하기 위한 동기부여, 납득 혹은 강제의 열쇠를 가지고 있었
다. 자연의 통일된 원리와 공생적 진화규칙을 발견하면서부터 불확실
한 길로 나아가게 하는 지표나 표식을 사람들은 가지게 되었다. 그러
나 아무것도 얻은 것이 없고, 그 움직임도 혼돈되어 있다. 우리는 공
생에 대한 우리들의 시도에서 실패할 수도 있다. 그리고 사이바이온
트가 우리에게 해로워질 수도 있으며, 인간을 그 자신의 목적을 위해
이용하는 세계적인 인공지능을 괴물로 만들 수도 있다.
　그럼에도 불구하고 좌표축은 분명히 드러난다. 인간이 거대 유기체
와의 공생관계에서 끌어낼 수 있는 이익은 더욱 그렇다. 거대 유기체
는 인간에게 의존하고 있으며, 인간은 비록 전통적 ‘사회’라는 테두
리 안에서일지라도 더욱더 거대 유기체에 의존하는 관계이기 때문이
다. 이 관계를 위해서는 인간과 그들의 조직이 하위계층에 행사하는
권위와 통제를 어느 정도는 포기해야 할 필요가 있다. 그것은 보완적
인 권력과 증가하는 수단을 획득하기 위하여 치러야 하는 값이다. 생
물학이나 환경보호에서 접하는 것과 같은 계층적인 차원에 의해, 모
든 조직에 적당한 ‘일반 포섭’ 원칙을 적용하는 것이 관건이다.
　전통적으로 계층적인 방식의 보완적인 접근을 제안하기 위해서, 프

랑스어에서 거의 쓰이지 않는 용어를 다시 쓴다는 것은 시기 적절해 보인다. 그것은 바로 '포섭'이라는 단어이다. 포섭이라는 것은 개체를 전체에 포함된 것으로 간주함(한 종 안의 한 개체, 한 유 안의 한 종 따위)을 뜻한다. 칸트의 용어에 따르면, 포섭한다는 것은 감각할 수 있는 직관에 일체성을 확인하는 오성의 카테고리(범주)를 적용하는 것을 의미한다.

조직화에 대한 우리의 비전에서, 우리는 일반적으로 질서는 '위에서' 내려와야 된다고 평가한다. 계층의 원칙은 항상 소수의 사람들에 의한 명령의 원칙을 야기한다. 피라미드의 정점에는 국가 원수나 정부의 수반이 자리한다. 권력은 공유되는 것이 아니며, 결정도 집단적일 수 없다.

포섭의 원칙은 이러한 계층의 형태를 뒤집는다는 것을 함축한다. 생물학이나 환경학에 있어서 조직의 하위계층은 그들의 기능 일부를 상위계층에게 맡겨 버리긴 하지만, 특정 기능 혹은 그들의 구조적 특성에 대한 국부적 제어는 유지하고 있다. 결합은 달라진다. 우리가 피라미드 구조 내에서 연속적인 체결에 의해 갇혀 있다고 생각하기보다는, 포섭의 원칙이 우리 자신을 상실함 없이 우리보다 더 큰 계층에 속해 있는 것으로 나타낼 수 있게 해준다. 각자는 다른 차원의 조직을 향해서 열림, 또 조직화된 다양성으로 인해 전체 의사소통에 필수적인 기능들의 일관성을 보장하는 하위 피라미드의 정점으로 나타난다. 선출된 몇몇 엘리트의 권력에 예속되기보다는 포섭이라는 개념을 통해서 우리는 집단적인 두뇌의 창발이 필수적임을 알 수 있다.

사회에로의 포섭원칙의 적용은 그렇게 해서 전세계적으로, 또 모든 이의 이익 안에서 개인의 행동과 자유의 유일한 특성을 보장해 주는 수단에 대한 공동추구를 불러일으킨다. 이처럼 상위 차원은 국부적인 차원에서 옳게 기능하는 조절들을 없애지 않으면서 전체의 새로운 제어들을 관장할 수 있게 된다. 그러한 기능들을 포섭함으로써, 공생적

인간은 그의 권력과 기술적·개념적 혹은 지적인 수단들을 증대시킬
수 있다. 활동시 종속적이면서 상호의존적이며, 동시에 '독자적인' 신
체 세포와도 같이 공생적 인간은 그의 독립성을 완전히 확보한 채 사
이바이온트의 혜택을 누릴 것이다.

　현사회는 불안정한 상태와 재난에 대해서 보험적 기능을 하고 있
다. 선진국에서는 개인적인 분담과 상당한 수의 사람들에 대해 행해
진 가능성 계산 덕분에 일반 시민들도 여러 가지 손재보험, 생명 혹
은 실업보험, 각종 연금, 사회보장제도, 상호부금, 은행의 각종 서비스
라든지 상품과 서비스의 분배 등의 혜택을 볼 수 있다. 더 종합적인
방식으로 그 복잡함이 우리 두뇌의 복잡함과는 비교도 되지 않는 전
세계의 두뇌를 이용하여, 우리는 탁월한 문제 해결능력과 제어 통제
능력, 집단 메커니즘의 조절능력을 갖추게 된다. 정보권의 탐구는 새
로운 영역의 지식과 즐거움을 열어 준다. 현존하는 거시적 시스템 규
모의 유통과 파워의 관리를 통해, 우리는 우리 개인의 이익 안에서
환경을 변형시킴으로써 삶의 질을 향상시킬 수 있다. 경제적이고 환
경보호적인 여러 계기판이 실시간으로 뒤따르는 무한한 기억용량에
의 접근가능성은 자원의 분배를 용이하게 하고, 그 불평등을 감소시
킨다. 분산된 두뇌집단에 의한 에너지 소비의 조정은 집단적인 위험
없이 개인의 활동을 증폭하고, 가이아의 균형 유지를 보장한다. 전체
복합 시스템이 생성하는 잠재적인 비정상적인 효과에 대한 최상의 집
단행동은 개인행동의 효율성을 증대시킨다. 각자의 책임을 존중하는
집단의 인공지능적 제어들이 제자리를 잡을 수 있다.

정부, 인공지능학, 시민

　현재 인류가 겪고 있는 대전환의 과정에서, 우리는 이처럼 점진적

으로 개인주의에서 의식적으로 조직된 살아 있는 집단주의로 옮겨간
다. 네트워크의 노드에 해당하는 개인-세포는, 그 전체 안에서의 네트
워크가 살아 있으므로 해서 물질적으로나 지적으로 공급된다. 거기에
서 우리들은 사회에서의 삶의 시원에서부터 집단생활의 거대한 조직
의 시스템에 대한 갈망을 다시 본다. 규범·법규·규제는 개인적으로
는 제약이지만, 사회라는 단위로 볼 때는 구세주이다. 고전적인 정치
비전과 비교할 때 근본적인 차이는 자연이 베푸는 기여이다. 실증적
이고 과학적인 시각에 의한 몇몇 수학적 단순화 법칙으로 사회의 기
능을 '축소' 하기 위해서가 아니다. 자연의 규칙들과 정치적 활동, 정
신질서에의 갈망 사이의 창조적인 타협 안에서, 이 사회의 지적 행동
을 한 단계 높은 성찰과 행동으로 '향상' 시키는 데 있다. 종교, 정치,
과학, 인간이 그들의 생존과 지식, 행동의 긴 노정 위에서 차용한 세
가지 전통적 수단은 미래에 대한 명백한 비전을 제시하면 이처럼 하
나로 수렴할 수 있을까?

　사회적인 개체에서, 하나 또는 여러 개의 초사회적 거대 유기체에
자연적이고 의식적으로 통합된 공생적 인간으로 전이하는 것은, 인류
가 그 자신의 진화과정에서 극복해야 했던 가장 큰 도전 중의 하나이
다. 그것은 자체적 구조와 기능성에 통합된 유기체들이 단세포적 생
명체에서 다세포적 생명체로 옮겨가는 것만큼 결정적인 단계이다. 그
것은 또한 내적 성찰을 통하여 범세계적 두뇌를 전반적으로 깨닫기
위한 필수불가결의 단계이기도 하다.

　이 단계들은 사회와 그 사회의 정치체계들에 의해 주어진 모델의
현테두리 안에서는 건너뛸 수 없다. 민주주의가 다양한 접근과 개인
의 자유를 고양할 수 있는 가장 나쁘지 않는 제도로 나타날지라도,
인간의 에너지로의 환원은 극히 미미하다. 전체적인 조정과 지엽적인
피드백 고리는 주로 개인주의를 강화하고, 이기적인 욕구를 만족시키
기 위해 작용한다. 기계도 개성과 자아를 표출한다. 그렇다고 기계가

네트워크의 집단지능이 이 네트워크에 참여하는 동인들의 지능의 총
합보다 우월한, 그런 네트워크를 이루어 작동하는 일은 매우 드물다.
따라서 이런 전이를 확실하게 하기 위해서는 사회적인 연대성을 죽이
는 개인주의와 이기주의의 굴레를 깨어야 한다. 그리하여 보다 환경
보호 쪽으로 발전해야 하며, 이기주의로 나아가서는 안 된다. 또 모두
에게 이로운 환경 중심주의를 추구하기 위해서 우리가 인간중심주의
(심지어 우리의 사회 중심주의)에서 벗어나야 한다. 그렇지만 그 길은
험난할 것이며, 미지의 목적지에 도착하기 위해서는 시장경제의 현구
조와 자원의 세계적인 분배에 있어서의 극심한 불평등, 특권계층에
속해 있는 소비자들의 생활양식, 모든 큰 변화에 대한 타성과 반감도
고려해야 한다.

공생학적 시각에서 본 '정부(gouvernment)'라는 단어는, 우리가
앞에서 본 바와 같이 '조종간(gouvernail)'에서 유래되었다. 앙드레
마리 앙페르에게 있어서 '정부학(science du gouvernment)'은 인공
지능학이다. 이 용어는 그가 1836년에 만든 것이다. 이 용어는 살아
있는 유기체와 기계에 있어서 조절과 의사소통의 학문이라는 현재의
정의를 부여한, 미국의 수학자 노버트 위너에 의해 1948년에 재정의
되었다. 따라서 하나의 정부의——이론적인——역할은, 사회 안에서의
사람들의 삶인 복합 시스템의 역동성의 조종과 제어라는 메커니즘의
정착과 사용을 포함하는 것이다. 이는 사람들의 다양성과 자유를 존
중하고, 각자에게 의미 있는 존재가 될 수 있도록 기회를 부여하는
조종이다. 그러나 조종하기 위해서는 방위와 측량기구, 계기판, 우리가
움직이는 환경에서 되돌아오는 정보 등이 있어야 한다. 그리고 전통
적인 정치의 근시안적인 비전과 시민들의 현실 참여방법(투표, 선거)
은 더 이상 복합성의 효율적인 조종에는 적당하지 않다.

따라서 공생인간의 도래를 용이하게 하는 데 필요한 정치행위의 중
요한 역할들을 찾아내기 위해서는, 한 걸음 뒤로 물러서서 세계의 시

스템을 그 전체에서 바라보아야만 한다. 이것은 국가의 현체제와 기능으로 관리하기에는 그 능력을 벗어나는 복합적 목표이다.

대량 세계유통의 제어

인공지능적인 제어 시스템에 제기된 근본 문제 중의 하나는, 정보에 의한 유통통제의 문제이다. 시스템 모델에 있어서, 상호작용을 하는 요소집단의 역학은 저수 탱크와 유속, 피드백 회로 사이의 관계로 설명된다. 유량의 강도는 탱크의 저장용량에 비례한다. 전류의 강도, 댐의 용량, 또는 자본의 이율도 이런 식이다. 각각의 포텐셜(전압, 중력, 농도, 화폐가치)과 짝을 이루는 유속이 존재하여, 그 속도는 그것을 결정하는 힘에 비례한다. 그것은 유량의 경우와 마찬가지로 단위시간당의 양으로 나타내어진다. 프랑으로 나타낸 월간 급료, 사람수로 나타낸 시간당 여행객, 비트로 나타낸 초당 정보, 자동차수로 나타낸 자동차 생산공장의 월간 생산량 등 이 수력학적 유추방식은, 시스템역학의 인공지능적 제어를 잘 보여 준다. 각 유속은 결정과 행동의 센터에 해당하는 수문에 의해 상징적으로 제어된다. 탱크의 수위와 유량에 대해서 얻어지는 정보에 따라 수위를 조절하기 위해서 수문들을 열거나 닫는다.

사이바이온트의 생활규모에서는 어떠한 유량, 수문, 탱크가 될까? 대단위의 저장지역이 도처에 있으며 눈에 보이는, 혹은 보이지 않는 흐름이 종횡무진하는 세계를 상상해야만 한다. 도로망, 파이프라인, 통신망 들은 상호교환을 구체적으로 나타낸다. 그러나 정보나 자본의 이전, 금융의 흐름은 눈으로 관찰되지 않는다. 지구를 온통 누비고 있으며 그 선의 두께가 유통량을 나타내는 순환망이 그려진, 이 멋진 칼라 세계지도를 눈앞에 펼쳐 놓고 꿈을 꾸어 볼 만하다. 거의 생물적인 이 순환망이 사이바이온트가 실제로 생명이 있음을 나타내는 추가 증거이다. 수십억 톤에 이르는 생산품의 상업적 이동, 반대 방향으로의 통화유통(하루 3조 달러에 이른다), 금융유통, 자본 이전, 주로 석유에 의한 에너지의 순환(전세계 거래량의 20퍼센트) 등이다. 또한 정보(컴퓨터 데이터, 특허, 통신사), 원자재, 식품, 선단, 지구 곳곳에서의 자동차, 비행기, 컴퓨터 등의 조립에 필요한 부품의 유통 등 이 조밀한 교류망은, 주로 지구의 북반구 즉 미국과 서유럽·일본 사이에 얽혀 있다. 이것은 비행기와 선박의 항해지도를 보면 쉽게 확인할 수 있다. 대서양은 여전히 이 교역의 커다란 교차로이다. 바로 범세계적 유기체의 대동맥이다. 선진국은 제조품의 수입국이자 수출국이며, 후진국은 주로 원자재의 수출국이다.

보이는 유통과 보이지 않는 이 유통에, 인간의 대이동의 흐름과 거대 유기체의 삶에 기생하는 귀찮고 해로운 삶인 지하경제의 비정상적인 활동에서 발생하는 교역이 섞여든다. 수요와 공급의 거대한 저수지는 여기에서 세계적인 유통의 역동성을 결정짓는다. 인구가 집약되고 소득이 낮은 저수지로부터 더 부유하고 인구밀도가 낮은 나라로 노동자들이 이동하는 것은 연통관의 원리를 따르는 것이다. 멕시코인들의 미국으로의 유입만 해도 그렇다. 지난 20여 년 동안 7백만 명의 멕시코인들이 미국에 정착했으며, 또 다른 2천만 명이 2000년 전에 기회를 노리고 있다. 네덜란드를 향한 터키인들, 프랑스를 향한 알제리인들과 모로코 사람들, 모로코에서 터키에 이르는 지중해 연안국가들의 인구는 2억 명에 달한다. 그리고 중부 유럽과 서유럽 국가들의 인구는 4억 명 가량이다. 1세대가 지나면 전자는 4억 5천 명 가량이 될 것이고, 후자는 4억 2천 명이 될 것이다. 주로 그 자체에서만 전세계 관광의 90퍼센트를 소비하고 80퍼센트의 수입을 차지하는 OECD 국가로의 관광객 유통, 전세계적으로 1천5백만 명에 이르며 꾸준히 증가하는 피난민의 대열이 있다.

　그리고 민주주의가 취약한 국가를 차츰 갉아먹고 전세계 마피아 조직이 통제하는, 마치 암이 전이되는 것과 비슷한 마약과 무기의 암거래가 있다. 마약의 주요 공급지로서 코카인은 남아메리카(콜롬비아·페루·볼리비아), 아편과 헤로인은 황금의 삼각지대(미얀마·라오스·태국)와 황금의 초승달지대(파키스탄·아프가니스탄·터키), 대마는 하와이·자마이카·모로코 등이 있다. 주요 소비국으로는 미국·서유럽·호주 등이다. 상당한 규모의 금융 흐름이 이 지역에서 이루어진다. 그 액수는 연간 5백억 달러에 달한다. 이것은 또 불법적인 자금의 유통, 국외 투자회사, 탈세 등에서 다시 나타난다. 스위스에서 카이만섬까지, 또 홍콩에서 마카오까지 불법 유통의 거래선이 지구를 두르고 있다. 이 마약거래 루트의 반대 방향으로는 무기가 거래된다. 이 무기시장은 연간 6백50억 달러 가까운 시장을 형성하고, 미국·프랑스·이탈리아·영국·독일 등의 선진국과 독립국가연합들, 또는 중국에서 중동·남아메리카·아프리카·아시아의 분쟁 다발지역으로 흘러 들어간다.

　여기에다가 1조 5천억 달러에 이르는 제3세계의 부채거래, 연간 4천억 달러에 달하는 이 부채에 대한 용역과 연간 1조 달러의 전세계의 군사비 지출도 추가해야 한다. 그리하여 1분당 거의 2백만 달러의 지출이 행해지는 것이다! 몇 가지 예가 이 막대한 액수를 잘 보여 준다. 한 대의 공격용 장갑차의 가격(35초 동안의 군사비 지출에 해당한다)으로 3만 명의 아이들을 위한, 1천 개의 교실을 운영하는 데 필요한 모든 시설물을 구입할 수 있다. 반나절의 군사비 지출로는 국제보건기구의 말라리아 퇴치 프로그램 전체의 재정을 지원하기에 충분하다. 12분간의 군사비 지출에 해당하는 전투기 한 대의 가격으로는 4만 개의 약국을 지을 수 있다. 구축함 한 대의 가격으로는 9백만 명에게 전기를 공급할 수 있다. 개발도상국이 수요하는 식량 전부를 확보하고 전세계의 기아를 근절하는 10년에 걸친 세계적인 프로그램도, 각국의 정부들이 6개월 동안의 군비에 쏟아붓는 액수보다 적을 것이다.

　인류의 미래를 보장하기 위해서 세계적 규모의 그러한 유통들을 제어하는 것은, 바로 민주국가가 해야 하는 과업이다. 그러나 현재의 방책은 부분적이고 거의 독자적인 수준에 머물러 있다. 그것들은 중앙은행들의 이율의 인상과 인하, 여러 화폐간의 어음등가의 변경, 자본의 유입과 수출에 대한 제한 법규, 국제무역협정(GATT, Alena), 개발도상국에 대한 원조, 부채의 '현물상환,' IMF와 세계은행의 대출, 마약거래의 저지, 불법 자금의 세탁 노선에 대한 감시 등이다. 때로는 눈부신 이런 조치들은 대개는 이기적인 목적을 추구한다든가, 또는 전체적이고 장기적인 비전이 결여되거나, 실제적인 협조체제가 억제되어 있어 비효율적인 경우가 대부분이다.

　국가들과 네트워크의 밀도와 순환간이 거의 뒤얽혀 빠져 나올 수 없을 정도로 상호의존적이며 복잡하기 때문에, 현권력들의 구조와 방법에 의해서는 효율적인 세계통제가 불가능하게 된다. 가장 훌륭한 전문가들의 보좌를 받고도 정부의 수반은 양자택일식으로 제기되는 중대한 문제들에 대해 해결책을 내놓지 못하고 있다. 그 문제들이란 완전고용이냐 실업이냐, 평화냐 폭력이냐, 생태계 파괴인가 혹은 지속적인 발전인가, 자원의 재분배냐 아니면 인류의 분열을 가속시키는 축재냐 하는 것 등이다. 19세기의 수학적·물리적 법칙에서 비롯된 이성의 무비판적 적용, 상황과 진화에 대한 데카르트식 분석방법으로는 부족하다. 모든 사람들에게 동기를 부여하고, 모든 사람들에게 납득될 수 있는 일반적인 목표가 결여되어 있다. 어떻게 방향을 잡지 않고 조종할 수 있겠는가?

　게다가 상황은 더욱 복잡하다. 이 상호의존적인 흐름에 또 다른 형태의 조절과 균형들을 필요로 하는 분열현상이 가중된다. 세계화에 지역분열화가 대응된다. 자체 조직의 원칙들은 자체 분열의 힘에, 혹은 다른 차원의 재조직의 힘에 밀려나고 있는 것 같다. 국제협력의 노력에도 불구하고, 원심력이 유럽·아프리카·독립국가연합에서 제 각각 작용하고 있다. 한편으로는 때때로 전문가들이 일방적으로 만든 협정과 조약을 매개로 연방국가·동맹국가·연합국가를 만들어 보려는 시도도 한다. 이는 해당 국가 국민의 생활과 동떨어져서 별로 국 민들에게 호소력도 없다. 다른 한편으로는 새로운 블럭들이 서로 타 협할 수 없는 종교적·민족적·경제적·문화적·언어적인 이유로 다 투고 멀어지고, 국가 전체는 분열되고 나누어지고 반목한다. 여기에서 도 일종의 생물학적 현상이 나타난다. 하나의 유기체가 그의 조직들 과 기능들을 통합하면 할수록, 그것은 조직과 특수기관에 있어서는 구별된다. 국가들도 유사한 원칙에 따르는 것처럼 보인다. 다음 세기 의 중간쯤에 세계는 틀림없이 5백 개 가까운 국가들이 될 것이다. 이 것은 세계화와 상호의존에 당면한 사람들의 차별화에 대한 의지의 표 명이다. 총괄적이고 동질적 문명의 가치가 상승할수록 사람들은 필연 적으로 다양한 그들의 문화가치를 지키고자 저항한다. 그들은 다른. 민족들과의 차이를 유지하고, 그들만의 독창성을 보존하면서 존재해야 한다. 국가 주권의 침식, 경제의 세계화, 통신망의 발달은 자기방어라 는 반사작용을 낳는다. 동질화에 대한 두려움은 각 국가로 하여금 그 들만의 문화적인 동질성을 유지하게 하는 영토와 언어·종교, 그리고 의식과 관습들에 대한 보호의 열정을 불러일으킨다. 그러나 이 두려움 은 또한 국수주의적인 쇄국정책에, 또 정치를 지배하고 민주주의로 나 아가는 발걸음을 방해하는 종교적 교조주의에 이르게 될 위험도 있다.

유럽은 현재 이 두 가지 움직임에 직면해 있다. 동유럽에서는 그 원 심력이 평화를 위험에 빠뜨리고 있다. 서유럽에서는 정치적·경제적 논의가 유럽 시민을 위한 하나의 유럽의 건설에 필요한 일관성을 도 출시키기에는 역부족이다. 의사소통의 바벨탑 앞에서, 그리고 외국에 서 유입되는 텔레비전 방송에 의해 조장되는 문화적 동질화의 위험에 직면하여 유럽은 대처해야 한다. 유럽은 (왕과 그의 두 아들의 예에서

와 같이) 상황을 뒤집음으로써 특히 통신수단을 '표준화'하고, '문화
의 다양성'을 보존함으로써 이를 달성할 수 있다. 유럽인들은 전문가
들의 조약이나 생활보조금 이상으로 통신수단의 증대와 무형·유형
의 네트워크가 치밀하게 조직되기를 기대한다. 예를 들어 각 문화에
특화되어 있으면서도 다른 언어로 번역되는 진정한 유럽 텔레비전 방
송의 일반화 같은 것이다. 유럽인들은 교육시설, 모든 나라에서 공히
인정되는 학위제도, 보건, 환경, 개발도상국, 문화 보전에 관련된 문제
에 대한 협조체제를 원한다. 다양성이 존중되면서도 집단적인 지능이
출현하기를 바라면서, 고위 관료들보다는 기저계층에서 나오는 방법
들과 네트워크화, 모든 차원의 다양한 상호작용의 촉매도 역시 바라
고 있다. 그런데 지금까지 인간의 대모험들을 부추긴 동기들은 두려
움이라든가 강제·맹신 등이었으며, 더욱이 권력과 쾌락, 개인적인 즐
거움 같은 것이었다. 앞으로는 그것들 대신 지능으로 하면 어떨까?
이런 생각은 너무 이상주의적인가?

카오스의 언저리 : 민주주의 · 독재 · 무정부주의

문명이 생겨난 이래로 인간사의 운용은 세 가지 형태의 제도 사이
를 왔다갔다 했다. 그 두 극단에는 독재와 무정부체제가 있고, 중간에
는 민주주의가 있다.

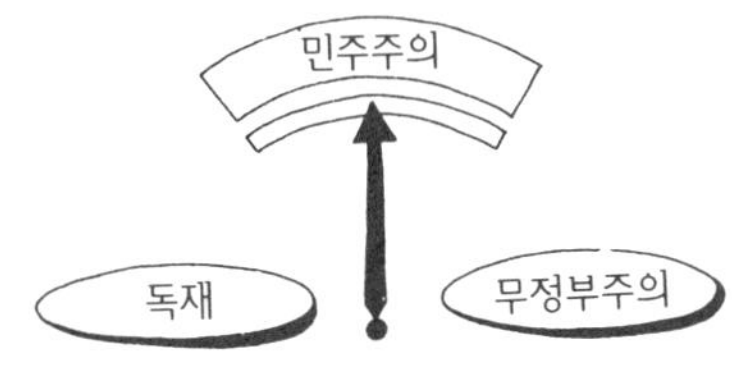

전체주의 독재(우익이든 좌익이든)로 나타나는 중앙집권식 전제주의는 인간에게서 개인적인 자유를 빼앗는다. 국가는 강요된 이데올로기에 의해 마련되고, 견제장치 없는 무소불위의 특권을 누린다. 이러한 국가들은 경직된 조직과 엄격한 위계질서를 필요로 하기 때문에, 역동적인 발전이 이루어지지 못하고, 변화에 대한 적응력이 감소된다.

무정부상태에서는 개인의 자유를 최우선으로 삼기 때문에 집단행동력을 저해하고, 그 효율성을 떨어뜨리게 되는 무질서와 방종으로 치닫기 쉽다. 이렇게 되면 국내외적 문제들에 대처해야 하고, 자원을 공정하게 분배해야 할 국가조직이 무능력해진다.

민주제도에서는 국민들이 사회 전체의 기능을 관장하는 법을 공포하게 하기 위해 그들의 대표자를 선출한다. 민주적인 견제는 이론상으로는 투표와 정당의 역할과 정권 교체, 여론의 압력, 대중매체와 여론조사의 영향 등에 의해서 이루어진다.

여기서 제안하는 공생적 진화의 관점에서 보면, 독재·무정부주의·민주주의는 사회체계의 역동성에 대한 인공지능적 세 가지 조절형태를 나타낸다. 이 셋 중에서 오로지 민주주의만이 인간의 자유와 개인적·집단의 행동에 대한 책임을 존중한다. 이 세 가지 사회조직형태에서 우리는 질서와 무질서, 복합성간의 이미 서술된(56쪽 참조) 관계를 다시 발견하게 된다.

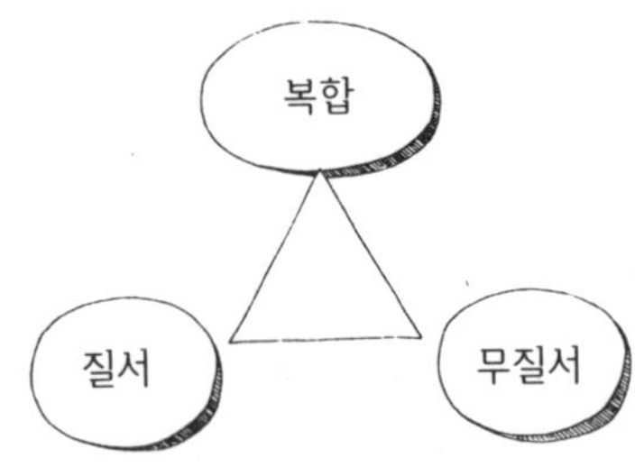

전체주의는 개인의 창의성을 말살하고 옥죄는 이 체제의 군대와 관료주의를 통하여 엄격하고 조직된 질서를 구현한다.

무정부주의는(네트워크 안에서 상호작용하는 행위자들의 행동이) 자체 조직작용과 집단지능적 행위가 나타나게 하는 규칙이나 구속여건이 없기 때문에, 서로를 억압하는 혼란스럽고 무질서한 상태이다.

민주주의는 개인의 책임과 행동을 전적으로 고양하면서 복합성의 증대를 촉진할 수 있는 사회조직 형태이다. 민주정부의 역할은 (무정부상태와 과도한 질서 가운데 있는) 이 좁은 전이 단계에 사회체제를 유지하여 창의성, 사회개혁, 복합화를 향한 발전, 자체 조직, 공동관리를 용이하게 하는 것이다.

카오스 이론의 주창자들은 복합 시스템의 운용에 있어서 이러한 제약여건을 예감했다. 그것이 복합성과 집단지능을 창발시키기 위해서는 시스템을 '카오스의 주변상태'로 유지해야 한다(58쪽 참조). 끊임없이 해체되고 재건되는 지역, 대세와 이에 역행하는 힘이 부딪히는 지역, 그리고 그 구성 요소들의 끊임없이 바뀌는 바로 이 좁은 지역이 창의성 있는 변동, 변화의 싹이 생겨나는 곳이다. 공생적 진화는 이런 과정을 기반으로 삼고 있다. 따라서 이 과정들을 더 잘 이용하기 위해서는 그것들을 잘 알아야 한다. 이런 관점에서 보면 (인공지능적) 정부는 하나의 중개자·촉매자·해석자로 나타난다. 이 정부는 권력과 권력행사의 모든 면모들이 귀착되는 독재적인 제약들의 계층적인 원천으로서가 아니라 다양성을 보전하고 고양하는, 그리고 자유를 존중하고 변화에 동참할 수 있는 조정자로서 중재하고, 대표하고, 행하게 하는 것이다.

민주국가 정부들의 현기능방식은 합법성에 대한 중대한 위기로 치닫고 있다. 현재의 핫이슈가 되고 있는 문제들이 지닌 복잡함은, 모든 유권자들에게 그 어떠한 정치지도자 그룹도 그 구태의연한 형태를 가진 채로는 해결할 수 없을 것으로 비쳐질 정도이다. 게다가 (교육, 보건, 환경, 문화, 여가, 공동생활, 단체활동, 지역관리, 에너지의 지역적인 생산, 통신망, 생활양식 등의) 국민생활에 직결된 문제들은 이전처럼 국가의 직접적인 영향과 통제에서 벗어난 것으로 보인다. 이러한 정치적 공백에서 정치적인 '리더십'의 위기가 야기되어, 장기간 또는 단기간에 걸친 갈등을 겪으며 더욱 확산된다. 사람들의 생활에 관련된 대변혁은 대의정치의 한계를 넘어, 각자의 참여와 더불어 장기간에 걸쳐서만이 시작될 수 있다. 반면에 (단기적인) 대중매체의 현실 분쟁은 조종되고 프로그램된 망각능력을 가진 대중매체의 수용자들에게는 즉각적이고 괄목할 만한 결과로 이어진다.

미래정부 : 결정론과 자유 사이에서

대변혁은 이미 나타나고 있고, 또 정치의 위기가 이를 분명히 보여 주고 있다. 이것은 현정부와 '미래정부' 사이의 하나의 권력 이전이다. 미래정부라는 말은 모든 정부행위의 네트워크식이며, 탄력적 공동 운영을 의미한다. 혹은 행정기구가 관장하는 사람들을 통제와 운용, 지휘하는 능력을 의미하기도 한다. 미래정부는 특정한 분야에 집중된 국가 정치기구와, 민생의 대단위 부분의 여러 상이한 차원에서 협조하는 전체 민간기구들 사이의 권력의 분배에 이르게 된다. 이는 상호 의존적 미래정부 차원의 네트워크와 보완적으로 기능하는 중앙집중식 계층적 권력이다. 문제들에 가장 가까이 있는 사람들이 그 문제들을 가까이에서 알고 있으므로 처리할 수 있다. 반면에 문제 해결의 큰 방향은 전체 이익을 옹호한다는 중앙집권방식에 의해 설정된 채로 있게 된다. 이렇게 하여 1차적인 행동단계와 상부에서 내려오는 방향 내지는 규율이 서로 만나게 된다. 이것은 범세계적 공생의 기저구조인 포섭의 원리를 보여 주는 하나의 구체적인 예이다.

　정치적 '리더십'의 위기로 말미암아 필요불가결해진 현정부에서 미래정부로의 전이는, 국가의 주권이 점점 무너지기 때문에 한층 더 급박해 보인다. 대내적으로는 지역적·지방적 한계가 좀먹고, 대외적으로는 국제적인 요구, 국가간의 또는 초국가적인 요구에 의해 도전받는다. 그리고 실제에 있어서 개인간 통신의 세계적인 네트워크의 발달에 의한 직접 교신으로 인해 타격을 받아, 국가 주권은 그 대권의 일부분을 포기해야 한다. 그리고 전체 공동체 구성원이 적법하다고 인정한 특정행위에 대해서만이 그 독립성을 유지할 수 있다.

　가장 효과적인 행동양식을 찾으려고 지속적으로 탐색하는 과정에서, 민주국가의 정부들은 알지 못하는 사이에 공생적 진화의 원칙들을 발견한다. 정부들은 또 법과 질서, 무정부상태와 카오스·혼돈, 전제주의적인 제도와 온건주의적인 제도 사이를 왔다갔다 한다. 이는 쇠퇴기와 기술관료주의적 단순화의 시기, 또는 필연적인 복합적 공동운영의 시기를 초래한다.

　전통적인 정부와 미래정부간의 이 길고도 어려운 전이과정에서 사회의 역동성이, 여러 형태의 참여적인 운영방법들이 탐구되었고 기술되었다. 자체 운영, 민주적인 계획, 국민들의 정치 참여, 국민투표는 이 길로 나아가는 단계이다. 세계적 차원에서, 그리고 경제와 환경의 공생적 관계에 대한 염려에서 그로 할렘 브루틀란트는 지속적인 발전이라는 개념을 제시하였다. 나는 이 말을 제어적응적 발전이라는 말로 대치할 것을 제안한다. 왜냐하면 이 편이 미래정부의 인공지능적 성격을 강조해 주기 때문이다. 이렇게 조종과 촉매의 횡적 구조들은 복합성의 운영에 대한 새로운 요구에 부응하기 위해 사용된다. 국가의 운영에서는 정치적 압력이나 노동조합의 압력 때문에, 이 참여적 운영의 필요성은 천천히 적용할 수밖에 없다. 참여의 문을 넓게 하면 비정상적인 효과들이 생겨난다. 국민 각자는 국가로부터 항상 더 많은 것을 기대한다. 그러나 국가란 아무리 많이 베풀어도 결코 충족되지 않는다. 이렇게 하여 끝없는 연쇄반응이 시작되는데, 이 악순환은 효용체감의 법칙으로 이어진다. 더 많이 준다는 것은 더 많이 거두어 들인다는 뜻이다. 이는 생계비의 절반을 넘고 일상생활에 반드시 따르는 공제, 과징금, 세금 인상을 초래한다. 그리하여 어디에나 국가가 개입하고, 옹졸하게 통제하는 데 대한 새로운 불만들이 생겨난다.

이 책에서 여러 차례 언급된 커다란 의문은, 그 어느 때보다도 자체 조직의 당연한 구속력과 인간적·개인적·집단적인 책임 행사, 이 사이의 균형문제인 것 같다. 자연의 대법칙들은 항상 정치학자와 사회학자를 걱정시켜 왔다. 모든 것이 결정되었다면 어떤 영역이 인간의 자유의사에 남겨졌을까? 이것은 스토아학파에 의해 이미 제기된 전통적인 철학적 의문에 관련되어 있고, 공생의 법칙들에 대한 지식과 사회적 공생의 실제 적용에서 그 대답의 첫번째 요소를 찾을 수 있다.

상부에서 하달되는 정책결정과, 사용자들의 자발적인 자체 조직 사이의 관계를 잘 보여 주는 구체적인 경우가 있다. 미래의 정보고속도로에 대하여 연구해 보면 광섬유 정보도로망과 광역 주파수 접속전달식(혹은 비동기식 전달방식 ATM)을 권하게 될 것이고, 그 비용은 20년 동안 수천억 프랑에 이를 것이다. 이렇게 하여 시장성과 앞으로 만들어야 할 프로그램을 현실적으로 파악하지도 않고, 새로운 네트워크가 기존의 네트워크에 덧붙여지게 된다. 이렇게 되면 투자된 자금은 몇 년 동안 막혀 있을 위험이 있다. 그러나 차선책도 있다. 이는 두뇌 형성과정에서 따온 것이므로 생물학적인 방법이다. 우선은 (전화, 케이블, 디지털, 네트워크, 무선통신, 텔레비전과 인공위성) 전파 네트워크의 기존 통신망의 상호연결을 최대한 활성화한다. 이를 위해 필요한 투자는 '광섬유' 프로젝트보다 덜 든다. 두번째로는 (개인적이고 한계가 있는) 소단위의 상호연결 정책을 체계적으로 수행하는 것이다 (통신 이용료의 인하, 정액제보다는 사용 시간에 따른 비용의 계산, 모뎀 가격의 인하). 새로운 적용 대상을 창출하고, 따라서 이용량을 증가시키고, 정보고속도로로 이어지는 노선을 증가시키는 하이퍼네트워크가 점점 더 긴밀하게 구축된다. 그리하여 마침내 기존 통신망(텔레텔이나 미니텔 같은)을 국제통신망으로 완전히 개방하는 것은 이용체제를 결정함으로써 실현될 것이다. (뉴런망의 구성에서 보는) 생물학에서와 마찬가지로, 이 시스템의 기능 자체는 불필요한 연결을 제거하고 다른 더 필요한 것들을 강화하는 내재된 다윈적 용불용설의 메커니즘에 의거하게 될 것이다. 이렇게 통신망은 처음부터 막대한 투자를 필요로 하는 것이 아니라, 내부에서부터 차츰 구성되어 조밀해질 것이다. 이 예는 두 가지 유형의 접근방식을 부각시킨다. 하나는 전통적 접근방식이고, 다른 하나는 공생학적 접근방식이다. 적절한 균형이 바로 이 두 가지 방식의 가운데에 존재한다.

　중앙집권적인 결정과 사용자들에게서 나오는 국부적인 주도권이 동시에 필요한 것이다. 중앙집권식의 계획정책과 자치와의 구태의연한 관계를 넘어, 정부와 미래정부 사이에 어떤 타협점을 설정해야 한다. 중앙집권의 계층적 권력구조와, 인간사회의 자치적이고 참여적이며 민주적인 사이에도 타협점이 필요하다. 경직된 질서와 생산성 없는 혼돈 사이에 있는 카오스의 언저리에 위치한 좁은 전이지역에서, 이 연약한 균형상태를 유지시키기 위해서는 사람들은 그들의 개인주의의 일부를 포기해야 한다. 그리고 보다 더 큰 그 무엇 속으로 이 개인주의를 합치시켜야 할 것이다. 그러면 그 대가로 그들에게 보다 더 큰 자유와 권한이 주어질 것이다.

　미래정부의 근본 규칙들은 조합된 두 요소 위에 근거하는데, 그 두 요소란 개인의 행위와 사회적 피드백이다.

인간 : 개인적으로는 천재, 집단적으로는 바보

생산자이자 소비자인 인간들은 법, 법규, 제약, 가격, 향상, 승진과 같은 단순한 규칙에 해당하는 의사소통망 안에서 상호작용하는 주체로서 수많은 활동에 개입한다. 집단지능의 한 형태가 나타나는 곤충의 무리들과는 달리, 인간들은 복잡한 문제들을 개인적이나 소그룹보다는 집단적으로 해결할 때 많은 어려움을 겪는다. 분명히 사회 속에서의 인간의 모델은, 맹목적이고 제한되고 자유가 없는 개체들로 형성된 흰개미나 개미의 모델에서 찾아질 수는 없을 것이다. 인공지능학과 자체 조절의 법칙들은 자유의지의 행사를 막지는 못할 것이다. 이 법칙들은 자유, 자립, 힘과 분쟁의 관계, 게다가 인간의 책임, 행동, 결정들의 의식적인 행사를 특징짓는 규범 일탈행위와 부조리의 영역에도 맞추어져야 한다. 그러나 무수한 개인들, 구매자, 판매자, 결정자, 선거인, 사용자 들의 혼란스러운 행동이 참된 집단지능의 출현으로 반드시 귀착되지는 않는다. 여론은 정부에 확실히 압력을 가할 수 있다. 성장, 경쟁, 침입자와 싸우기 위한 (분쟁기간의) 동원령상태를 변화시킬 수 있는 집단의 힘을 확실히 보여 줄 수 있다. 그러나 이런 경우, 일반적으로 기대치보다 더 큰 변화와 진보가 이루어지게 된다.

그러나 조금만 생각하면 해결가능한 중대한 문제들도 있다. 자동차가 야기하는 도시의 공해는 전기로 움직이는 대중교통수단, 보도, 자전거를 확대함으로써 해결할 수 있다. 수백만 명이 기아로 죽어가는 문제를 해결하기 위해서는, 우리의 잉여식량을 재분배하기 위한 우리의 자원들을 동원하면 된다. 매년 수만 명이 교통사고로 죽어가는 문제는, 이 대량학살을 줄이기 위해 집단적으로 최소한의 노력을 함으로써 해결할 수 있다. 화석 연료는 고갈되고 환경을 오염하며, 원자력은 장기적으로 위험하다는 문제는 재생가능한 에너지, 에너지의 합리적인 사용, 동력 효율 개선의 적절한 배합을 위해 우선적인 노력을 경주함으로써 해결할 수 있다. 보기의 나열은 이 정도로 해두자. 우리가 아는 한, 적어도 합리적인 유예기간 안에 그것들 중 아무것도 바꿀 수 없을 바에는 나열하는 것은 어리석은 일인 것 같다. 왜 그런가? 그것은 우리는 너무 이기적이고 개인적이며, 지나치게 소유욕이 강하고 쾌락을 추구하며 너무나도 지능적이기 때문이다. 우리의 교육, 우리의 경제, 우리의 산업 성장, 우리의 국제경쟁력은 개인지능의 평가, 부의 소비와 소유 축적에 전적으로 좌우된다.

개미는 개체로는 바보처럼 집단적으로는 천재처럼 행동하는 반면에, 베짱이—인간은 '개인적으로는 천재'로 '집단적으로는 바보'인 것 같다.

이 개인주의의 한 부분을 자신보다 큰 것 속으로 포섭시킬 때가 되었다. 그런데 그 즉시 집단이익을 희생하는 대가로 행해지는 신성불가침의 특권인 개인의 자유를 잃는 데에 항거하는 목소리가 커진다. 개인의 자유, 단순한 규칙들의 존중, 집단지능의 행사간에 어떤 배합을 지켜야 할까? 오직 확립된 공생관계만이 이 질문에 대답할 수 있다. 바로 여기에서 이런 방향으로 발전하게 해주는 공생적 메커니즘의 의식적인 사용의 중요성이 강조된다.

우리는 여러 제약들을 기꺼이 받아들인다. 우리는 우리의 자유들을 상당히 제한하는 법률과 법규를 공포하게 하기 위해 대표자를 선출한다. 그러나 우리는 집단적으로는 그 모두에서 이득을 취한다. 이것은 인권선언, 십계명, 국가 헌법, 국가간의 조약, 어떤 조직의 내부 강령, 혹은 계약조항 등의 한 사회의 규약처럼 형법, 조세법, 교통법규의 경우이다. 그 보답으로 우리는 안심, 안전, 주택, 퇴직, 보장, 고용 안정, 사회적 획득 등을 얻는다. 그것들을 위반하면 벌금, 권리 박탈, 징역 등의 처벌을 받는다. 그것들을 준수하도록 하는 데에 필연적인 동기는 두려움에 있다. 어떤 나라에서는 사형에까지 이르는 처벌에 대한 공포도 있다. '체제'의 복합성은 이 체계가 비인간적이고, 냉정하고 무정한 괴물, 인간의 개성과 자유를 짓밟는 기계처럼 보이게 한다. 그리고 잘못 통제된 기능과 실천에서 생겨나는 속임수·요령·부패가 여기에서 기인한다.

동기 없이는 효율적인 집단행동은 불가능하다. 오늘날에는 두려움·돈·권력·쾌락·명예욕이 지배한다. 두려움과 쾌락은 모든 사람들의 가장 오래 된 동인(動因)이다. 처벌과 보상은 조련행위의 황금률이다. 그러나 수단의 배합에 근거한 다른 형태의 동기들도 존재한다.

이렇게 해서 생활쓰레기 처리를 용이하게 하기 위해 사람들은 제약을 가하거나 홍보하고, 보상 또는 경제적 이익을 준다. 그러나 모사를 통해 연구하거나 현장에서 실행해 본 결과, 제약을 가한다거나 홍보나 교육을 시키는 것만으로는 충분치 않음이 드러났다. 가장 효율적인 방법은 사전이나 사후에 정보를 주고, 재활용품 수거를 장려하고, 다양한 재활용방법에 대한 교육적 캠페인을 벌이는 등의 여러 방법을 함께 동원하는 것이다. 이런 유형의 방법은 집단지능과 규율이 필요한 여러 분야에 적용될 수 있다. 예를 들면 카풀제도, 소음 추방, 혹은 에너지의 합리적인 사용 등이다.

다른 예를 들어 보자. 교차로의 예이다. 자동차 운전자들에게 엄격히 신호등을 지키게 하고, 신호위반자를 추적할 수도 있다. 각 개인에게 요구된 참여방법은 지극히 제한되어 있다. 그것은 단지 신호등을 지키는 것이다. 그러나 교차로를 로터리로 개조하는 방법도 역시 가능하다. 이처럼 집단지능의 한 형태는 교통량 조절에 이용될 수 있다. 실제로 국토개발 계획을 세우는 사람들은 훤히 뚫린 시야, 명료한 신호체계, 알기 쉬운 규칙들을 염두에 두어야 한다. 운전자들을 위해서 여러 접근로를 한눈에 훑어보고 우선 진입할 수 있는 지역에 들어올 수 있는 자동차의 속도를 측정하고, 신호 대기하고 있는 자동차의 반응들을 예측하고 로터리에서의 속도를 통제해야 하는 것이다. 여러

운전자들이 동시에 간단한 규칙들을 지킨다는 것은, '각개인'의 안전
에 도움이 되는 '전체'의 행동양식을 만들어 내는 것이다. 사람들간
의 효율적인 협동은, 그들을 협동하게 하는 중앙정부의 부재에서 생
겨날 수 있다. 이를 위해서 사람들은 상호성이라든가, 그렇게 해서 세
워질 수 있는 공생적 관계의 맥락에서 그들의 개인적인 이익을 추구
해야 한다. 이것이 바로 게임이론의 전문가인 로버트 액셀로드가 컴
퓨터 시뮬레이션을 통해 보여 준 것이다. 이러한 유형의 협동은 따로
떨어져 있는 개인들에게서는 발전될 수 없다. 비록 상호교환이 그들
의 상호작용에서 미미한 비중을 차지한다 하더라도, 상호성에 입각한
협동에 근거하는 소그룹에서만 가능하다.

참정적 민주주의와 사회적 피드백

이런 조정된 집단행동과 협동은 순환적이고 실시간의 정보 없이는
분명 불가능하다. 자신의 행동결과를 평가하고, 그 행동을 다른 사람
들의 행동과 비교하는 것은 빼놓을 수 없는 일이다. 하나의 국가나
사회 차원에서, 나는 이 정보의 순환고리를 사회적 피드백이라고 불
렀다. 더욱이 《거시경》에서 그 장점과 위험성을 피력한 바 있다. 그러
나 1975년에는 대중매체의 기술적인 시스템들이 아직 거의 발달하지
않은 상태였다. 반면 오늘날에는 조직체의 하부에서 결정권을 가진
계층으로의 정보상달을 가능케 하는 정보전달 및 처리기구와 시스템
들이 속속 생겨난다.

그러나 사회적 피드백의 현재 형태들은 제한된 채로 있다. 투표는
투표권자들의 선택을 단지 불충분한 방법으로만 반영할 뿐이지만, 피
드백의 다양하고 간접적인 수단들이 대중매체의 비약적인 발전에서
생겨났다. 카메라 앞에서 벌이는 가두시위는 상당한 영향을 미치며,

감동적인 표현력을 가지게 되었다. 이처럼 감속 효과와 때로는 왜곡된 효과를 내는 연쇄적 변동현상이 대중매체, 거리, 감동, 확대재생산 사이에 생겨났다. 불행히도 이 연쇄 효과는 국제 테러집단에 의해 이용되기도 한다. 거리나 혹은 운동장에서 행해지는 민중적 표현의 형태들은 다수의 대중집단이 모여야만 가능하다(시위, 콘서트, 운동경기, 종교행사, 탐방여행). 그들의 결속을 말해 주는 신호들조차 초보적이다. 의상, 패찰물, 슬로건, 깃발, 혹은 운동장의 야! 하는 함성, 콘서트장의 라이터 불, 환경보호주의자들의 인간띠 등이 전부이다.

이보다 더 미묘한 피드백의 형태로는 언론에 의해 행해지는 여론조사가 있다. 여론조사는 항상 위치의 재조절이나 재적응·재전환을 하도록 하는 조절 메커니즘, 즉 거울이다. 여론조사의 간접적인 영향은 여야가 50 대 50으로 대치하고 있거나, 몇 퍼센트의 득표차로 결과가 달라지는 민주제도에서는 상당하다. 시장도 역시 실시간 사회적 피드백의 형태를 보여 준다. 구매자와 판매자들이 내리는 수많은 결정들, 광고, 구전, 간혹 일어나는 상품 불매운동도 그 효과를 예측하기 어려운 조절 요소가 된다. 그것은 이런 행위들이 혼란스럽고 즉흥적이며 종종 비합리적이기 때문이다.

현재 형성되고 있는 정보의 교류망이 다가올 미래에는 사회적 피드백 고리의 역할을 확대시킬 것이다. 시청자들이 이미 전화와 미니텔을 사용하여 라디오나 텔레비전 방송국 제작부에 자신들의 개인정보를 보내고 있다. 최근에 사용되기 시작하는 다른 차원의 통신수단인 화상전화, 구체적으로 프랑스에서는 뉘메리스(Numéris) 네트워크가 등장했다. 공공장소에 화상 단말기가 설치되어, 시청자가 텔레비전 방송 도중에 직접 개입할 수 있게 되었다. 그러나 PC를 통한 거대한 세계의 개인간 통신망은 새로운 동시에 염려스러운 가능성을 제공했다. 인터넷의 선구자, 시민이 일련의 이슈에 대해 언제든지 표결할 수 있도록 하는 일종의 전자국회의 출현을 제의한 것이다. 미국의 백만장자이며 전 대통령 후보였던 로스 페럿은, 그의 공약 가운데 미국의 모든 가정에 전자투표함을 설치할 것을 제시했다.

내가 보기에 이런 유형의 세계적인 사회적 피드백은 특히 위험하게 여겨지고, 또 무섭게 타락한 결과에 이를 수도 있을 것 같다. 최고 결정기관에 의해 제기된 질문에 대해 인기에 영합하는 즉각적인 대답만을 초래하거나, 현실적인 필요라는 구실하에 일회적이고 비합리적인 방법으로 즉각 폐지시켜 버리는 순간적인 흥분만을 야기할 수 있다. 이 사회적 단락(短絡)현상은 사회체제 특유의 역동성이 지니고 있는, 회답에 필요한 시간을 무시한다. 그리고 이 현상은 대중매체가 선호하는 감동적인 성격의 짧은 시간 속에 있을 뿐, 지속적인 시간 속에서 이루어지는 장기적 안목의 실제적인 구축능력은 갖고 있지 못하다. 이런 이유로 매개적인 릴레이들(지자체 대표들, 대의원들, 명사들, 국회의원들)이 정보의 상달과정에 꼭 필요하다. 이 릴레이들은 또한 사회적인 진동의 충격을 완화하고, 대중매체 확장이 가져오는 영향을 감소시키는 완충효과를 갖는다. 따라서 사회적 피드백의 모든 형태는, 중간단체나 대표기구에게 전도 벨트의 역할을 할 수 있게 하는 계층들의 위계질서를 고려해야만 한다. 이렇게 해서 사회체계의 마찰·여과·지연·제약은 간접적으로 이 체계를 보호한다. 그 결과로 진폭의 크기를 줄이고 잡음을 감소시키며, 더 긴 기간에 걸쳐 정책이 구축될 수 있는 근본 성향을 간파하게 된다.

사회적 피드백은 특별한 기반의 범주 내에서 점차 자리를 잡아간다. 그 특별한 기반이란 텔레비전 방송·여론조사·게임·경연대회·정보통신망 같은 것이다. 그러나 더 제한적인 환경을 위해 고안된 시스템들은 이미 가동중이다. 기업에는 모두가 볼 수 있는 스크린 위에 총천연색 동화상으로 투표와 성향의 세부 사항까지 분석한 곡선 그래프, 막대 그래프, 원형 그래프를 실시간으로 보여 주는 즉석 표결장치가 있다. 어떤 공개홀에는 수천 명의 참가자가 사용할 수 있는 시스템들이 설치되어 있다.

실시간 집단참여의 가장 놀라운 적용 중의 하나는, 미국에서 레이첼 카펜터가 개발한 피드백 기술인 시네매트릭스(Cinematrix)이다. 참가자들은 수천 개의 좌석과 커다란 스크린이 있는 강당에 앉아, 한 면은 반짝이는 초록색, 다른 면은 반짝이는 빨간색으로 된 손잡이가 달린 (주걱 모양의) 반사경을 들고 있다. 비디오 카메라는 참여자들이 보여 주는 면의 반사광을 포착해 이 정보를 컴퓨터에 보낸다. 실험의 초기에는 조작자가 스크린 위에 하나의 사각형으로 그린다. 이 조작자는 수천 명의 관람자들에게 이 사각형의 내부(빨간 면을 보임으로써), 혹은 외부(초록 면을 보임으로써)에 자리잡을 것을 요구한다. 순간적으로 사각형은 빨갛게 된다. 이어서 홀 안 관람자의 반은 다른 반과 테니스 경기를 해야 한다. 이를 위해서는 라켓 하나가 스크린의 각 끝에서 올라갔다 내려갔다 하며 공을 다른 편으로 보낸다. 이렇게 하기 위해 라켓을 알맞은 속도로 올렸다가(초록색) 내렸다가(빨간색) 해야 하는데, 이는 빨간 면을 보이는 사람과 초록 면을 보이는 사람의 '수'에 달려 있다. 따라서 공의 방향과 속도를 예측하기 위해, 그리고 라켓의 위치를 바르게 잡기 위해서는 각편 참가자들간의 시각적인 협동이 필수적이다. 결국 여러 색깔의 정육면체가 스크린 위에서 돌아간다. 그리고는 참가자들에게 초록 쪽에서 정지하도록 요구한다. 이를 위해 (빨간 면으로) 정육면체를 정지시키거나, (초록 면으로) 빨리 돌아가게 해야 한다. 초록 면이 너무 빨리 돌아간다면, 뒤로 돌아가야 한다. 이 모두는 초록 면에 대한 빨간 면의 적당한 비율에 의해 이루어져야 하는 미묘한 조화를 요구한다. 수천 명의 사람들은 이 사람 저 사람의 행위결과를 스크린에서 실시간으로 보는 것을 제외하고는, 다른 아무런 협조도 없이 이 어려운 일을 완벽하고도 매우 빠르게 수행한다.

나는 네트워크에서의 행동의 근본적인 사실들 가운데 하나를 예시하고 상기시키기 위해 이 예를 선택했다. 단순한 규칙들에 입각해서 동시에 움직이는 수천의 행위자들이 복잡한 문제를 집단적으로 해결할 수 있다는 사실이다. 우리는 이 형태의 사회적 피드백의 결과를 즉각적으로 게시할 수 있는 전자통신 시스템에 그대로 옮겨 볼 수 있다. 개인간 정보통신 네트워크의 상호연결 덕분에, '상달되는' 수억의 개인정보들이 사이바이온트의 거대한 신진대사 기능의 조절에 있어 점점 더 중요한 역할을 할 것이다. 대규모의 군중시위가 군중이 특별히 의미 있는 지능이라는 것을 보여 주지 못하는 것과는 달리, 사회적 피드백을 적용한 시스템들은 한 고립된 개인의 지능보다 집단지능이 우월하다는 것을 나타내 보일 수 있다.

공생적 진화의 관점에서 보면, 집단 피드백으로 개인행동들을 조정하는 일은 사이바이온트의 지적인 행위의 기본 요소들 중의 하나이다. 사이바이온트의 두뇌는 그의 뉴런 세포에 해당하는 인간들이 여러 차원에서 행하는 무수한 혼란스러운 행위들, 미시적인 결정, 중재, 조정에 의해 작동되는데, 이는 또한 대중매체의 영향에 의해 증폭되거나 특별한 릴레이에 의해 세부화된다. 하이퍼네트워크의 노드와 연결들 안에서 일어나는 이러한 상호작용은, 공생관계와 공생적 인간의 도래를 준비하는 열쇠 중의 하나이다. 그러나 개인행동과 사회적 피드백의 이익을 잘 배합하기 위해서는 새로운 계층의 정치지도자들이 향후 몇 년 안에 등장해야만 할 것이다.

새로운 정치지도자들

민주정치의 실현에서, 여론조사는 사회적 피드백의 역할을 한다. 대중매체와 결합하여 여론조사는 복합 시스템들의 합리적인 운영을 방해하는 새로운 형태의 집단행동을 끌어들인다. 발전의 정도가 고르지 못한 이 세계에서 미래정부는 여러 사회 사이의 진화의 시간적인 격차, 또 행동양식과 문화의 다양성과 당면하게 될 것이다. 미래정부는 이 사회가 다양성과 자유를 계속 지니면서 발전할 수 있도록 안을 제시해야 한다. 다가올 인간사회 조직의 형태는 회고전망적인 시각으로 현재 해야 할 선택을 보여 줄 수 있다.

이 새로운 여건 앞에서 정치지도자들은 그들의 공적인 책임을 행사하는 방식을 찾아냈다. 나라를 (배에 비유하여) 그 키 손잡이를 굳건히 잡고 목적지에 도달하도록 암초들을 가로질러 인도할 수 있는 위대한 키잡이(이는 정부의 '인공지능적인' 성격을 암시적으로 가리킨다)의 시대는 지났다. 그들은 중간적인 사건들에서 합의적인 결론으로 나아가면서, 여론조사에 의해 반영된 여론의 파도를 연이어지는 파도처럼 탈 수 있는 파도타기 선수로 대치된다. 이 파도타기 선수──정치인은 파도 위에서 중심을 잡고 너무 앞으로도 너무 뒤로도 가지 않으면서, 그 자신의 움직임에 필요한 에너지를 제공하는 사건들을 창출하고자 해야 한다. 이는 헨리 키신저의 '사건의 파도 위에서 파도타기를 해야 할 뿐만 아니라, 파도타기에 필요한 파도 자체를 만들어야 한다'라는 말과 같다. 정치는 종종 중대한 위기에 봉착하기도 한다. 모든 정치기술과 정치자문가들의 정치기술은 더 나은 비약을 위해 이 위기를 잘 소화시키는 데에 있을 것이다.

계속해서 앞으로 나아가려는 힘으로 움직이며, 불균형상태에서 균형을 유지하는 파도타기 선수의 기민함은 복합운영의 실천에서 생겨나는 행동양식과 비슷하다. 여기에 정치인과 기업의 총수와도 공통된 역할들이 보인다. 그것들은 바로 중재자·정보교환자·촉매자의 역할이다. 변화의 싹을 간파하고 그것들을 강요하기보다는 그것들과 함께 하는 것, 이것이 바로 중재의 역할이다. 대체적인 추세를 파악하고 이를 종합하여 그 행위자들에게 동기를 더 잘 부여하는 것, 이것은 바로 정보교환의 역할이다. 섬세하게 배합된 수단들을 결합시켜 변화에 알맞은 구조적이고 기능적인 조건들을 만드는 것, 이것은 바로 촉매 행위에 해당한다. 행위·중재·정보교환·촉매를 조합하여, 대다수의 행위자에 의해 명백히 표명되고 받아들여지는 목표의 테두리 안에서 중대한 변화를 이룰 수 있다. 사회적 피드백의 모든 중요성이 여기에 나타난다. 네트워크들의 여러 가지 노드와 연결선, 그리고 조직계층의 여러 차원에 설정된 인공지능적 순환고리는 정보와 조정의 요소들을 제시한다. 정치가 모든 것을 좌지우지하고, 모든 것을 바꾸고, 모든 것을 강요할 수는 없다. 정부는 최소의 에너지와 정보를 사용하여, 복합적인 사회 시스템의 발전을 효율적으로 이끌 수 있는 감속의 조건들을 창출하면서 변화에 동승해야 한다. 정부는 매사에 공격적인 방법보다는 일종의 사회적 침술을 쓴다. 자신의 에너지를 낭비하지 않고 상대를 쓰러뜨리기 위해 무술을 사용하는 정치 유도를 쓰는 것이다. 그리고 수많은 개인적 책임의 표명과 공생하면서, 정부가 결속의 유지라든가 전체의 동기유발, 집단의 중요한 선택을 준비하는 등과 같은 권리를 집중적으로 보장받기 위해서는 몇몇 전통적인 정부의 특권은 포기되어야 한다.

네트워크 형태의 미래정부와 국제적 행동의 지적 협동은 차후에 그러한 원칙들에 근거를 둘 수 있다. 복합성을 대하는 국가 주권, 권력의 위계구조, 데카르트적인 추론법이 겪는 1차 충격은, 오늘날 풀 수 없이 얽혀 있는 상황과 지금까지 언급된 커다란 문제들을 해결하지 못하는 무능력으로 이어진다. 국가 주권이 약화됨에 따라 능력과 다양성의 인식, 타자의 접근에 대한 개방적 태도 등이 미래정부의 새로운 가치로 대두된다. 조종과 촉매는 새정치의 핵심어이다. 중재자·촉매자·정보교환자·파도타기 선수는, 정치적 '리더십' 의 현위기를 극복하기 위한 새로운 해법을 제시할 수 있는 새로운 세대의 지도자를 뜻한다. 그러나 이는 언론의 방향타를 잘 사용할 줄 안다는 조건하에서만 가능하다.

언론 특권의 위험

공생적 진화의 제약에 맞추어진 이 새정치는 다시 문제시될 수 있으나, 과도한 언론정치가 가져온 나쁜 영향을 겪음으로써 억제될 수도 있다. 사회적 피드백은 민주국가에서는 여론조사와 텔레비전의 역할을 통해 시작되었으나, 그 체계는 중·단기적으로 위험한 방향에 이를 수 있다. 사회의 감동적인 거울로서 텔레비전은 행위의 개인화를 악화시킨다.

한 가상적인 경우에 대한 연구를 통해, 수백만 인간행동이 어떻게 한 정치지도자에게 특별한 형태의 보호책인 '언론 특권'을 창출할 수 있는지를 보여 줄 것이다.

대중매체에 의해 자주 관심이 집중되는 한 정치인의 경우를 보자. 언론계의 현조건 안에서, 권력을 향한 그의 부상은 다음 세 조건을 준수하는 만큼 빨라질 수 있다. 첫째, 능수능란한 커뮤니케이터가 된다. 둘째, 영향력을 가진 여러 네트워크를 자신에게 수렴하고 교차하게 한다. 셋째, 현존하는 다수당들로 표를 잠재적으로 이월시킴으로써 감소 효과를 내고 있는 정치 기반을 정복한다. 이렇게 해서 효과의 증폭과 탐내는 영역의 폐쇄라는 자체 선택의 조건들이 모여진다(29쪽 참조). 또 다른 유익한 요소는 영향력 있는 네트워크의 병합과 검증—이것은 전통적인 정치권력의 기본 조건들 중의 하나이기도 하다. 이 병합은 권력을 강화시킨다. 이처럼 활용된 여러 기반들은 극히 정확한 장소, 즉 검증의 중심점에 있는 기반의 촉매 효과에 의해 가치가 매겨진다. 이 기반들 중에서 살아남고, 또 이 기반들의 팽창에서 이익을 얻는 기반들은 그들의 중앙 촉매자의 영향력을 강화할 충분한 이유가 있다. 경쟁적 배제의 메커니즘은 타자와 경쟁관계에 있는 모든 생명체계에서처럼 점진적으로 자리를 잡는다.

대중은 이렇게 해서 그 안에서 직접적이고 단기적인 '매체선거'가 보통선거를 대치하는 새롭고 중요한 기반을 구성한다. 다양한 의견 사이의 대립은 정치집단, 대중매체, 법과 투쟁하는 사람을 간접적으로 보호하는 일종의 항구적인 논의를 만들어 낸다. 대중토론과 논쟁은 공격당하는 사람을 자연적으로 옹호한다. 국회의원 면책특권이나 외교관 면책특권보다 우월한 형태의 언론 면책특권이 조금씩 형성된다.

텔레비전으로 인해 개체간의 이상한 관계들이 설정된다. 사람들은 많은 사람들을 안다고 믿는다. 그러나 그들 가운데 누구도 자신을 알지 못한다. 사람들은 어떤 아나운서나 그러그러한 정치인의 성격의 비밀이라든가 변덕, 마음 속 깊이 간직한 견해 등을 꿰뚫고 있다고 믿는다. 그러나 사실은 겉모양만을 알고 있을 뿐이다. 게다가 이 공인(公人)이 어떤 구체적인 주제에 대해 감동적인 방법으로 표현을 하면, 사람들은 그의 메시지나 이 메시지의 발화자와 자신을 동일시한다. 이렇게도 텔레비전에 규칙적으로 출연하는 것은, 부모나 친한 친구를 보호해야 하는 것만큼이나 중요한 보호의식과 소속감을 필연적으로 불러일으킨다. 각자는 비평의 대상이 되는 공인의 행동에 대해 나름대로의 견해를 가지고 있다. 그러한 견해는 공개토론을 불러일으키고, 특권적인 네트워크를 강화한다. 어떤 정치인은 결단을 내리기 전에 망설인다든지, 어떤 언론인은 질문을 덜할 것이라든지, 또 어떤 법관은 신중을 기할 것이라든지 하는 것들이다. 이렇게 언론 특권을 가지고 있어서 유능한 커뮤니케이터는 제약 없이 무한한 가상정치의 영역에 들어갈 수 있다. 그가 정치시위에 참여하면 군중을 끌어모을 것이다. 비록 청중의 잣대로 평가되는 그의 정치 견해의 적절성과, 그가 참여하였다는 유일한 사실적 양상 사이에 혼란스러움이 강하게 남아 있다 하더라도 말이다. 그는 그의 이름으로 많은 표를 끌어모을 것이고, 정치 각축장에서 점점 더 비중을 높여 갈 것이다.

언론 특권은 이중으로 나쁜 효과를 가지고 있다. 언론 특권은 국가의 법을 조롱하고 개체의 지속성에 대해서라기보다는, 보여지는 환상에 근거한 가상정치를 예고한다. 또한 여론이 오래 전부터 보호해 오던 사람에게서 갑자기 등을 돌린다면, 이것은 굉장한 충격을 줄 수도 있다.

복잡하게 얽힌 네트워크 안에서 움직이고, 주요 대중매체에 의해 같은 유형의 정보를 제공받는 수많은 행위자들의 역할과 영향을 설명하기 위해서 나는 이런 예를 발전시켰다. 언론 특권의 출현도 역시 증폭의 집단 메커니즘에 속한다. 언론 특권이 야기하는 자율선택과 경쟁적 배제의 효과는, 인공지능학에서는 매우 잘 알려진 일탈현상으로 귀착된다. 이 체계는 그 조정 순환고리의 통제에서 벗어난다. 나쁜 결과가 연속해서 나타나 전체적인 안정을 위험에 빠뜨린다. 그러한 메커니즘을 더 잘 알아야만이 정치-언론적 증폭 효과에 종속된 우리 사회가 미래를 위해 실제 위험을 피할 수 있다. 이 위험이란 기회주의자가 체계의 모든 실패를 이용하고, 민주주의가 뿌리를 두고 있는 가치라든가 도덕·윤리를 조롱하며 권력을 향해 나아가도록 내버려두는 것을 말한다.

경제제일주의의 한계

인공지능적인 새정치, 혹은 미래정부는 공생적 진화의 운용이 가진 상당한 우선권을 드러나 보이게 한다. 그것들은 장기적인 전망, 활기를 띠게 하는 큰 목표들, 새로운 경제학, 각자의 교육과 책임부여, 집단지능의 출현을 고양하는 사회적 피드백의 확립 등이다. 미래 전망은 인류 발전의 다음 단계의 결과들을 예측해야 한다. 그리하여 사이바이온트의 모델에 의해 부분적으로 기술되는 세계적인 차원에서의 새로운 형태의 삶의 조직을 창출해야 한다. 단세포 생명에서 다세포 생명으로 옮겨가는 것만큼이나 중요한 결과를 가져올 이 중대한 전이는, 바로 개인에서 다자간 하이퍼네트워크로의 전이라고 말할 수 있다.

전통적인 정치에서 세속적인 일을 관장하는 경제학은, 고전경제학과 환경보호주의를 좁은 기능적 공생관계 안에서 통합하는 상위-경제학에 자리를 내주어야 할 것이다. 환경경제학이라고도 불리는 이 분야는 경제의 생태 시스템적 특성들을 인정해야 할 것이다.

경제학은 생산설비를 돌아가게 하고, 부의 분배를 이론적으로 확립하는 커다란 방향을 결정하고 작동시킨다. 이제 우리는 이 학문의 한계들을 인식하고 있다. 환경과 분리되어 독창적으로 고안된 체계 안에서, 경제는 폐쇄회로 속에서 돌고 있다. 경제는 생태 시스템과 단절되어 있다. 그의 계기판들이 근거하고 있는 측량도구들조차도 더 이상 맞지 않는다. 그래서 GNP는 환경자본이나 환경 시스템에서 만들어진 치유할 수 없는 피해에 대한 공제를 고려해야 할 것이다. 그러나 측정을 균형 있게 하면 지침을 수정할 수 있다. GNP에서 사회비용이라든가, 환경보호 비용, 국방비 등을 뺀 GNP 수치를 구한다. 이렇게 해서 환경자본과 인적 자원의 개발평가에 대한 더 나은 지표인 NNP(Net National Product)가 얻어진다.

고전경제학은 분명히 실업문제를 해결할 수 없다. 대량생산, 근로계약, 소비와 성장에 근거한 경제체계는 막힌 체계이다. 이 체계는 재화와 용역, 그리고 인적 자원의 상품가치만을 고려의 대상으로 삼을 것이다. 그럼에도 불구하고 '활동들'은 무엇이 사회적 거대 유기체를 올바르게 기능하게 하고, 미래의 구축에 이바지할 것인지를 놓치지 않는다. 고전경제학은 현구조의 엄격한 테두리 안에서 활동들을 고용으로 전환시킬 수 없다. 이를 위해서는 사회의 유지와 발전에 필수불가결한 다른 가치들의 교환에 의거한, 상품화되지 않은 활동들도 고려해야 할 것이다. 이런 활동들로는 상호교육, 연대성, 사회봉사, 지식의 결실 분배, 환경자본에 투자하려는 지원자들을 들 수 있다. 물질적인 수요와 마찬가지로 정신적·사회적·정서적·예술적인 수요 또한 충족되어야 한다는 것도 역시 인식해야 할 것이다.

고전경제학을 대체하기 위해서, 특히 생태학적인 접근에 의해 영감을 얻은 여러 제안들이 제시되었다. 이렇게 해서 경제자원 개발에 있어서 생태 시스템의 유지를 보장하게 해주는 수단의 강구와 유통의 균형에 의거한 환경경제학, 혹은 환경보호경제학이 대두된다. 미국에서는 그 한계까지 간 자유주의적 관점에 의해 나타난 또 다른 접근법이 생겨났는데, 이것이 바로 생경제학(bionomics)이다. 생물학과 생태학의 자연법칙에서 영감을 얻은 경제학이 필요하다. 생경제학은 교역 네트워크 안에서의 자체 조직과 상호의존 원칙의 보편성을 인정하고 있기는 하지만, 자유방임주의를 연상시킨다. 따라서 자체 조직의 규칙들은 중앙 통제에서 벗어날 경우에만 역할을 수행할 수 있다. 혹자는 체계들이 새로운 특성의 출현할 수 있는 복합성을 향해 발전하도록 하기 위해, 모든 하향식 통제를 없애라고 한다.

경제가 인간에 의해 만들어진 생태 시스템인 만큼 거기에는 공생의 원칙들이 적용된다. 그러나 인간은 심사숙고한 의식과 자유의지·책임감을 가지고 있다. 인간은 또 계획을 수립하고 이론적으로 규명되거나 그렇지 않은 선택을 할 수도 있고, 그 자체의 진화조건들도 결정할 수 있다. 따라서 자체 조직의 제약요건들은 사회진화를 자발적으로 조종함으로써 균형잡혀야 하는 것이 필수불가결하다. 선택은 가치에 따라서 이루어진다. 좋은 의미로서의 이데올로기는 행위의 동인(動因) 중의 하나이다. 미래정부는 상향적·하향적인 조절방식에 근거하고 있다. 이런 의미에서 미래정부는 인공지능적이다. 최적의 미래정부를 위한 아이디어 경쟁은 필수적이다. 이렇게 해서 아이디어의 생태학, 세계를 활성화하는 큰 주제들이 경쟁하고 협동하는 인지적인 환경이 만들어진다. 경제학과 새로운 미국식 자유방임주의에서 발전한 무정부주의는, 이 아이디어들의 역할과 대사회의 체계를 조절하고 조종하는 일에 있어 이 아이디어들의 건전한 경쟁을 무시한다.

'지속적인 발전'의 그 유명한 개념도 나쁜 결과를 가져올 수 있다. 경제발전과 환경보호를 쓸데없는 대결의 구도로 가두어 놓을 위험이 있다. 제안들은 상호배타적이다. 경제성장이라는 것이 환경의 '초과비용'을 지불할 수 있을까? 환경보호는 경제성장에 '한계'를 반드시 설정해야 하는 것인가? 현재로는 경제논리가 환경논리에 우선하는 것처럼 보인다. 사람들은 고전경제에서 환경보호 비용의 국제화를 지향한다. 이 길은 궁극적으로 자연재화의 '상품화'로 귀착될 것이다. 시장경제의 조절 메커니즘을 동원하여 모든 것—예를 들어 돌고래, 1입방미터의 공기, 숲—에 하나의 가격을 매기고, 천연자원의 소비나 공해폐기물의 방출에 세금을 부과하는 것은, 다른 무섭고 나쁜 결과들을 초래할 수 있다. 이 논리를 (광합성이나 토양 미생물에 의한 공기와 물의 정화와 같은) 자연의 혜택까지도 값을 매기는 등으로 확대한다면, 자연의 혜택이 아직도 왕성한, 즉 선진국의 무공해 기술을 사용하는 것보다 싼 지역을 오염시킬 권리를 만들게 되는 것이다.

이 방법 중의 어떤 것들은 시장경제의 단순 논리에 의해 지탱되는 맹목적인 경제주의를 향해 빠져 들어가게 되는 것이다. 무슨 권리로 경제주의가 그 논리를 강요하는가? 우리가 본 바와 같이 경제학은, 그 활동영역 밖으로 간주되는 경제적 설비의 투입(재생불가능한 천연자원)과 반출(쓰레기)을 고려하지 않으면서 자연의 '괄호' 안에 놓여졌다. 풍부하며 무한하다고 판단된 자원과 상품가치가 없는 폐기물들, 그리고 투입되고 반출되는 물량은 고려되지 않았다.

그럼에도 불구하고, 또 다른 논리가 인간과 그들의 경제논리에 우선한다. 그것은 바로 생물지리화학적인 대순환에 의해 연결된 수십억 종의 동물·식물과 더불은 생태 시스템들의 공동진화이다. 불안정한 네트워크의 범주 안에서 생물권의 활동 요소 전체가 작용하도록 하는 미묘하고 매우 오래 된 조정자의 역할이다. 이 자연의 생물경제는 지구의 생태 시스템들을 유지하고 발전시켜 왔다.

조절된 적응적인 발전을 위하여

자연재화의 '경제주의'와 '상품화'의 논리에 대해, 가이아의 공생적 파트너인 인간이 지구를 생태 시스템을 하도록 경영하는 논리가 대립된다. 이 경영은 내가 이 책에서 공생적 발전의 개념을 통해 규합하고 기술하려고 제안하는 자체 조직적이고 조절적인 메커니즘에 근거하고 있다. 지금부터 경제와 타협하기에 적합한 것은, 바로 이 새로운 관점과 보완적인 노선이다. 이러한 방법으로, 서로 다른 문화에서 나왔으나 지구와 인류의 미래가 달려 있는 두 분야, 즉 환경보호와 경제를 규합할 수 있다.

장기적인 거시 조정의 관점에서, '지속적인 발전'이라는 용어를 '조절된 적응적인 발전'이라는 용어로 대치할 것을 제안한다. 이것은 생태계 전체와 관계를 가지고 있는 인간사회의 발전에 적응과 자체 조절의 개념을 도입하는 이점이 있는 것 같다.

평가된 발전과 성장의 자체 조절은 모든 인공지능적 메커니즘과 같이 센터, 통신망, 증폭 시스템, 여러 수준의 피드백 순환고리를 필요로 한다. 전체적인 조절에 개입하는 각 행위자는 그의 능력이나 특성화의 차원에서 국부적인 활동의 조건과 결과를 통지받아야 한다. 그렇게 해서 그 행위자는 선택과 결정을 할 수 있으며, 상호적이고 참여적인 방법으로 효과를 수정할 수 있다. 이렇게 해서 하루하루의 공해 수치가 언론에 의해 발표되는 나라에서는, 집이나 사무실의 난방이나 자동차 운행을 시민들 스스로 줄이려고 하는 자극을 받는다.

확실히 시장이나 세금부과에 의한 조절은 증명이 되었고, 이것들을 없앤다는 것은 환상이다. 그러나 그것들의 효과는 단기적이며, 전체적인 계획이 수립되지 않음을 보여 준다. 게다가 자체 조절 메커니즘이 효율적이기 위해서는, 사용되는 수단들이 서로 보완작용을 하여야 한다. 요소들의 상호의존성은, 복합 시스템 시간 속의 역동적인 균형 유지와 조종에 있어서 기본적인 역할을 한다. 그래서 조절된 적응적인 발전은 가격, 조세, 법규 및 나오고 들어가는 정보, 세계환경 시민의식에 대한 교육, 행위자들의 동기부여를 포함한 '수단의 배합'을 중심으로 이루어져야 한다.

자체 조절은 이처럼 환경시민을 특히 포함한다. 수백만 아니 수십억의 사람들에 의해 에너지·재화·용역의 소비에 있어서 개인의 실천방법을 변화시킴으로써, 지구 전체적인 효과를 거둘 수 있다. 여기에서 사회적 피드백의 근본을 보장하는 일반화되고 책임을 지우는 교육의 거의 유기적인 중요성이 생겨난다. 환경시민은 그의 권리를 소비자 단체, 노동조합, 로비 단체, 비정부조직의 권리와 잘 조합해야 할 것이다.

이 전이를 성공시키기 위해서는, 개인적·정치적·경제적·산업적인 조절행위들의 통합 요소는 공유된 가치의 총체라야 한다. 그리고 환경의 윤리, 즉 조절 시스템들이 '조절자'로서 기능할 수 있고, 경제주의가 발전된 방향에 경계선을 그을 수 있는 '환경윤리'라야 할 것이다. 생물윤리가 정의한 대로, 인간의 몸처럼 상품화할 수 없는 성역도 있어야 한다. 모든 자연재화를 전적으로 상품화하는 것을 피하기 위해서, 환경윤리 사용가치와 교환가치 사이에 나타나는 혼동을 피하도록 할 수 있다. 또한 가치라는 단어에 완전한 의미를 다시 되돌려줄 수 있다. 조절된 적응적인 발전의 개념으로 해서 경제 발전과 환경의 보호라는, 겉으로 보기에는 좁힐 수 없는 이분논리 위를 지나쳐갈 수 있다.

그러나 시장경제 가치에 종속되어 있는 산업사회의 가속적인 발전은 세계의 균형을 위험에 처하게 한다. 우리는 전세계적인 차원에서 가장 유리한 국가들의 자체 선택에 의해 다윈의 진화론 메커니즘에 놓여 있다. 공생의 기본 규칙 가운데 하나는, 자기 발전의 촉매작용과 경쟁자의 제거를 통한 진화 속에서 한 민족이 선택된다는 것이다. 이것이 지금 진행되고 있는 상황이다. 경쟁적 배제는 국가 안에서조차(경제적·기술적·문화적인 제거) 도시와 위성도시간에, 부유층과 소외된 계층간에 일어나고 있다. 전세계적 차원에서, 그것은 적합한 것과 비적합한 것 사이에서 계속 일어나는 골깊은 단절로 나타난다. 자가촉매는 상이한 시간의 밀도를 만든다. 우리가 모두 같은 시대에 살고 있다 할지라도, 각각은 그의 시간 안에 격리되어 있다. 이처럼 시간 정복에서 어떤 사람들은 분리시키고, 어떤 사람들은 강화시키는 '프랙탈 시간'이 만들어진다. 가장 혜택받지 못한 자의 탈락의 위험은, 인류가 역사상 겪은 가장 혹독한 것 중의 하나이다. 사람들은 다른 사람들의 시간과 양립불가능하게 된 시간 안에서 각각 발전할 수 있는 여러 속도의 세계를 지향한다. 혹자는 이미 거기에 익숙해져 있다. 문화와 민족의 다양성은 이 느낌을 강하게 들게 한다. '왜 경쟁과 민족간의 분쟁이라는 자연법칙이 역할을 수행하도록 놓아두면 안 될까? 그래서 강한 자가 이기도록⋯⋯.'

경쟁적 배제에 대한 대안은 공유와 연대성이다. 인류의 가치들은 공통적이다. 인류의 세계적 조직의 다음 단계로의 전이는, 행동이 다양해지고 자유의사를 표현할 수 있도록 하는 데 있어서 모두의 협력을 필요로 한다. 이는 인류가 세계적이고 경제적이며, 환경보호적인 공생관계를 향해서 나아가는 데 해야 하는 가장 중요한 집단선택 중의 하나이다.

미래를 위한 우선 과제

미래정부의 목표들을 위한 고찰과, 또 적응적 발전의 테두리 안에서 미래를 위해 우선 추진해야 할 일들이 있다. 어떤 것들은 오늘날에 이상주의적으로 보인다. 그러나 2000년대에는 이것들을 실천하는 것은 필수적인 것 같다.

인구증가 따라잡기.

이것은 벌써 시작되었다. 세계인구는 2100년 중에는 110억 명 가량으로 안정되어야 한다. 이를 위해서는 인구증가율이 높은 나라는 가구당 평균 3.2명으로 끌어내려야 하고, 여성의 지위에 가치를 부여하고, 피임기구의 사용을 권장해야 할 것이다.

군사비의 감축과 전환.

군사비는 현재 연간 지출 총액이 9천억 달러에 이르고, 인적 자원을 비롯한 과학·기술·경제·천연자원 소비의 큰 비중을 차지한다. 이는 교육·보건·환경으로 점차적으로 전환해야 하는 국가예산이기도 하다. 2000년 이후 정부의 재편을 위한 과제가 될 것이다.

균형잡히고 역동적인 정치를 보장하기.

이는 사이바이온트의 신진대사와 가이아의 공생관계를 실현한다. 이는 에너지의 생산과 분배에 있어서 국부적인 책임을 준수하고 에너지의 경제성, 통제, 합리적인 사용, 효율성, 재생가능한 자원의 사용 등을 잘 배합하는 정책이다.

자동조절되는 적응 발전을 위한 공생 경제체제의 설정.

이는 GNP를 대체하고 환경과 인적 자원에 야기된 피해를 고려하는 새로운 지표를 추진하며, 자원을 재분배하고 불평등을 해소하며 일자리를 재창출한다.

지구 환경에 대한 통제.

CFC·다이옥신의 방출을 줄이고, 사막화의 진행을 제어한다. 대순환과 기능을 거시적으로 조절하는 합리적인 방식으로 기후와 환경을 조절한다. 인간행위에 한계를 설정하는 환경에 대한 윤리, 즉 환경윤리를 준수한다. 환경보호적인 농업을 구축한다. 생산물의 조절을 통한 농업의 대량산업화에 대한 억제, 산림 황폐화의 제어와 아름다운 경관에 대한 가치부여를 한다.

여성의 역할에 대한 가치부여.

인간사회와 그 산업화, 그리고 경제의 통제된 적응적인 발전을 확고히 하기 위한 남성과 여성가치의 균등화를 창출한다. 사회에서의 그들의 책임감을 재조정한다. 가사와 교육, 일반적으로 여자들에 의해 영위되는 활동에 가치를 부여한다.

모든 사람을 위한 건강 기반의 확립.

2000년의 세계보건기구의 목표는, 1천 명에 대한 어린이 사망률을 50명으로 줄이는 것이다. 또한 어린이 모두에게 정상 체중과 안전하게 마실 물을 확보하는 것이다. 1차적 의료처치를 위한 비용은 1년에 5백억 달러이며, 음료수와 보건위생을 위한 비용은 3백억 달러가 추가로 필요하다.

모든 사람에 대한 기본 교육의 보장.

오늘날 1억 5백만 명의 어린이가 학교에 다니지 못하고 있으며, 세계적으로 9억 명의 문맹자가 있다. 유네스코의 평가에 따르면, 2천 년의 모든 사람에게 기본 교육을 시키는 데 필요한 최소 교육비는 연간 50억 달러에 이른다.

책임을 지고, 적응된 기술의 진흥.

소수의 책임자에 의해 통제되는 시설의 비대화를 피하고, 환경 훼손을 심하게 가져오는 중공업, 생태계에 장기적으로 위험한 영향을 끼치는 기술을 피한다. 사회적 필요에 적응된 기술을 지향한다.

실제적 유통과 가상적 유통간의 절충안 찾기.

개인간 통신 네트워크와 방식, 정보고속도로, 정보의 민주화를 장려한다. 대량 교통수단의 확대를 억제한다. 특히 항공운송, 트럭에 의한 육상운송의 증가, 경관과 도시생활을 해치는 고속도로의 무계획적인 건설과 통신망의 증대 등을 통제한다.

도시를 위한 대계획의 발주.

열(熱)원동기를 장착한 자동차를 점차적으로 추방하고, 무공해 무소음 교통수단을 장려하며 대중 교통수단을 재조명한다. 지역생활권을 활성화하고, 연대적인 생활방식과 지역적인 책임화를 지향한다.

문명과 문화가치의 균형 맞추기.

미래정부와 사회적 피드백의 메커니즘을 확립한다. 개인과 사회 사이의 공생관계를 하향적(계층적) 방법과 상향적(참여적) 방법, 횡적(상호적) 방법간의 상호보완성을 통해 개선한다. 다양성을 보존하고, 법과 정의를 준수하도록 한다. 노인을 공경하고, 그들의 역할에 대해 가치를 부여한다. 세계적이고 생윤리적이며, 정보윤리적이고 환경윤리적인 환경 시민의식을 고취시킨다.

　이러한 선결사항들은 미래정부, 신경제와 산업간의 밀접한 관계 없이는 이루어질 수 없을 것이다. 따라서 미래의 재화와 용역의 생산과 분배에 가장 잘 적응된 조직의 새로운 형태를 재고해야 한다.

6

생산하는 것 : 2000년대의 산업

미래의 기업과 조직

공생적 사회와 미래기업들의 출현을 준비하기 위해서는, 정치인과 기업총수들 같은 복합성의 경영자에게 조직과 관리에 관한 공통된 새로운 규칙들이 필요하다. 가속화된 발전을 위한 지휘·촉매·정보교환의 규칙이 필요하다. 여기에서 산업체와 기업의 생산품에 대한 거시적 관점이 필요함을 보게 된다.

산업은 거대 기계이다. 이것은 인간사회에 필요한 재화와 용역을 제공하고, 미래의 세계를 창출한다. 가장 광범위한 의미에서의 기업은 중요한 전이를 겪어야 한다. 그것은 대량생산과 시장경제의 시대에서, 정보와 통신에 근거한 지식사회의 시대로 이동하는 것을 뜻한다. 이는 그 운용에 있어서 모든 양상에 영향을 끼칠 패러다임의 근본적인 변화이다.

농업에서 공업으로의 전이는 노동자들의 도시로의 대량유입을 야기했다. 수공업에서 서비스업으로의 전이는 화이트칼라의 증가를 가져왔다. 사회의 정보화는 지금까지 결코 도달하지 못한 규모로 인간두뇌의 생산성과 효율성을 증가시키면서, 또 경제와 직업의 대대적인 재조정을 필요로 하면서 사회여건을 뒤흔든다. 첫 전이단계는 몇천 년이 걸렸다. 두번째 전이단계는 3세기가 걸렸고, 세번째 전이단계는 불과 몇십 년 동안에 이루어졌다. 지금 탄생중인 범세계적 초유기체의 생명기능을 보장하는 미래의 산업을 구축하는 데 우리에게 필요한 시간은, 겨우 한 세대 동안에 불과할 것이다. 여기에 미래의 조직체들의 가능한 형태들을 고려해 볼 필요가 있다.

  19세기의 지식과 경험에 근거한 전통적인 기업의 구조는 중앙집중적이고, 위계적이며 노동관리적이고 전문화되어 있다. 21세기에 있어서의 기업의 구조는 분배되고 적응적이며, 유동적이고 가벼워야 할 것이다. 또 그것은 부를 생산하고 분배하고 창출할 뿐만 아니라, 특히 예측하고 적응할 수 있어야 할 것이다. 전자의 경우는 톱니바퀴와 중요한 제어 메커니즘을 갖추고 있는 시계의 이미지이며, 후자는 통합유기체에서 네트워크로 연결된 생물세포의 이미지이다.
  내가 제안하는 공생적 진화의 관점에서 기업은, 생체 시스템과 유사한 진화를 하는 하나의 초유기체이다. 생물적인 동시에 인공적이다. 또한 인간적이고도 기계적인 이 혼합 시스템은, 그 자신의 고유 공간 속에서 제약여건에 따라 진화한다. 이 시스템의 기능은 사람, 기계, 다른 조직체 사이의 여러 차원에서 이루어지는 공생관계에 근거를 두고 있다. 이 구조 덕분에 기업은 변형자·촉매자·증폭자의 기능을 한다. 기업은 재정·에너지·시간·물질정보의 흐름을 부가가치적 재화와 용역으로, 새로운 재정유통으로 변형시킨다. 기업은 생산·교환·분배의 과정을 유발시킨다. 그리고 기업은 인간의 활동을 증대시키고, 그 계층적 구조 덕분에 능력을 신장시키며, 업무의 분배와 여러 상이한 차원의 직무 사이의 의사소통을 확대한다. 이렇게 하여 거대 유기체인 기업에 공생적으로 결합된 인간은 에너지·시간·정보·재정자원을 활동·노하우·부가가치로 변형시킬 수 있다.

다음의 4가지 주요 이유들이 기업에 있어서 새로운 조직이 필요하다는 것을 정당화한다.

첫번째는 전통적인 방법의 선형성에 관계된다. 오늘날의 조직들은 대부분 아직도 계층적이며, 직렬적인 성격을 가지고 있다. 상명하달식이고 직무가 직렬적으로 운용되며, 특히 중공업 분야에서 그러하다. 정보와 통신산업에서는 작업의 병렬성이 더 광범위하게 퍼져 있다. 그러나 직렬성은 아직도 강하게 뿌리박혀 있다. 이는 틀림없이 우리가 병렬적으로, 혹은 순환적 인과관계로 사고하는 데 커다란 어려움을 가지고 있다는 사실에 기인한다. 우리의 사고와 의사소통 방식조차도 직렬적이며 선형적이다. 그렇지만 자연의 여러 현상은 병렬적인 절차로 일어난다. 우리가 본 바와 같이, 이것은 개미집이나 수많은 개체들을 통해서 정보를 다루는 생물적인 진화의 경우이다. 직렬적이고 선형적인 접근방식은, 그 상황들의 복잡성과 발전의 속도에는 더 이상 적용시킬 수 없다.

두번째 이유는, 구조들의 빠른 적응의 필요성이다. 조직의 복합성은 모든 변화를 근본적으로 저해한다. 무기력과 항상성은 구조나 기능의 모든 변화에 대해 거센 저항을 한다. 요소들이 여러 차원에 얽혀 있어서 부품 하나, 톱니바퀴 하나의 교체는 필연적으로 전체의 재구성을 야기한다. 이것은 에너지·시간·정보면에서 비용이 많이 든다. 그래서 대부분의 조직은 변화하는 것보다는 확장되는 것을 선호한다. 조직들은 합병되고 흡수된다. 그러나 근본적으로 재편되는 데는 많은 어려움을 겪는다.

세번째 이유는, 인적 자원의 발달에 관련된다. 기업에서 일하는 사람들은 급료 외의 다른 형태의 보상과 참여를 요구한다. 그것은 배려, 동기부여, 참여, 성과금, 업무의 가치평가, 인적 자원의 개발 등이다. 이것은 또한 다른 형태의 조직도 포함한다.

네번째 이유는, 예전에는 나누어져 있던 기계공학·생물학·컴퓨터공학 세 분야가 근접됨으로써 생겨난다. 이것은 미래기업의 보완적인 세 개념이며, 인간·기계·환경 사이의 공동진화의 단계들이다. 그럼에 따라 이것들은 하나의 공통된 접근으로 수렴한다. 그것은 생물학과 전산학에 속하는 네트워크의 구성이다. 기업은 자신에게 정보를 제공하는 네트워크와 더 이상 단절될 수 없다. 마치 유기체가 홀로 격리되어서는 생존할 수 없는 것과 마찬가지로, 현대의 기업은 재정·정보·분배망에 항구적으로 연결되어 있어야 한다.

앞으로는 이 절대절명의 연결이 더욱 강화될 것이며, 이것은 기업의 성격·구조·기능 들을 근본적으로 바꿀 것이다. 기업의 재편은 이 새로운 필요, 요구, 그리고 제약여건에 상응하는 방안을 강구해야 한다. 우리는 환경의 조건에 대한 적응을 나타내는 세 가지 형태의 조직을 생각할 수 있다.

먼저 물리학에서 영감을 얻은 '기계적인' 모델은 피라미드식 조직과 위계적인 명령양식에 이른다. 테일러식 운영은 업무의 전문화에 근거한다. 그 조직체는 선형적 시간에 따라 조절된다. 그 운용양식은 프로그램화와 양적 통제이다.

보다 최근에 나온 생물적인 모델은 네트워크식 조직을 선호한다. 그 운용양식은 직접명령이나 업무의 상세한 프로그램화라기보다는 조종하는 것이다. 여기에서의 참조시간은 선형적이 아니다. 그것은 기업의 생명주기에 따라 팽창하기도 하고 수축하기도 한다. 기업의 생명주기라는 것은 집중적인 활동의 시기나 내실화의 시기를 뜻한다.

'카오스적' 모델은, 그 환경의 복합성에 알맞게 적용되었다. 이것의 조직은 프랙탈(독립적인 다수의 단위로 나눔)하며, 그 운용양식은 촉매적(행위의 효율적 조건들을 창출)이다. 조직체는 일반적인 목표와 규칙을 인지하고 특정한 업무들을 병렬적으로 수행하는, 밀접하게 연결된 행위자들의 네트워크에 기초를 두고 있다. 이 행위자들은 환경(생산

품, 시장, 고객의 반응 등)에 대한 그들 행위의 결과를 빠르게 관찰함
으로써 되돌아오는 정보(피드백)를 받아들인다. 기업은 실시간에 운용
된다. 아래의 표는 세 가지 유형의 조직을 간략히 나타낸다.

모 델	조 직	운 용	명 령
기계적	피라미드 모양	프로그램화	위계적
생물적	그물 모양	조종	상호적
카오스적	프랙탈	촉매	독립적

　기업의 재편을 위한 현재의 노력들은 기계적인, 생물적·카오스적
인 패러다임 사이의 전이에서 생겨난 새로운 도전에 대한 구조·기
능·절차의 재적응에서 이루어지고 있다.

지능적 기업, 가상기업

　대부분의 기업에 있어서는, 이 세 형태 사이의 어떤 균형이 존재한
다. 몇몇 거대 국제기업은 피라미드와 그물 모양, 다세포 모양으로 구
성되어 있다. 그러나 네트워크의 세계 속에서, 복합성과 가속화의 어
려움에 직면하여 생존하고 번성하는 데 가장 잘 적응된 기업들은 기
계적 모델과 생물적 모델간의 혼합형이다. 어떤 분야(통신, 전산, 장거
리통신과 같은)에서는 생명공학과 카오스학이 주도할 것이다.
　네트워크의 시대에서는, 생존과 발전가능성이 가장 많은 혼합형 기
업들은 지능적인 기업이 될 것이다. 지능적인 인간은 추상화라든가
계층화, 혹은 문제 해결의 능력을 가지고 있다. 그는 논리적이고 연역
적이고 귀납적인 추론을 사용한다. 그는 종합하는 지능이 있고, 신속
하게 대답하며 자신의 잘못을 수정한다. 그는 다양한 상황에 적응할

줄 알고, 정신을 고양하고 개방할 줄 한다. 지능적인 기업은, 그의 전반적 활동에서 나타나는 이 장점 중에 상당한 부분을 또한 가지고 있다. 그것은 민첩한 움직임, 변화하는 상황에 대한 적응성, 운용의 유연성, 역동성, 직관, 개방, 상상, 혁신과 같은 매사에서의 능숙함 등이다. 반대로 소위 '시대에 뒤떨어진' 기업은 느리고 둔중하고 소극적이며, 지나치게 무사안일적이며 서투르다. 이 기업은 어떤 비전이나 총체적인 계획은 제시하지 못하고, 상상력이나 혁신능력이 결여되어 있다.

기업지능의 일부는 정보의 분별 있는 사용과 정보의 교환과 순환의 신속성에 근거하고 있다. 그렇기 때문에 우리는 기업에게 그 주변에서 일어나는 변화나 혁신·변형을 경고하고 주지시키는 감각체계의 중요성을 알 수 있다. 감각적인 기업은 신기술·경쟁·업체·시장에 대한 정보의 수집과 평가·네트워크를 갖출 수 있어야 한다. 또 이 기업은 고효율의 경쟁적·기술적 감시체계를 구축하고 사용할 줄 알아야 한다.

그러나 네트워크와 대중정보 시대에는, 기업의 지능은 보완적이고 결정적인 단계를 넘어설 것이다. 이 지능은 조직체의 구조 자체에 통합될 것이다. 분산된 정보는 어느 정도 '벽 속으로' 들어갈 것이다. 작고 도처에 있는 컴퓨터와 통신계기판, 스크린과 팀들에게 그들간에 지적인 인터페이스를 만들게 할 인식 마크 등을 통해 유통되고 있는 목표도 그러하다.

개인전산화는 지금까지 각 개인의 두뇌역량의 증대에 특히 집중되어 있었다. 그러나 앞으로 이것은 분산된 두뇌를 보유하고 있는 초유기체로서, 조직체의 집단지능의 기능 증대에도 역시 집중될 것이다. 거대한 정보처리 기계와도 같은 전산화된 사무실 안에서, 인간은 그를 둘러싼 환경과 실제적인 공생관계에 있게 될 것이다. 그는 초유기체의 신경세포가 될 것이며, 기업의 떠오르는 이 신경학은 새로운 형태의 인간공학을 만들어 낼 것이다. 즉 지능적이고 인지적인 인간공학을 말하는 것이다. 인체에 버튼, 손잡이, 조종간, 좌석이나 레버 등을 맞추기보다는 환경을 가득 채우는 '유비컴'인 변환기, 감지기와 두뇌를 인터페이스시키는 것이 적절할 것이다.

사회가 점점 네트워크화되어 감에 따라 상당한 유형의 산업들은 점차 분산될 것이다. 가상기업은 그 노드들이 능동적이고 효율적인 최소 임계질량으로 축소된 지능형 다세포 네트워크일 뿐이다. 이 기업의 위치는 여러 장소로 분할된다. 각각의 장소는 특정한 기능을 수행하는 소수의 사람들과, 이 장소가 감당하기에는 벅찬 일의 하청을 맡아 주는 사람들로 구성되는 한 개의 세포이다. 고정비용은 분산화에 의해서 기능적 모듈로 축소된다. 어떤 가상기업들은 단지 1백여 명의 사람들로 움직인다. 이 사람들은 주어진 일에 한해서, 그리고 일정기간만 협력하여 일하는 다른 독립기업들에 네트워크로 연결되어 있다 (조립, 회계, 광고, 마케팅). 이렇게 하여 수천 명의 직원을 고용하고 있으며, 그 활동이 둔하고 위계적인 구조 때문에 제한을 받는 기업이 행하는 업무에 상응하는 일을 수행한다.

가상기업은 공생적이다. 이 기업의 파트너들은 자신들의 자원을 최적화하여 활용하면서, 공동이익을 위해서 긴밀한 협력관계를 유지하면서 일한다.

가상기업의 가장 단순한 형태는, 바로 지능형 소프트웨어와 자신의 두뇌의 인공보철물에 연결된 개인이다. 오늘날 사용되는 개인의 컴퓨터 성능은, 한 개인을 전세계로 뻗친 네트워크의 기본 세포이며 노드인 소형 기업으로 만든다. (PC나 매킨토시를 다루는 것을 배운) 컴퓨터 세대에 속하는 사람들 중 다양한 분야에서 자신의 사업을 처리하기 위해 대기업을 떠나고자 하는 사람들이 늘고 있다. 자신의 프로그램을 가지고 있는 한 사람은 5 내지 6명의 직원을 고용한 업체와 맞먹는다. 때로는 접속기와 인쇄기로, 때로는 사진현상기나 시청각 카세트 편집기로 쓰일 수 있는 다용도의 컴퓨터가 문서작성, 파일관리, 통신, 팩스 및 전자통신, 회계, (시청각·그래픽·디자인·편집·장식의) 생산, 흥행, 광고, 판매활동을 한다. 이 컴퓨터는 비서, 자료정리자, 경리, 그래픽 디자이너, 전화교환원의 역할을 대신한다. 그러한 과정과 실용이 집중되고 집적될수록 어떤 분야에서는 많은 실업자를 발생시키는 동시에, 다른 분야에서는 고용을 창출할 것이다. 이는 준비가 제대로 되지 않은 사회에서는 고용의 이전과 창출이라는 문제를 야기하기도 하지만, 네트워크 시대로의 이행이라는 의미심장한 전이를 드러내 보인다.

교육·통신·자문·전망의 새로운 4대 서비스 분야에서 컴퓨터와 장거리통신을 이용할 줄 아는 작은 팀들은, 예전의 몇몇 대기업들만큼이나 중요한 국제적인 영향력을 가지게 될 것이다. 개인화된 컴퓨터와 네트워크는 거대한 조직에 대한 개인능력의 가치를 감소시킨다.

네트워크식 연구, 프랙탈식 생산

공생적 기업의 중요한 기능이 네트워크 구조, 여러 작업의 병행처리와 새로운 조직의 카오스적 양태에 의해 근본적으로 수정된다.

이를 설명하기 위해, 나는 연구와 생산에서 그 예를 골랐다.

화학회사나 제약회사와 같은 많은 사람들이 일하는 다국적 기업은 과학자 부대를 고용한다. 이 부대는 대부분 전통적인 역할 모델에 따라 움직인다. 계급적이고 선형적이며 연속적이다. 프로젝트들은 서로 이어지지 않고 나란히 놓인 일종의 실 묶음들과 같은 계열사들에서 수행된다. 평가조사위원회는 시작단계에서 연구계획을 평가한다. 그리고 거기에서 받아들여지면 재정지원을 받게 되고, 연구결과가 나오고 특허를 취득하고 생산에 적용될 때까지, 분과별·실험실별로 프로젝트를 수행하게 되는 것이다. 그러나 이 체계는 효율이 미약하고, 그 작동이 비경제적이다. 고전적 연구과정은 기본 연구, 응용 연구, 연구-개발, 생산 적용으로, 마치 강이 발원지에서 하구로 흘러가듯이 연속적으로 이어진다. 전통적 연구과정은 연구는 생산 적용의 원천이라는 인상을 유지시켜 준다.

그러나 이런 조직은 곧 그 한계를 드러낸다. 아이디어를 더 풍부하게 만들 수 있도록 그들이 서로 의사소통을 하게 하는 일은, 이 부대의 장군들에게는 어려운 일이다. 순수과학자들과 응용과학자들은 같은 '문화'를 가지고 있지 않다. 분야간의 연결은 우연히 어떤 학술지에 게재된 논문을 읽든지, 우연한 만남이 있든지 해서 이루어진다. 게다가 프로젝트를 중도에 그만두기가 어렵다. 그렇게 되면 효과가 감소할 수밖에 없기 때문이다. 새로운 아이디어는 점점 더 파악하기 어려워진다. 이런 아이디어들이 받아들여지게 하려면 결정권을 가진 계급을 전부 거슬러 올라가야 한다. 이런 시스템은 자기제한적이다.

다른 방법이 있다. 그것은 연구팀을 뉴런 네트워크처럼 조직하는 것이다. 여기서 각각의 과학자는 다양한 기술적·인간적 방법으로 다른 과학자에게 연결된다. 시스템은 촉매에 의해 작용한다. 아이디어들은 섞여지고, 현실 문제에 대응한다. 순수과학자나 응용과학자나 다차원 자궁 속에서 공존하는 것이다. 연구세계를 표현함에 있어, 여러 계획들을 나란히 다발로 늘어 놓기보다는 하나의 구(球)로 나타낼 수 있을 것이다.

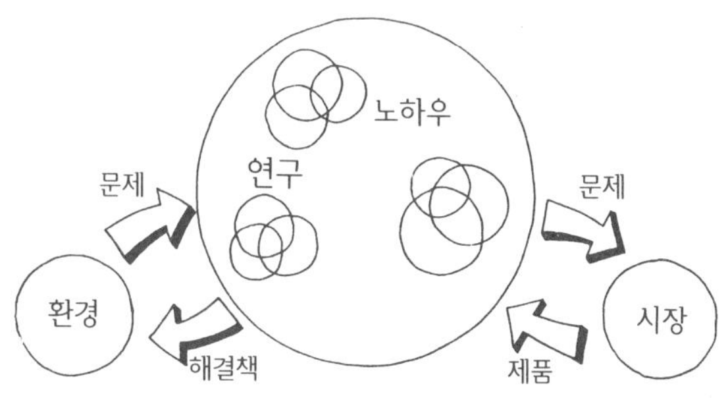

이 구의 크기는 기초과학의 새로운 지식으로 해서 점점 확대된다. 그리고 이 구는 노하우를 의미하는 많은 구들을 포함한다. 실용과 실험 데이터 뱅크는 기업의 지식-자본을 이루며, 미래를 준비하는 잠재력이다. 외부에서 발생하는 문제(새로운 시장, 환경)에 대응하여, 네트워크는 자체의 노하우를 재조합하며 재조직한다. 이 네트워크는 자체의 기억과 경험을 사용하여 자신을 재구성한다. 새로운 프로젝트의 시작이나 어떤 프로젝트의 포기와 같은 일은 이렇게 해서 균형 있게 조절된다. 어린아이의 학습과정에서 볼 수 있듯이, 단지 새로운 지식을 축적한다고 해서 두뇌가 발달하는 것은 아니다. 이미 알고 있는 것을 관리하고 조직할 수 있어야 한다. 두뇌활동의 중요한 부분은 그의 지식들간의 상호연관성을 잘 관리하는 데에 있다. 공생적이고 의사소통을 하는 구조 안에 있는 과학자들의 뉴런 네트워크는, 주어진 문제의 답을 찾기 위해 자신의 지식을 계속해서 재조합하고 섞는다.

작업의 분업화로 대량생산에 큰 진전이 있었다. 여러 가지 생산조립 단계에 있는 제품이 연속적으로 콘베어에 실려 사람이나 로봇이 일정한 작업을 수행하는 장소로 이동된다. 복잡한 물건을 한 조각씩 조립하도록 노동자에게 전체 노하우를 전달하기보다는, 전문요원에게 부품을 연속적으로 가져다 주는 것이다. 분업생산은 작업시간을 테일러 공간으로 바꾸어 놓는다.

이렇게 정리되고 계급화되고 프로그램된 생산형태는, 어떤 산업 분야에서는 (여러 실험들이 이미 보여 주듯이) 카오스적 모델과 프랙탈한 조직으로 점차 대체될 것이다. 카오스는 처음 보기에는 생산라인의 엄격한 조직과는 잘 맞지 않을 것처럼 보인다. 그러나 굳어 버린 엄격한 질서와 비생산적 혼란함 사이의 경계역(카오스에 인접한)에, 그 시스템을 잘 유지하는 법을 알면 질서가 생겨날 수 있다는 사실을 기억해야 한다. 이 경계역은 창조성과 참신함, 복합화를 가져온다. 조

직의 프랙탈화는 선형적인 작업을 중단시키고, 모든 층위의 작용에
피드백 회로를 만드는 것이 가능하다.

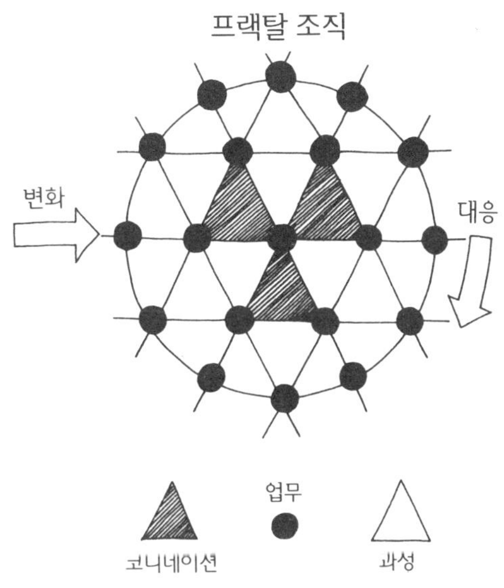

　프랙탈 공장은 이렇게 한 제품의 생산이나 조립에 작용하는 모든
동인들을 포함하는, 독립적이지만 상호의존적인 모듈로 조직되어 있
다. 어떤 것들은 초기(설계, 디자인, 컴퓨터 자동설계) 단계에 작용하고,
어떤 것들은 말기(포장, 판촉, 마케팅) 단계에 작용한다. 그러나 팀은
각각의 동인이 각각의 리듬과 각각의 계획표에 따라 주어진 시간의
폭을 존중한다는 조건하에 카오스적으로 개입할 수 있는, 한 총체처
럼 작동한다. 게다가 몇몇 동인들은 상호교환할 수 있고, 다용도 업무
수행의 유연성을 높여 준다. 프랙탈 구조에서는 동기유발이 강하고
참여도가 높다. 왜냐하면 이 구조는 공장 전체의 기초가 되기 때문이
다. 미시적인 것은 거시적인 것의 반영이다. 팀들은 네트워크로 서로
연결되어 있어, 그 전체는 하이퍼텍스트 안에서와 같이 서열 속에 조

직화되고 공유된 지식의 살아 있는 자본이다. 각각의 지식과 경험은 인간적, 혹은 전자적 관계를 통해 다른 지식이나 경험에 이어진다. 이렇게 작업장·공장·기업 전체는 생물처럼 그 주변 세계의 카오스에 적응한다. 프랙탈 공장은 경직된 구조 뒤에 보호를 받으면서 고립되기보다는 유통, 기능, 규제를 외부의 구속요인과 조화시키며 배합한다.

카오스적 모델과 프랙탈 조직은 사이버 공간에서 이미 이루어지고 있는 것과 같이, 모든 종류의 무형분사된 생산에 필요할 것이다. 시청각 프로그램(그래픽 디자이너, 합성영상 제작자, 편집인, 음악가, 특수효과 전문가) 생산자들의 경우도 그렇다. 그들은 위치 설정이 되어 있지 않은 가상전자 스튜디오에서 팀으로 일하지만, 육체적으로는 멀리 떨어져 있다. 전자 네트워크로 의사소통하는 모듈로 조직되어 있으며, 일정표에 따라 그들의 작업 내용을 보낸다. 이것은 '적기(適期)'·'무재고'·'무결점'의 원칙에 따라 작동하는, 공장의 컴퓨터 통합생산(CIP; Computer intergrated production)의 무형 등가물이다. 컴퓨터 통합 창작활동(CIC; Computer intergrated creation)도 유사한 원칙에 해당된다. 미래에는 이런 컴퓨터 의존형 공장(멀티미디어, 혹은 유니미디어)들이 카오스 모델과 프랙탈 조직의 원칙에 따라 늘어날 것이다. 이는 벌써 로튀스사에서 개발된 '노우트(Notes)' 프로그램의 경우가 공동 개발이나 공동 창작활동에 그런 기여를 하는 것과 같다.

이 새로운 형태의 조직·생산·개발은, 기업이 진화하지 않으면 안 되는 이 상황에 적응할 수 있도록 해준다. 이런 의미에서 소중한 인적 자원은 특히 중요하게 생각된다. '인적 자원관리'의 차원을 넘어서, 인간과 기업간의 새로운 관계를 설정해야 한다. 여러 차원에서 이루어지는 교육에 의해 그 가치를 높인 인력이 주도하는 방법을 존중하는 관계이다. 예를 들면 정보·시간·인간 에너지의 보다 나은 관리를 위한 교육과 같은 것을 받게 하는 일이 있다. 정보·시간·에너지를 얼마나 가지고 있는가 하는 것이 각자 역할의 효율성을 사실상 결정짓는다. 그리고 이런 것들이 잘 관리되었을 때 인간은 기업과 더 나은 공생관계를 유지하며, 인생에 더 많은 의미를 두게 되는 것이다.

마찬가지로 기업의 전략은 장기적 안목으로 펼쳐야 한다. 외삽법에 의한 고전적 방법을 버리고, 변화하는 여러 흐름을 종합적 시각으로 모아 주는 시스템학적 미래 예견에 눈을 떠야 한다.

마법의 수정 구슬 : 시스템학적 미래 예견

미래에 대해 우리들이 전망할 때에는, 현재에 대한 연속적인 투영과 외삽법으로 해서 날짜와 약속기간을 정하는 일에서 위안을 얻는 것처럼 보인다. 예를 들어 미래기술에 대하여 이야기하면, 사람들은 그것이 언제 가능한가에 대하여 물어본다.

내가 선택한 방법은—미래의 몇 가지 약속 날짜를 무시하지 않고서—오히려 여러 경향을 수렴하고, 일반적으로 추론의 기초가 되는 추측할 수 있는 모델들을 우선적으로 생각한다. 그래서 사이바이온트의 모델을 세운 것이다. 이 모델은 가정된 것이지만 인간사회 조직에서 있을 수 있는 것으로, 특히 정보통신의 발전 측면에서 보면 가능한 것이다.

미래를 그려 보는 데에는 몇 가지 방법이 있다. 그 방법은 다 근거가 있다. 시나리오 방법(서로 반대되는 두 상황의 그럴 듯한 이야기를 지어내는 것), 델피(Delphi) 방법(이러저러한 기술적, 혹은 사회적 변화의 가능성에 대해 전문가에게 문의하는 것), 발견의 모태(이런저런 가정들을 서로 섞어 보는 것), 선형 외삽법(진화의 선을 연장시키는 것), 모사(모델을 창조하고, 몇 가지 패러미터를 수정한 효과를 컴퓨터로 분석하는 것)가 있다. 지식의 칵테일 속에 이 몇 가지 성분을 배합하면서 예견가와 미래학자는 우리에게 미래를 꿈꾸어 보는 일을 도와 준다. 이들 중 몇 사람은 세계적인 명성을 얻었지만, 그들도 오류를 범했다. 미국에서는 헤르만 칸·존 네이스비트·알빈 토플러·페이스 팝콘, 프랑스에서는 자크 르수른·티에리 고댕·위그 드 주브넬이 각자 자신의 방법을 사용하였다. 예를 들면 소비자의 행동패턴(팝콘), 언론이 한 가지 주제에 부여한 중요도(네이스비트), 기술정치적 주제에 관한 시나리오(토플러), 한 세기에 실현가능한 유토피아(고댕)가 있다.

　나는 보완적인 방법을 사용한다. 중요한 것은 무거운 경향들이 수렴되다가, 21세기에 가서는 합병되는 것이다. 이 경향들을 따라가자면 여러 분야의 지식이 필요하다. 즉 생물학·컴퓨터공학·정보통신·시스템학과 같은 분야의 것이다. 이러저러한 혁신이 일어나는 시기는 2차적인 것이다. 반면에 이런 경향들이 모이게 되는—궁극적으로—모델의 존재가능성의 파급 효과는 큰 것이다. 이 모델은 미래를 보다 더 잘 이해할 수 있게 하고, 현재에 대처할 수 있게 해주는 촉매 역할을 한다. 그것은 바로 회고전망적이라고 말할 수 있는 방법이다. 이것은 미래를 암시하는 사실들을 가능한 많이 현재 속에서 찾아 미래의 시나리오를 쓰는 것이다. 이 시나리오는 경향들에 대해 확실하게 얻어지는 정보에 따라 계속 고쳐지고, 또한 시나리오로 더 강화된다. 나는 이 방법을 경향분석과 시나리오 검증에 의한 시스템학적 미래전망법이라고 부른다.

　첫번째 단계는 능동기술적 감시체제의 운영이라고 할 수 있다. 예를 들면 10년 후 일어날 사건들을 묘사하는 첫 시나리오의 창작의 기초가 되는 사실들을 수집한다. 두번째 단계는(현재에서), 첫번째 단계의 시나리오에 그려진 상황으로 수렴되는 강한 경향들을 '회고전망적'인 방법으로 선택한다. 그리고 선택된 경향들과 시나리오의 관계를 검증하기 위해 적합성 테스트를 한다. 이 테스트를 함으로써 시나리오를 수정할 수도 있다. 그래서 선택된 적절한 사실들을 포함하는 두번째 시나리오가 탄생된다. 세번째 단계는, 한 번 더 두번째 시나리오의 타당성을 조사하는 경향들에 대한 회고전망적으로 검증하는 단계이다. 이 분석과 조합·경향 검증의 상호작용과정을 통해 여러 분야들의 수렴에서 얻어지는 상황·상품, 혹은 서비스를 예견할 수 있게 된다. 이것은 정립된 분야들의 단순한 외삽법에 의해서는 얻기 어려운 일이다. 이렇게 인간사회 조직의 가능한 단계로 여겨지는 사이바이온트의 모델, 혹은 시나리오——정보통신의 폭발적인 발달로 가속화된——는 '회고적으로' 현재 상황에서의 우리의 선택을 도와 준다.

나는 몇 해 전부터 이 예측방법을 우리의 미래를 만드는 흐름을 해석하기 위해 사용해 왔다. 이 방법은 물론 이 책의 기초가 되었고, 공생학적 진화의 범주에서 발전가능한 새로운 산업 분야에 대한 추론에서는 더욱 그렇다.

이런 진화에서 특히 두 분야가 의미 있게 보인다. 정보산업과, 그 경제적·사회적 효과를 말하는 무형산업 및 미시공학·초정밀공학·거시공학과 같은 첨단재료산업이 그것이다.

무형산업

통신의 돌연변이, 혁명, 폭발……. 이런 강한 의미의 표현들이 우리가 현재 겪고 있는 정보매체의 놀라운 변화를 표현하기 위해 종종 사용되고 있다. 나는 인간과 그의 기술적 환경과의 공동진화를 다루었던, 이 책의 첫장에서 그 큰 흐름에 대해 이야기하였다. 여기에서는 정보화 사회와 거대 유기체 두뇌 내부의 구성이 상기시킨 곤란하고 위험스러운 점 몇 가지를 심도 있게 다루고자 한다. 이를 위해 나는 두 가지 중요한 흐름과 번복할 수 없는 의견에 근거를 둔다. 그것은 바로 인터넷과 같은 네트워크가 세계적으로 확산된 것과 대화식 멀티미디어 텔레비전이 가정에 보급된 것이다. 후자를 나는 셀프서비스 정보 유니미디어라고 부른다.

사실상 미니텔은 이런 개념에 가까웠다. 우리는 그 방향을 제시하였고, 정보화 사회에 대한 욕구가 있음을 증명해 보였다. 성공의 요인은 무엇이었을까? 막강한 정보서비스 제공자, 초보적인 작은 대화식 터미널, 신문에서 은행까지 이르는 2천5백 가지의 정보서비스, 텔레쇼핑에서 메신저 서비스까지, 사용자에게 대금 청구(통신요금 청구서)를 하기 위한 '컴퓨터용 청구서,' 불편하긴 하지만 대화식 시스템, 즉 키보드, 그러나 동시처리 컴퓨터를 이용한 비디오 서비스 제공자로 현재의 서비스 제공자를 대치하자. 텔레텔을 멀티미디어 서비스(영화, 교육용 프로그램, 텔레쇼핑, 텔레게임, 뉴스, 가상예보)로 바꾸자. 요금 청구서를 개인용 디지털 코드 계산서로, 키보드를 가정관리에 연결된 인텔리전트 리모콘으로 대치하자……. 이렇게 이제는 셀프서비스 정보 유니미디어가 어떤 것인지 보다 정확하게 떠올릴 수 있다.

이런 서비스는 현재 부분적으로 이루어지고 있거나, 그 효율성을 검증하고 있는 중이다. 이런 서비스는 텔레비전과는 더 이상 아무런 관계가 없다. 채널이나 프로그램도, 9시 뉴스도 상관 없다. 그러나 이 서비스들은 거대한 시청각 도서관이며, 우리가 예기치 못한 방법으로 컴퓨터가 되어 버린 이 세계적인 유니미디어 접속기로 접속할 수 있는 세계적인 하이퍼텍스트이다.

이 셀프서비스 유니미디어들과 정보화 통신망과의 결합은 당연한 일이다. 네트워크 중의 네트워크, 인터넷은 1백46개국의 2천만 사용자를 연결한다(88쪽 참조). 케이블이나 상업 텔레매틱 네트워크 사업자는, 그들의 네트워크와 인터넷이 이어지리라고 예견한다. 텔레비전, 화상회의, 영상실험실과 작업실, 디지털 라디오, 기계의 원격조정, 텔레게임, 가상사회 등 창작활동이나 오락, 학습이나 일에 대한 사이버 공간 안에 존재할 무형의 인간활동은 이루 헤아릴 수 없다.

이렇게 정신세계를 넘어 서서히 거대 유기체 정신의 내부세계가 형성되어 간다. 이 정보처리 환경계는 새로운 희망과 구속, 그리고 위험 속에서 생겨난다.

현재 효용순환의 고리가 작동되고 있다. 이 순환은 향후 20년간 엄청나게 확장될 기술과 경제 분야의 자가촉매와 자율선택에 이르게 한다. 다시 한 번 조직의 공생학적 원칙이 적용된다. 그것은 다음과 같다.

개인용 마이크로컴퓨터의 강세는 대중 멀티미디어의 시대를 열었다. 쉽게 구할 수 있는 영상음향기기는 정보와 교육의 수요를 증가시켰다. CD-rom은 개인 지식의 원천을 연장시키므로 이상적인 대화용 기기인 것처럼 보인다. CD-rom 해독장치를 갖춘 컴퓨터 수요의 증가는, 교육오락용 소프트웨어 생산자에게 새로운 프로그램을 개발하도록 부추긴다. 동시에 마이크로컴퓨터의 접속기능이 강화되어 모뎀의 가격이 내려가고, 그 속도는 빨라졌다. 이 현상은 접속을 원하는 사람들에게는 희소식이 되었다. 네트워크에 참여하는 사람의 수가 증가하자 더 많은 사람들을 끌어들여, 하드웨어와 소프트웨어의 가격과 품질에 충격을 준다. 일련의 기반이 생겨나 발전하고 교차촉매 덕분에 더 강화되는 확산 효과로 번성하게 된다. 록인 반응이 시작되고 확장된다. 자가촉매의 사슬이 생겨난다. 분야 전체와 또 그와 상호연결된 것들이 자연선택되고, 필연적으로 창발한다.

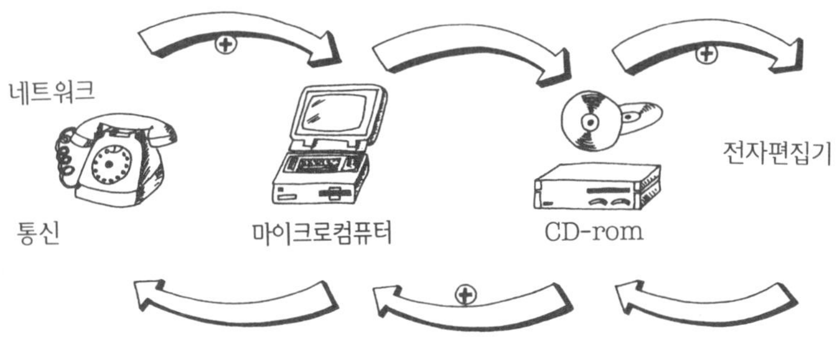

그림에서 보듯이 각각의 요소는 (+) 강화작용 사슬의 결과에 따라 다른 요소의 촉매가 된다.

재택근무와 화상교육

재택근무와 개인 화상교육이라는 이 두 분야는 급격히 발전하게 될 것이다.

재택근무란 이 새로운 분야의 지나치게 한정된 시각인 '원격노동'을 포괄한다. 가장 널리 알려진 개념으로서, 원격노동자란 사무실에 나가지 않고 자신의 집에서 일하는 노동자를 뜻한다. 이 방식을 채택하고 인정하는 기업이 점점 늘어가는 추세이다. 프랑스의 재택근무자는 2만 명으로 추산된다. 2000년에는 30만 명에서 50만 명에 이를 것으로 추산되며, 이 수치는 이미 미국이 도달한 수치이다. 물론 모든 직업이 재택근무를 할 수 있는 것은 아니지만, 사이버 공간인 유니미디어의 무형세계와 관련된 직업은 이 제도의 혜택을 누릴 것이다. 출판업·언론·교육과 같은 전통적인 분야의 발전을 가속화시키면서 새로운 기반이 생겨날 것이다. 네트워크, 통합하드웨어(영상기기), 재택근무용 소프트웨어(접속 소프트웨어)의 개발로 이런 경향은 확산될 것이다. 이런 재택근무의 보편화로 새로운 몇 가지 특징이 생겨날 것이다. 그 중에서도 개인주의화와 분산화가 일어나고, 실시간의 참여나 장소의 이동이 줄어들게 될 것이다.

개인주의화 개인정보화 시대는 범세계적 뉴런 네트워크의 새로운 노드인 '지식근로자'들의 독립성을 강화시키게 될 것이다. 개인은 지구상의 생산과 창조 시스템의 '기업가' 세포가 될 것이다. 정보통신논리학에 연결된 개인은, 이제 테일러 시대의 중앙집중식 기업의 영향력과 행동력에 상응하는 힘을 갖게 될 것이다. 마우스를 몇 번 클릭하기만 하면 돈과 시간을 절약하면서 공간과 시간 속을 여행하고, 자신의 네트워크를 강화시키고, 고객들의 요구에 신속하게 부응할 수 있다.

분산화 상품과 문화, 교육, 정보서비스의 공급과 분배의 피라미드식 구조는 우리를 수동적인 리시버로 만든다. 우리는 분배와 공급의 사회 속에서 일하며 살고 있다. 큰 공기업, 혹은 사기업은 독점의 기회를 찾으면서 우리 생활의 방식 속에 끼어든다. 식료품, 휘발유, 제조상품의 공급, 어디서나 소비자를 기층에 놓는 피라미드식 구조를 찾아볼 수 있다. 정보는 상층에서 하층으로 내려올 뿐, 역으로 거슬러 올라가기는 어렵다. 그래서 작가는 프로듀서·공동출자자·재정 스폰서·편집인을 통해야만, 즉 피라마드의 꼭지점에 의해서만 대중에게 작품을 전달할 수 있다. 텔레비전이나 라디오 방송국, 그리고 출판사나 레코드사·영화사는 자신의 작품을 판매하거나 알리려고 하는 예술가들에게는 피할 수 없는 독점기업가들이다. 대량생산과 대량분배는 그 수단의 중앙집중을 필요로 하는 것이 사실이다. 이것이 바로 서적 출판, 레코드 녹음, 텔레비전 프로의 방송과 같은 다수에서 선별되는 단계가 필요한 모든 창조적 활동의 경우이다. 선별 시스템이라든가 필터링·후원·알력, 혹은 지레(lever) 효과와 같은 작가나 예술가, 감독과 프로그래머 같은 사람들이 자신들의 재능이 알려지기까지 겪는 어려움이 여기서 생긴다.

개인간 정보통신 멀티미디어 하이퍼네트워크의 발달과 확장으로 인해 모든 것이 달라진다. 모든 사람이 프로듀서도, 예술가도, 작곡가도, 감독도, 사회자도, 자기 자신의 작품 공급자도 될 수가 있다. 사이버 공간의 새로운 '방물장수'가 될 수 있다. 전자화폐와 통신판매로 다양한 시장이 생겨났다. 인터넷과 같은 하이퍼네트워크가 동영상과 음향을 전달하는 것이 보편화되면, 돈벌이가 되는 통신직업 시장의 규모가 엄청나게 커질 것이다. 개인이 자신의 캠코더로 찍은 장면들을 내보내는 캠넷(CamNet)과 같은 텔레비전 채널이 있다. 소위 '아마추어'(영화·서적·레코드·소프트웨어) 프로덕션은 점점 전문화되고, 네트워크상에서 직접 접할 수 있게 될 것이다. 피라미드식 분배사회에서, 실시간 속에 통합되고 창조되는 그물 모양의 사회로 옮겨간다. 그 결과는 자명하다. 생산자와 판매자·소비자가 횡적인 관계를 가짐으로써 독점업자들은 정치적으로 따돌림을 당하거나 제외될 것이다. 어떤 공룡과 같은 텔레비전·라디오 방송국, 혹은 출판사는 이런 네트워크의 횡적 관계로 인해서 멸종 위기를 맞게 될 것이다. 이들 회사는 이 사실을 깨달아야 한다. 예술가들은 횡적 관계를 가짐으로써 권력을 가진 사람들을 무너뜨린다. 선택과 분류, 대중적 전파를 맡았던 소수의 특권에 종말을 고한다. 집단적인 창착활동은 그들을 묶어두었던 좁은 테두리에서 벗어난다. 공생적 문화는 그 카오스적인 난류 속에서 표현될 수 있다. 새로운 보편적 문화는 재구성된 일종의 프랙탈 문화가 될 것이다.

이동 전자 통신수단을 이용함으로써 장소 이동을 줄이게 되는, 오랜 옛날의 유토피아는 이제 현실이 되고 있다. 물론 군집생활과 축제를 좋아하는 동물인 인간은 같은 인간의 육체적·심리적 접촉을 항상 필요로 할 것이다. 육체는 가상의 것이 아니라 유형적이며, 시간과 공간 속에 존재한다. 그러나 환경 문제는 '자동차 사용'의 억제를 더욱더 필요로 할 것이다. 이제부터는 개인간 정보통신기술의 발전과 비용 저하로 이것이 가능해질 것이다. 걸프전에서 테러리스트들의 위협 속이나 캘리포니아 지진 후에 갑자기 이동할 수 없게 된 많은 사람들이, 화상회의나 네트워크 연결을 통한 원격이동의 필요성을 절감하였다. 이 시장은 현재 급격히 커지고 있다. 물론 이런 통신수단이 인간관계의 다차원성을 대체할 수는 없다. 그러나 이런 통신수단은 많은 직업이나 여가활동에는 잘 맞는다. 원격활동의 개발은 도시에서 자동차수가 급증하는 것을 제때에 조절해 주고, 위험하게 도시 근방에 비행기의 항로를 늘리는 것을 막아 준다.

참여 하이퍼네트워크상에서 누구나 할 수 있는 피드백의 일반화된 형태이다. 네트워크 사용자들은 일상생활이나 단체생활·직장생활에 관한 주제에 대해 지속적으로 자체 논의를 한다. 그러면서 그들이 참여하고 있는 복합 시스템(협회·클럽·기업·도시·지역)의 공동운영과 공동조정에 필요한, 신중한 한 표로 지속적인 의사 표시를 할 수 있을 것이다. 이런 실시간 참여 피드백 형태의 왜곡에서 오는 위험을 피하기 위해서는 엄격한 사용규칙이 세워지고, 통제가 이루어져야 할 것이다.

보편적 개인별 화상교육은 정보화 사회의 또 다른 흐름이 된다. 실업가들은 교육기술에 투자하기를 오랫동안 망설였다. 그 중 몇몇은 너무 일찍 이 사업에 손을 대어 큰 낭패를 보았다. 오늘날은 기술의 발전, 경제적인 호기, 소비자의 정보 수준 사이의 시너지 ―자연적·사회적 선택의 모든 메커니즘에 적당한 촉매 연금술―로 인해서 이 분야는 도약의 적기를 맞고 있다. 개인별 교육 프로그램이 가정으로 파고들고 있는 것은 주로 젊은층과 CD-rom 덕분이다. 컴퓨터 게임에 길들여진 어린이는 장차 교육오락용 프로그램을 쓰는 부모가 될 것이다. CD 오디오의 연장인 CD-rom은, 그 소비자에게 쉽게 접해질 수 있도록 만든다. 이런 지엽적인 관련성이 네트워크상에서 이루어지는 화상교육과의 연관으로 이어진다. 그 결과 프랑스에서는 1994년 CD-rom 편집기의 판매량이 7만 대에 이르렀는데, 이는 1993년의 4배에 이르는 것이다. 편집기 보유량은 17만 대, 1996년에는 40만 대에 달할 것이다. 1991년에는 CD-rom CD-I 타이틀이 50개에 불과하였으나, 오늘날에는 6천5백 개인데, 그 중 2천5백 개가 1993년에 제작된 것이다. 일반 가구의 마이크로컴퓨터 보유율은 프랑스가 15퍼센트에 비해, 미국은 35퍼센트에 이른다. 이 수치는 게다가 엄청난 속도로 증가하고 있다. CD-rom 구입은 1993년에 비해 2백30퍼센트 증가하였다. 7백 개 이상의 교육용 프로그램이 있으니, 이는 매년 2백50개 정도가 제작되었다고 볼 수 있다.

어린이용·유아용 교육 프로그램(totware)과 더불어 기업의 직원 교육용이나 가정에 있는 가족용 프로그램도 개발중이다. 매우 유망한 분야는 시청각 백과사전, 시뮬레이션 프로그램, 건강 프로그램 등이다. CD-rom 백과사전이나 실시간에 네트워크에 접속되는 프로그램은 화상교육의 확대를 가속화시킨다. 이제는 고전이 되어 버린 심시티(SimCity)나 심라이프(Sim-Life)와 같은 고급 시뮬레이션 소프트웨어로 해서, 교육오락용 소프트웨어는 부모와 자녀 모두에게 환영받는다. 경제에서 화학까지, 또 환경문제에서 생물학까지 다루는 많은 시뮬레이션 소프트웨어는 차후 몇 년간 시뮬레이션에 의한 교육오락용 소프트웨어의 새로운 기준이 될 것이다. 사이버 의술은 CD와 네트워크를 통하여 보편화될 것이다. 해부학적 절단을 보여 주는 진찰, 처방, 수술과정의 설명에 대한 수요는 늘어날 것이다.

CD나 네트워크를 통한 교육은 전통적인 학교제도를 흔들어 놓을 수도 있다. 단시간용(뉴스·뮤직 비디오·재핑·대화용 게임)과 장시간용(교육·연수·발전·사고)간의 갈등은 더 악화될 것이다. 학교의 분석학적·선형적·연속적이며, 분야별로 나누어진 세계는 점점 더 대화용 텔레비전이나 하이퍼네트워크의 감정적이며 포괄적인 세계와 부딪히게 될 것이다. 최신형 통신교육기술로 학교교육의 공백을 메워 이 편차를 보완하고자 하는 것은 아니다. 적용된 방법과 도구를 잘 살리도록 고려하면서, 단시간용과 장시간용간의 균형을 찾고자 한다. 마치 기업구조의 재구성이 필요하듯이, 학급의 '재구성'이 필요하게 될 것이다. 이런 방법이 없이는 학교는 거대한 탁아소로 변할 우려가 있으며, 진정한 교육은 따로 네트워크나 전자 유니미디어 시설로 해야 될 것이다.

네트워크의 경제 : 해킹과 비밀코드

　시장과 경제만 있다면 산업은 설 자리가 없을 것이다. 그러나 경제와 새로운 시장이 후자는 매우 특이한데, 네트워크상에 자리잡기 시작했다. 이렇게 하여 복합적이고 발전적인 새로운 기반을 창조하였다. 사이버 공간 경제에서 우선 정보의 재생산·확대·가속화의 효과를 고려해 보고, 그 다음 시장의 새로운 법칙을 고려해 보겠다.

　정보화 사회의 패러독스는 정보 그 자체이다. 우리가 사용하면 파괴되는 에너지(노동을 생산해 낼 수 없는, 즉 에너지의 '고갈된' 형태인 엔트로피의 증가로 이어지는)와는 반대로, 정보는 사용할수록 확대되고 자가촉매작용을 하게 된다. 다른 패러독스는, 우리의 정보화 사회는 '재생산'의 사회라는 점이다. 모든 것이 이 현상을 용이하게 해준다. 즉 팩스, 복사기, 레이저 프린터, 하드 디스크나 디스켓으로 복사하는 프로그램, 전자호출기, 사진기, 캠코더, 스캐너, 오디오, 비디오 카세트, 복사기와 같은 것들이 있다. 우리의 전자음향, 영상, 텍스트 사회는 거대한 복사기이다. 그러나 이런 자연스럽게 보이는 움직임은 억압되었다. 전체적인 사회제도하에서는 전화번호부나 카세트 녹음기·캠코더는 금지되었다. 민주주의 국가에서도 CB나 모뎀·휴대폰은 오랫동안, 혹은 아직도 규제를 받고 있다. 물론 네트워크에 접속한다는 사실이, 어떤 의미로는 관료적인 통제 밖에서 베끼고 복사하는 것과 같은 행위이기 때문이다.

　저작권·인세·특허 등의 이유로, 우리는 해적행위나 무단복제에 대해 ('물품'의 경제라는 의미에서 정당화되는) 울타리를 쌓는다. 그렇지만 '무형화된' 경제에서는 복제의 압력에 대하여 어떻게 저항할 수 있단 말인가? 아이디어는 바이러스와 같이 전염되는 것이다. 아이디어는 전염병에 의해 퍼지고, 개인은 감염된다……. 복사하면서, 정보는 복사될 수밖에 없다. 그러나 우리는 이 복사를 불법으로 간주한다. 물론 저자의 도덕적인 규칙(재정적 권리에 앞서)을 무시하는 표절행위는 용납될 수 없다. 그렇지만 정보권을 기초적으로 움직이는 것은, 아마도 정보의 자유로운 복사일 것이다. 새로운 정보환경에서 복사는 규칙이다——생물학적 진화와 같이 복사 없이는 종(아이디어)의 혼합이나 다양한 생산도, 새로운 종의 개발이나 진화도 없을 것이다.

미래의 해결책은 개인코드의 덕택으로 정보복사에는 자유를 주게 되는 것이다. 예전에는 군인이나 대사관 암호과 직원에게만 주어졌던 이 비밀코드는, 이제 누구나 가질 수 있고 대중적인 것이 되었다. 칩 내장 카드, 패스워드, 텔레비전 채널 데코더, 비밀코드 내장형 전화선과 같은 것은 요즈음 찾아볼 수 있는 적용의 예이다. 이런 것들은 암호 사용의 일반화를 예고하고 있다. 개인용 컴퓨터에 군사기술을 적용함으로써 한 걸음 더 나아가게 되었다. PGP(pretty good privacy)와 같은 대중 비밀코드 소프트웨어가 출현하기 시작했다. 이런 기술을 위한 거대한 시장이 기대된다. 이 기술은 경제의 기본이 되는 상품교환의 규칙과, 다양성을 보장하는 사생활의 규칙을 존중하면서 정보의 복사를 허용하기 때문이다.

비밀코드는 정보도로나 CD-rom을 통하여 가정까지 전달된다. 사용시간이나 사용한 정보 바이트수에 따라 요금이 청구되는 것이 아니라, 정보의 사용 그 자체에 대해 청구하는 것이다. 왜냐하면 정보는 해독하지 않고서는 사용할 수 없기 때문이다. 그러나 매번의 정보해독에는 약간의 요금이 부과될 뿐이다. 이렇게 해서 우리는 우리가 소비하는 만큼 요금을 내게 되는 것이다. 암호가 있기 때문에 가정용 '정보계량기(가스나 전기계량기와 같은)' 가 나오게 되었다.

소프트웨어 제작자들은 작곡가나 작가의 저작권 보호방법에서 배워 왔다. 레코드는 라디오 방송국에 무료로 공급된다. 그러나 방송국에서 어떤 곡을 내보내면 요금을 지불해야 한다. 컨트롤은 통계학적 방법으로 이루어지나, 그 원칙은 소프트웨어 판매에서도 적용되고 있다. 네트워크에 접속된 컴퓨터는 모든 원하는 프로그램을 복사할 수 있다. 이때부터 컴퓨터는 청취자가 한 사람뿐인 방송국과 같아지는 것이다. 매번 소프트웨어를 사용할 때마다 요금이 부과되고, 암호가 있어 개인구좌의 비밀과 안전이 보장된다. 우리는 물체(디스켓)에 대해 요금을 지불하는 것이 아니라, 그 물체에 담긴 프로그램의 사용에 대해서 지불하는 것이다. 그리고 이 프로그램은 무한정으로 복사할 수는 있지만, 한편 더 많은 요금을 부과하게 될 것이다.

네트워크의 경제에는 이윤 '증가'의 법칙이 존재한다. 사이버 공간은 정보의 형태로 '이윤'을 낳는 정보 '자본'이다. 이 정보를 사용하면 할수록 이 자본의 가치는 높아지고, 더 많은 이익을 창출한다. 사이버 공간은 더 복합적이 되고, 내부에서 가치가 더 높아진다. (이런 현상이 어떻게 시간 개념 그 자체를 뒤흔들어 놓는가에 대해서는 나중에 설명하겠다.) 이윤증가의 법칙은 이미 일어난 록인 현상의 효과로 이어진다. 록인 현상은 자가촉매나 교차촉매에 의한 모든 자율선택 현상의 기초가 된다. 팩스나 모뎀, 곧 있을 화상전화의 성공은 같은 논리에서 나온다. 단 한 개의 모뎀을 사용하는 것은 아무런 가치가 없다. 왜냐하면 아무도 통화할 사람이 없기 때문이다. 그러나 둘만 되면, 그리고 십, 백, 천 혹은 백만이 되면, 늘어나는 모뎀은 다른 모뎀의 가치를 높여 준다. 바로 이렇게 네트워크로 인해 팩스와 모뎀의 수가 폭발적으로 증가하게 되는 눈덩이 효과가 시작되는 것이다. 전화, 텔레비전, 개인용 컴퓨터에서 파생된 대중용 화상전화의 경우에도 반드시 같은 현상이 나타날 것이다.

배운다는 것은 제거한다는 것이다

그러나 네트워크는 부정적인 효과도 갖는다. 네트워크 접속이 늘어나면, 전체적으로 볼 때 네트워크 적응력이나 생산성이 감소하거나 정보가 오염될 수도 있다. 전자우편의 수는 벌써 적절한 것이 아니라 오염시키는 것이 되었다. 과다접속을 하는 전문가들은 하루에 수백 통의 전자우편에 답해야 하는 경우도 있다. 팩스 광고나 선전물로 기업의 단말기가 북새통이 되기도 한다. 시간 낭비, 즉 비효율적이 되어 버리는 발전의 예이다.

그러나 네트워크의 경제는, 그 최적 조건을 찾을 수가 있다. 사용자가 1퍼센트 늘면, 전체 정보자본은 비선형적으로 증가한다. 2퍼센트 늘면, 10퍼센트의 정보유통이 늘어남을 의미한다. 왜냐하면 각 사용자는 연결회선을 늘리고, 정보량을 늘리기 때문이다. 문제는 한 노드당 얼마만한 수의 회선을 허용하여야, 한 네트워크가 조화로운 발전을 도모하면서 생산적인 상태에서 안정을 유지할 수 있느냐 하는 것이다. 생물의 다양성에 대한 연구에 의하면, 한 생태 시스템은 다양성(다시 말하면 현존하는 종의 수)의 임계역 내에서는 정체상태를 유지한다. 초과시에는, 이 생태계는 그 번식을 축소한다. 지나친 다양성은 이윤감소를 초래한다. 마찬가지로 생명의 기원에 대한 실험에 의하면, 상호작용중인 분자의 다양성은 보다 복잡한 분자가 되기 위하여 구성 블럭 역할을 하는 조합을 급속도로 생성한다. 다양성이 미흡한 경우에는, 그 구성은 해체되고 사라져 버린다. 지나치게 다양한 경우에는 수없이 많은 조합을 이루느라 에너지를 소모해 버린다.

네트워크의 논리는 무한한 상호연결에 있다. 배양상태에 있는 이 뉴런은 서로 연결되기만을 요구한다. 전화는 전화에 촉매반응을 일으키고, 모뎀은 모뎀에 촉매반응을 일으킨다. 극단적으로 말하면, 이 연결논리는 통신을 위한 통신이라는 말로밖에 정당화할 수 없는 시스템에 이르게 될 위험이 있다.

그러므로 이런 경향을 제어하고, 최적점에서 네트워크의 생산성과 적응력을 유지할 수 있는 조절기가 필요하다. 생물학에서 이런 조절은 분자 정보코드로 이루어진다. 작업상의 다양성은 세포 표면까지 전달된 분자의 특성으로 이루어진다. 무한한 코드의 가능성을 제공하는 글리코프로테인은 세포의 다양성과 특성을 지켜 주면서 세포를 연결시켜 준다. 이물질 분자를 탐지하고 파괴하기 위하여 자신의 다양성을 파악하는 것은 면역체계 기능의 기본이다. 유사한 코드논리가 컴퓨터 시스템 내의 자연 항바이러스 방어체제를 구축하기 위해 현재 적용되고 있다.

어린이의 학습과정에 있어서 시냅스간의 연결은 유용한 연결을 선택하는 데 대한 안정화가 있은 후에 이루어진다. 넘쳐나고 중복되는 연결의 과정을 겪은 후에 우선적인 회로가 뉴런간에 구축된다. 환경과의 관계 여하에 따라, 이 회로들을 잇는 생화학적 '접합'이 강화되고 안정을 찾게 된다. 내부에서 진행되는 다윈 선택과정이 있은 후, 다른 연결은 퇴화되고 사라진다. 장 피에르 상죄가 지적했듯이, 배운다는 것은 '제거한다는 것'이다. 이 공생학적 법칙은 거대 유기체의 범세계적 두뇌의 발전에 필요불가결한 것으로 판명되었다.

휴대폰과 전자수첩의 시대에 비밀전화부를 갖고 싶은 유혹은 크다. 그러나 곧 이 개인코드 때문에 상호자동 접속은 줄어들 것이다. 사람들의 지능은 상호접속의 세계화에 거는 브레이크 장치를 만들어 낸 것이다. 네트워크로 인한 문화적 동질화에 대한 우려가 그들로 하여금 자신들의 언어를 지키기 위해, '문화적인 예외'를 보장하도록 하기 위해 전통·영토·종교의식을 지키기 위해 싸우도록 하였다. 미국인에게는 소중한 60년대 멜팅 폿(melting pot) 시대에 어떤 단체가 샐러드 볼(salad bowl)을 선호하기(퍼뜨리기) 시작했다. 야채 잎은 각각의 자리에 놓여, 향기와 맛의 시너지 효과를 확대시키는 공동의 양념과 함께 담겨진다. 접속과 고립성 사이에서, 그리고 문화적 울타리의 무차별적 붕괴와 창조력이 고갈된 위험한 국수주의 사이에서 어떤 역학적 평형을 찾아야만 한다. 그러나 생물학적 세계나 네트워크 세계와 같이 엄청난 정보교환을 추구하는 세계에서, 그 변별성을 보장해 주는 것은 역설적으로 코드이다.

컴퓨터 시뮬레이션으로 접속과 다양성 유지 사이에서의 평형이라는 공생학적 법칙을 찾아내었다. 거시경 덕분에 우리는 질서, 복합성, 카오스 사이의 기본적인 관계를 재발견하였다. 지나치게 많은 접속이 있으면 기능이 카오스적이고, 혼란스럽고, 무질서하고 창조력이 고갈된 상태가 된다. 시스템은 그것이 만들어 내는 '잡음'에 '귀먹은' 것처럼 억제된 상태가 된다. 역으로 접속이 너무 작을 경우에는, 변화에 적응할 수 없는 경직되고 정체된 시스템이 된다. 이 두 시스템 사이에 전이적 단계에 있다. 이것은 '카오스의 가장자리에 있는' 적응력과 창조적 생산성을 가진 최적의 단계이다.

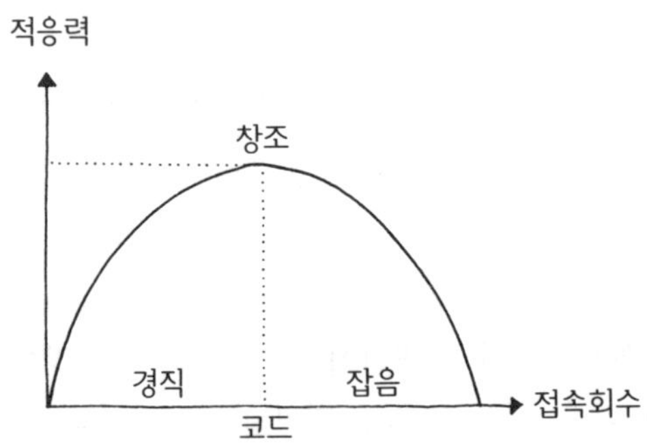

조절기 역할을 하는 특별코드가 시스템을 이 단계로 유지한다. 이 정보조절장치(온도조절장치와 같은)는 기능마비나 무한히 복잡해지게 되는 누출 메커니즘을 막는다. 이 초안은 205쪽의 그림과 연결해 볼 수 있다. 여기서 우리는 평등 속에서의 다양성을 보장하고, 생산성과 적응력을 도와 주는 조절기와 같은 민주주의의 법과 규칙과 코드를 볼 수 있다. 무정부상태나 전체주의 체제하에서는 코드가 너무 많거나 없으며, 개인의 자유가 지나치거나 박탈당해서 그 구조와 기능에서 조화로운 복합성을 향해 발전하는 것을 막는다. 개인과 사회의 공생과정은 시작조차 될 수 없다.

사이버 공간의 새로운 시장

이 새로운 시장은 네트워크 경제의 또 다른 일면이다. 고전적인 형태의 시장은 단순한 규칙을 따르는 평가와 교환과 거래의 공간이다. 이 공간에는 동시에 수많은 요인이 작용한다. 이 요인에는 시장에 작용하는 거래 효과에 대한 간접적인 정보가 담겨 있다. 거래는 화폐로 재화나 서비스에 대한 대가를 지불하기 위해 교환하는 절차이다. 판매자와 구매자 사이에 결정된 가격은 이 조절 메커니즘의 기초가 된다. 가격은 가치인 동시에 정보이다. 시장은 이렇게 수많은 동시 정보를 집합시키고 처리하는 거대한 병렬처리 컴퓨터와 같다. 요인들의 카오스적이고, 예측할 수 없는 움직임이 너무 급격한 변화를 피하는 다이나믹한 안정성을 상층으로 떠오르게 한다. 자유롭게 조절되고 있는 시장은, 상부의 위계질서에 따라 통제되는 시스템을 가진 시장보다 적응력이 매우 뛰어나다.

제록스사의 연구원들이 행한 매우 흥미로운 실험 한 가지가 이 차이점을 확실히 보여 준다. 그들의 목표는 연구소의 컴퓨터 저장 메모리 사용을 최적화하는 것이다. 작업의 형태에 따라, 컴퓨터의 처리주파수나 다중성에 따라 몇몇 컴퓨터는 다른 컴퓨터보다 바쁘게 돌아가고 있었다. 일을 균형 있게 분배하기 위해, 연구원들은 우선 사용할 수 있는 (쉬고 있는) 컴퓨터의 빈 시간과 공간에 여러 프로그램을 할당하는 '중앙제어장치'를 고안하였다. 불행하게도 이 제어장치는 이 할당제도를 관리하는 데에만 대부분의 작동시간을 사용하는 너무나도 복잡한 프로그램을 필요로 했다. 이 실패로 중앙으로부터 완전히 분산된 '내부시장' 시스템을 사용하기로 하였다. 각각의 업무마다 한 '예산'이 연결되었다. 컴퓨터는 한가한 시간을 조절해 쓰면서, 정보처리 '가격'을 나타내 보인다. 이런 컴퓨터에 업무를 할당하는 일은, 전자식 업무제공장치와 컴퓨터들간의 거래에 의해 이루어진다. 각각의 컴퓨터는 각자의 수입을 최대화하려고 애쓴다. 점유 시간에 따라 정보처리 가격은 오르기도 내리기도 한다. 프로그램 관리자는 그런 작업에 작용한 우선권에 따라 정보처리 시간(그리고 비용)을 최적화하여, 그들의 예산을 자동적으로 관리한다. 계산이 거의 필요하지 않는 약간의 조정만으로 시스템은 완벽하게 분산되어 작동한다. 시장은 자체의 평형을 찾았다.

　새로운 식량원을 벌집에 알리는 꿀벌의 경우에서 다른 예를 볼 수 있다(53쪽 참조). 이 메커니즘은 시장과 유사하다. 꿀벌은 그들의 춤으로 전하는 정보로 인하여, 다른 식량원에 대하여 이 식량원을 취할 가능성을 조정한다. 새로운 식량원을 취하는 쪽으로 많은 꿀벌들을 유도하여 망설이는 꿀벌의 수는 줄어들고, 이 식량원의 질에 대해 '확신하는' 꿀벌의 수는 늘어난다.

　유사한 현상은 자동차 시장에서도 찾아볼 수 있다. 결정을 못한 사람은 어떤 메이커의 장점을 친지나 혹은 광고에 의해 설득되어져서, 이 메이커 제품의 구매가능성 쪽으로 기울어지게 된다. 이렇게 해서 잠재적인 구매자의 수를 점진적으로 증가시킨다. 물론 다른 반대 효과가 작용할 경우에는 더 복잡한 평형점찾기가 될 수도 있다. 그러나 꿀벌의 집단결정 메커니즘의 병행처리 마이크로프로세서 형태의 구조를 보여 주는 54쪽의 그림은 경쟁관계에 있는 두 메이커의 시장 변화에도 적용시켜 볼 수 있다.

이 여러 가지 예에서 요인들(생산자·배급자·판매자·구매자)의 정보는 '간접적'이다. 그들은 거래 효과가 나타난 후에야 측정할 수 있다(혹은 일정 상품의 보이콧이 있을 경우에는 무거래의 효과). 원거리통신망과 정보와 전자화폐의 유니미디어 셀프서비스 체제가 일반화되면서 직접적이고 지속적인 역정보가 대량으로 나타날 것이다. 시장에서 발생하는 이 실시간의 사회적 역작용형태는 경제의 기반 자체를 무너뜨리고, 새로운 변태적인 효과를 창출할 것이다.

공생학적 관점에서 두 가지 면을 고려할 만하다. 즉 역마케팅과 정보화된 선별마케팅이다. 이들은 네트워크 논리에서 나온 상황이다.

역마케팅과 선별마케팅

내가 역마케팅이라고 부르는 것은, 생산자의 공급에서 소비자의 수요를 향하였던 화살표의 고전적 방향을 '뒤집어 놓음'으로써 탄생한 새로운 형태의 시장이다. 오늘날 생산자는 대량소비를 겨냥하여 대량으로 상품생산을 한다. 이 상품들은 교환과 거래의 구역(도매상, 상점, 시장, 대형 슈퍼마켓)에 저장되어 있다. 소비자들은 이곳으로 자신이 선택한 상품을 구입하기 위해 모여든다. 이 구매행위의 극히 일부분이 홈쇼핑을 통해 이루어진다. 잠재적 구매자를 고객으로 확보하기 위해, 기업들은 시장조사와 광고·마케팅에 적지 않은 금액을 투자한다. 그러나 그 시스템은 맹목적으로 운영되고 있으며, 잠재적 구매자의 통계학적 단면과 시장점유율, 다소 긴 시간에 걸친 상승률밖에 모른다.

예를 들면 대화식 멀티미디어 텔레비전에서와 같은, 실시간 속에 나타나는 역작용으로 해서 모든 것은 바뀐다. 화살표의 방향은 소비에서 공급을 '향하면서' 뒤집어진다. 구매자의 요구사항이 계속적으로 자세하게 표현된다. 색상·형태·기능 등, 그들은 가정에 비치된 리모콘이나 마이크로컴퓨터나 텔레비전 수상기·인공지능 전화를 통해 항상 선택하고 있다. 이 직접적인 정보를 통합하여 생산자는 그들의 재고량을 보다 정확하게 조절할 수 있고, 그들의 생산량을 맞추고, 무엇보다도 자동화의 유연성을 통해 이익을 창출할 수 있다.

　이런 역마케팅은 어떤 분야에서는 엄청난 다양함을, 어떤 분야에서는 일관성을 초래할 것이다. 수많은 기반이 생겨나고, 이것은 몇몇 사람들의 요구와 필요에 맞추어질 것이다. 대량거래를 하던 시장은 선례를 찾아볼 수 없을 정도로 개인적인 시장으로 변할 것이다. 소비자의 구매, 생산자의 재료 주문, 생산 사이의 정보회전 사슬이 더욱더 강화될 것이다. 이렇게 해서 기업은 소비자의 갑작스러운 소비증가에 몇 주 이내, 혹은 더 나아가서 며칠 내에 대응할 수 있을 것이다. 이런 능력은 섬유·의류, 혹은 승용차의 경우에 유용하다. 역마케팅 네트워크(역정보를 제공하는)와 유연성(컴퓨터 통합시설을 갖춘)을 접목함으로써, 이런 형태의 생산은 준생물적 특성이 나타난다. 수요에 적응한 지속적 공급이 가능한 것이다.

　정보화된 선별마케팅으로 한 걸음 더 나아가 보자. 이 단계는 사생활 침해로 이어지는 위험한 단계이다.

　이 방법에서는 기업은 소비자의 관심사나 인적 사항, 행동양식에 대해 가지고 있는 모든 정보를 사용한다. 컴퓨터의 대중적 사용은, 판매자와 구매자가 오래 전부터 알고 있던 옛날의 식료품점에서와 같은 근거리 매매를 부활시켰다. 실제적·잠재적인 고객은 개인 판촉정보를 (각자의 수입·연령·직업·생활양식·취미에 따라) 받는다. 이 선별마케팅은 기록적인 시간에 엄청난 양의 정보를 병행처리할 수 있는 컴퓨터와, 마치 신경세포와 같이 소비자들의 과거 거래 이력에 따라 그 행동 모델을 구축하는 네트워크, 그리고 수백만 명에 대한 교차식 검색조회가 가능한 데이터 뱅크의 사용으로 용이해졌다.

소비자의 거래와 그들의 선택·기호, 이와 관련된 일련의 행동은 신용카드 지불로 알려지면서 컴퓨터에 입력된다. 쿠폰이나 설문지, 보증서를 쓰는 행위, 어떤 제품에 대한 여론조사서에 답하는 행위, 수신자 부담의 전화를 이용하는 행위, 대화용 텔레비전의 채널선택까지도 모두 입력된다. 예를 들면 기업은 우리가 가장 좋아하는 물건을 사는 상점과 영화를 보는 것이나 좋아하는 식당, 여행지, 즐겨 타는 비행기, 우리가 살고 있는 곳의 기후나 경제적인 조건에 대한 모든 정보를 가지게 될 것이다. 컴퓨터 속에서 뒤섞여 있는 정보들은 다른 협력업체나 상점이나 슈퍼마켓의 계산대를 통해서 얻은 정보와 비교되어, 바겐세일이나 극단적인 경우 '한' 개인을 위한 판매를 할 수 있게 해줄 것이다.

이런 흐름을 뒤집기는 어려워 보인다. 60퍼센트 정도의 미국 기업이 이런 네트워크나 데이터 베이스를 구축중이다. 파일간 상호연결은 은행과 신용카드회사, 큰 도매상, 자동차회사, 식료품회사 사이에서 흔히 있는 일이다. 프랑스에서는 다행스럽게도 CNIL〔프랑스 정보자유위원회〕에서 이를 통제하고 있다. 그러나 어떤 유럽의 신용카드 보유자들은 미국의 컴퓨터 파일에 들어 있다. 그리고 미국은 이 선별적 판촉행위가 시작된 곳이다. 네트워크의 세계화와 범세계적 두뇌의 작동으로 생긴 이런 현상은 통제할 방법이 없는 것 같다.

기생경제, 빅 브라더, 전자마약

전자화폐의 사용은 네트워크 논리의 또 다른 부정적 효과를 가져왔다. 기생전자 경제가 그것이다. 동시처리 경제는 고전적인 경제의 기반 그 자체를 뒤흔들 것이다. 비밀코드화된 전자화폐는 지폐 꾸러미를 없애 버린다. 먼 나라의 적당한 은행구좌에 무한한 액수를 예금할 수 있다. 이렇게 되면 돈세탁이 쉬워진다. 이미 마피아와 마약상들은 국가들의 감시를 피하기 위해, 모든 종류의 국제 텔레매틱 네트워크(인터넷을 포함하여)·휴대폰·'비퍼'·전자화폐를 사용하고 있다. 기업과 개인은 국가 중앙은행과 경쟁이 되는 개인 전자화폐를 발행할 것이다. 더 이상 은행권을 위조할 필요가 없어질 것이다. 적당한 소프트웨어를 사용하여, 예전에는 특수한 기관이나 전문가만이 할 수 있었던 경제적 독점행위나 거래가 개인에게도 스프레드시트를 사용하는 것만큼이나 간단하게 될 것이다. 컴퓨터 네트워크를 통해서 주식의 큰 거래나 현금 유통에 끊임없이 개입하여, 직관력과 전문성을 갖춘 주식투자 전문가들의 행동을 방해하게 될, 이 수많은 독자적 재정관리들의 영향력은 어느 정도일까? 인터넷을 통해 제공된 주식정보가 이미 주가를 오르내리게 한 적이 있다.

세계적인 네트워크, 전자화폐, 가정에서 다운로드받을 수 있는 무형상품들(소프트웨어·영상·음향·비디오)의 결합은, 유형상품 경제를 위해 만들어진 보호정책과 쿼터제·장벽·국경을 없애 버릴 것이다. 나는 국제위성 TV방송에서 바겐세일로 나왔거나, 네트워크로 배달된 전자카탈로그에 나온 상품을 종종 구입한다. 지불은 전자송금으로 하고, 다운로드된 상품은 압축되어서 가정으로 배달되는데, 그 보급소의 위치를 나는 알지 못한다. 가상상점은 이미 출현하였다. 이 사이버숍(cybershop)은 다음과 같은 단순한 이유로 성행할 것이다. 재고가 없고, 장소 임대비용이나 광고비가 없으며, 소규모의 직원만 있으면 된다. 고전적인 상점에 대해서 또 다른 큰 이점이 있다. 그것은 바로 수요에 매우 빠르게 응하고, 시장의 상황에 잘 적응한다는 것이다. 높은 부가가치의 무형상품을 다운로드하고 비밀코드화된 전자화폐로 지불함으로써, 우리는 상업 사이버 공간 시대로 들어선다.

거대 유기체의 세계적 두뇌의 기능이 아직 초보적이어서 새로운 위험이 생겨난다. 그것은 정보의 오염과 사이버 공간의 혼잡, 사이버 항해자들을 질식시키는 복잡한 설명서와 주의사항들, '풍부한 정보'와 '빈약한 정보' 간에 벌어지는 격차와 같은 것들이다. 더 염려스러운 것도 있다.

1차적인 위험 정보화된 선별마케팅의 경우에서 내가 말했듯이 사생활 침해가 있다. 네트워크가 복잡해질수록 개인에 대한 정보를 추적하기가 쉬워진다. 즉 그 정보를 훔치든가, 약탈하든가 하는 것이다. 인터넷은 이미 정보고속도로 강도들의 소굴이다. 신세대 고속도로 강도라고나 할까. 그들은 패스워드를 빼앗아 가고, 우편함에 침입하고, 사용자를 협박하고, 송금을 가로챈다. 어디서나 찾아볼 수 있는 소형 전자기기로 우리의 이웃이나 고용인들을 몰래 감시할 수 있게 되었다. 빅 브라더 망령이 국제 정보고속도로상에 떠다닌다. 두 휴대폰 사용자간의 통화, 콜택시, 현금지급기에서의 출금, 선물 구입, 한 식당에서의 점심식사, 렌트카, 고속도로 카드 사용, 휘발유 주유와 같은 일상적인 행동이 이제는 컴퓨터 기억장치 속에 장소와 날짜가 기록되고, 파일 속에 입력되고 저장되어, 한 사람의 일생 중 일정기간 동안의 행적을 추적할 수 있는 기초가 될 수 있다.

네트워크 자체의 복잡함으로 인한 네트워크의 취약함에서 오는 위험이 있다. 컴퓨터 바이러스가 그 예이다. 그밖에도 최첨단 시스템이 '다운'되는 경우도 있다. 현대식 항공기 조종을 관리하거나, 국제전화선의 전자식 교환대를 운영하는 컴퓨터 프로그램은 너무나 복잡해서 아무도 예방책을 세울 수가 없다. 더욱 염려스러운 것은, 이 시스템을 반드시 잘 작동하도록 유지해야 한다는 것이다.

또 다른 위험은 개인이 각자의 '전자기포' 속에 고립될 것이라는 점이다. 자신의 단말기나 텔레비전 화면 앞에서, 대화용 케이블 네트워크나 인공위성을 통해 정보를 받으며, 그리고 홈쇼핑을 하고, 화상회의에 참석하며, 또 사이버 섹스를 즐기면서!

청소년들이 전자오락에 열중하는 데서 예상할 수 있듯이, 전자마약에 대한 일종의 위험이 있다. 새로운 인공낙원으로의 도피인 것이다. 이 위험은 벌써 우리 곁에 와 있다. 마약은 이미 알려져 있듯이 세 가지 특성을 지녔다. 그것은 의존성(견딜 수 없는 필요성)과 습관성(복용량을 늘여야 함), 그리고 금단현상(중단했을 때의 생리적 결과)이다. 텔레비전은 어떤 의미에서는 이 범주에 속한다. 이미 중독이 되어 버린 수천만의 텔레비전 시청자에게는 더 강한 자극이 필요하다. 반복되는 현실을 '팔기' 위해서는 점점 더 높은 강도의 감동이 필요하다. 그래서 뉴스와 같이 일상적이고 의례적이고 친밀한 이 영상이 없어지면 금단현상과 불안감을 느끼게 된다. 인터넷은 다른 형태의 마약이다. 한 번 접속하면 필요성과 습관성과 금단현상을 느끼게 된다. 어떤 인터넷 중독자는 하루에 15시간을 네트워크상에서 보낸다. 가상사회, 시공 속의 무형여행이 일반화되고, 사이버 공간을 탐험하고, 끝없는 상상·몽상·감동과 감상으로 가득 찬 정보권 속으로 침잠하는 일에 대해 우리는 어떻게 반응하는가? 지구의 어느곳에서나 다운로드할 수 있고, 전자생물학적 인터페이스에 의해 인간두뇌 속으로 직접 공급되는, 미래의 전자마약의 영향과 유통에 대해 우리는 어떻게 제재를 가할 것인가?

보이지 않는 산업

정보산업은 무형경제의 기초이다. 그러나 재료의 가공이 미래산업의 중요한 사업 중의 하나로 남아 있을 것이다. 역학·생물학·화학·정밀전자공학은 다음의 두 가지 움직임에 의해 크게 바뀔 것이다. 한 가지는 이 분야들간의 합병이고, 또 다른 한 가지는 다양한 정밀기계와 재료의 생산을 위해 원자와 분자의 조직을 점점 더 치밀하게 조작하는 것이다.

엔지니어링은 금세기 초 매우 큰 성공을 거둔 분야인데, 그것은 물리적 법칙을 재료 변형과 구조물 건축이나 혹은 복잡한 기계제작에 응용하였기 때문이다. 귀스타브 에펠이나 아점바드 킹덤 브루넬은 이 시대의 영웅이었다. 이 시기에 매우 대담한 공법의 현수교와 거대한 증기선, 하늘로 치솟은 탑, 기관차와 비행기가 등장하였다. 21세기 엔지니어링의 목표는 무한소와 무한복합성을 지향한다. 원자를 이용하고, 소형 구조물을 세우고, 생물학적이거나 메카트로닉한 정밀기계를 조립하고, 인간이 살고 있는 복합 시스템의 운영과 제어 시스템을 설치하고, 범세계적인 차원의 거시 제어기구를 가동시키고 하는 일이다. 그 분야는 나노엔지니어링(1나노미터는 10억분의 1미터)에서 마이크로엔지니어링에 이른다. 물론 그 도중인 이 20세기 말에는 생물공학과 정밀전자공학과 더불어 비약적인 발전을 하고 있는 마이크로엔지니어링을 지나가고 있다.

분자생물학이 그 길을 보여 주었다. 유전공학이 그 뒤를 따랐다. 생물학자들은 생명체를 다루고 세포를 재프로그램하는 놀라운 기구를 개발하였다. (나는 이 생물공학에 대해 《생명체의 미래》에서 상세히 설명하였고, 앞장에서도 간단히 이야기하였다.) 그들의 장비 세트는 놀랍다. 그것은 복사기(PCR), 가위, 풀, 운반기, 천공기, 탐지기, 프로그램된 분자기계, 촉매항체(abzymes), RNA 효소(ribozymes)이다. 생물공학은 일종의 정밀공학이다. 세균은 분자코드로 재프로그램된 소형 공장이다. 이 분자코드는 엔지니어들이 마음대로 수정하고, 세균은 그 코드를 해석할 줄 안다. 그 과정은 컴퓨터 프로그래밍의 과정과 유사하다. 한 컴퓨터로 프로그램만 바꾸어 주면 여러 가지 작업을 할 수 있다. 이 새로운 생명공학 도구들은 거기에 컴퓨터를 더해야 하겠지만, 생명산업 발전의 밑거름이 되었다.

정밀전자공학으로 말하자면, 이 기술은 무한소를 지향하면서 바이러스 크기에 근접하였다. 컴퓨터공학자들의 목표는 1평방밀리미터에 수천만 개의 트랜지스터를 집적하기 위해 두께 0.1마이크로(1백 나노미터) 정도의 선으로 이루어진 구조에 도달하는 것이다. 오늘날 이런 타입의 회로는 물리적 한계에 도달했다. 그러나 이 농도는 생물학에서 다다른 농도에 비하면 미흡하다. 정밀전자공학에서 사용하는 기술적 원리는 사진제판법에 근거하고 있다. 그러나 새긴다는 것은 회로를 만들기 위해 물질을 '제거하는 것'을 의미한다. 생물학은 물질의 자체 조직작용으로 요소들을 '덧붙이면서' 진행된다. 하위조직에서 상위조직으로, 수정된 난자에서 수천억 개의 세포로 이루어진 조직이나 1백 미터 높이의 나무에 이르기까지 점점 더 복합적인 구조를 형성하면서 말이다. 생물학의 세계는 나노공학자들이 본받을 수 있는 분자기계 모델들이 가득 찬 진열장과 같다.

한 세균이 놀라운 분자기계를 사용하여, 어떤 방법으로 '냄새'를 감지하는지를 보여 주는 예가 있다.

일반적으로 무해하고 평범한 세균인 대장균은 '코'를 가지고 있다. 이 세균은 유전자 특성을 지닌 긴 DNA 분자와 프로테인의 다양한 분자로 가득 찬, 길이가 1마이크로(1천분의 1밀리미터)인 작은 주머니 모양을 하고 있다. 대장균은 정자의 꼬리와 같이 물결치는 편모를 이용하여 주변을 헤엄쳐 다닌다. 이 미생물은 먹이가 되는 분자를 탐지하고, 위험한 물질을 피하여 동료들이 밀집한 지역으로 나아가는 데 필요한 감각기관을 가지고 있다. 이 세균은 세포의 전면에 집중된 화학수신기를 3천 개나 가지고 있다. 이 수신기로 해서 이동할 때 분자의 밀도를 측정하면서 방향을 잡고, 초당 10마이크로에서 20마이크로를 이동할 수 있다. 이 탐지기는 편모를 움직이는 분자 모터에 화학신호를 보내고, 속도를 높이게도 하고, 방향을 전환하도록 하기도 한다. 세균은 이 분자 코를 사용하여 유익한 분자 냄새를 맡고, 그렇게 해서 영양을 섭취한다. 일종의 운반장치가 그 분자들을 잡아서, 석탄을 부삽으로 퍼넣는 보일러와 같이 세포 속으로 계속 던져넣는다. 이렇게 세균은 소형 분자 마이크로모터로 움직이는 노와 같은 편모를 사용하여 이동하고, 소형 센서로 분자를 탐지하고, 분자 농도에 따라 작동하는 유도장치로 방향을 잡는다. 이런 메커니즘은 분자공학자들에게 아이디어를 준다.

초정밀공학의 비약적 발전

초정밀기계를 만들기 위해 생물학에서 본떠 오는 방법을 생각한 것은 1950년대 말로 거슬러 올라간다.

전국 물리학회가 열렸던 1959년 12월 29일, 캘리포니아 주에 있는 칼테크 대강당에 모인 과학자들은 그들의 귀를 의심하였다. 후일 노벨물리학상을 수상한 리처드 파인먼은, 그들에게 다음과 같이 선언하였다. 만일 우리가 원하는 대로 원자를 하나하나 조합할 수 있다면 어떤 일이 생기겠는가? 또 다른 응용기술의 세계가 열릴 것이다. 우리는 몇 개의 원자를 가지고 회로와 원자 10개만한 직경의 분자섬유를 만들고, 새로운 형태의 분자기계를 만들어 낼 수 있을 것이다. 파인먼의 말이 맞았다. 그는 1988년에 죽었기 때문에 초정밀공학이 눈부신 도약을 하는 데에 동참할 수 없었다. 초정밀공학은 오늘날 여러 나라의 많은 기업들이 유망한 분야라고 여겨 수억 달러를 쏟아붓고 있는 전략산업 분야이다.

초정밀공학의 발전에 촉매 역할을 한 또 다른 선구자는 포어사이트연구소의 에릭 드렉슬러이다. 1981년 국립과학학술회보(Proceedings of the National Academy of Science)에 분자공학에 관련한 주목할 만한 논문을 실었다. 그 당시 그는 26세였다. 물리학자들과 화학자들의 논란의 대상이 되긴 하였지만, 드렉슬러는 어쨌든 과학자들과 기업가들에게 초정밀공학의 중요성에 대한 인식을 높이는 데 큰 역할을 하였다.

초정밀공학의 목표는, 분자의 규모로 작동할 수 있는 기계와 회로와 네트워크를 원자 하나하나로 제작하는 것이다. 이 기계는 또 다른 기계를 생산하고, 우리가 볼 수 있는 규모의 재료와 시스템으로 점점 더 가까워지는 것이다. 이런 기술은 최근 10년간 개발한 일련의 새로운 기구 덕분에 가능하다. 그 가운데는 원자를 관찰하고 조종할 수 있는 주사투과 현미경(TEM)과 원자력 현미경을 들 수 있다. 이것들은 초정밀세계의 새로운 선반·천공기·프레이즈반과 같다. TEM 덕분에 IBM사의 돈 에이글러는 1990년 니켈판 위에 놓인 35개의 크세논 원자로 5나노미터 크기의 IBM이라는 글자를 써서 세상을 놀라게 했다. 그 글자의 크기를 이 책의 영문 대문자 크기로 본다면, 사람의 머리카락 한 가닥의 굵기는 직경 50미터가 된다. 다른 기구들로 말하자면, 분자를 집어서 옮길 수 있는 레이저 핀셋, 원자의 움직임을 순간 포착하는 레이저 사진기, 원자들을 분류하고 소그룹으로 모으는 원자 덫이 있다. 그밖에도 분자를 재프로그램하고, 찾아내고, 분류하고, 자르고, 복사하고, 붙이는 생물과학적 장비 세트가 있다.

이런 장비를 써서 초정밀과학자들은 이미 섬유, 튜브, 분자 벨크로〔Velcro; 단추, 지퍼 대용의 나일론제 접착천, 상표명〕, 안전기, 마이크로모터, 기어 등을 생산하였다. 그밖에도 볼 베어링, 분자섬유 위를 이동하는 셔틀, 로터, DNA 입방체, 이중나선구조, 분자 한 층의 두께로 겹쳐진 판들로 된 박막 등…… 보다 복잡한 구조로 조립될 수 있는 Meccano 부품들〔상표명, 금속제의 장난감 조립 부품〕처럼.

무한소 기술자와 건축가들은 초정밀공학의 왕도인 이 부품들과 기계의 자동조립의 조건을 정하였다. 그들의 목표는 미래의 회로와 기계를 성장시키는 것이다. 대형 태양열 센서인 거대한 세쿼이아〔미국

캘리포니아 지방의 거대한 삼나무)의 생명도 DNA 분자 하나의 프로그램에서 시작된다. 이 프로그램 외에도 시간과 공간 속에 펼쳐진 이 거대한 구조물을 점진적으로 구축하기 위해서는 에너지(태양 에너지)와 기초 물질(탄산가스·물·무기염), 분자기계(효소)가 필요하다. 나뭇잎은 자체 조직된 태양전지이다. 화학과 생물공학에서 축적한 원자와 분자 조작 노하우를 이용하여, 초정밀공학자들은 나무 한 그루만큼 복잡한 자체 조직구조물을 생성하기를 바란다.

자연이 사용한 모든 형태의 분자기계는 복사·수정·개선·재창조될 것이다. 복합분자를 분해·조립하는 작업을 가속시킬 수 있는 조립기구나 해체기구를 만드는 일로부터 시작할 것이다. 그리고 이 제조를 제어하기 위한 나노컴퓨터·효과기·센서를 만들 것이다. 또한 엔진·운반대·자동분류기·마이크로펌프도 만들 것이다. 인간 신체 내부에서 막힌 것을 뚫고, 접합시키고, 소제하고, 위험을 알리는 일과 같은 분자 보수작업을 수행할 수 있는, 그리고 더 큰 크기의 마이크로로봇 제작용 기계-기구가 되는 나노로봇을 만들어 낼 것이다. 이 마이크로로봇들은 개미나 꿀벌과 같이 공동체를 만들어 집단으로 행동하면서 인간이 바로 쓸 수 있는 대형 구조물을 만들 것이다. 컴퓨터와 CAD는 오늘날 자동차산업이나 항공산업에서와 같이 새로운 모델을 설계하고, 그 조립과정을 정하는 데에 널리 사용될 것이다. 핵심단계는 이미 넘었다. 제록스연구센터의 랄프 머클과 같은 사람은 컴퓨터로 마이크로머신을 설계한다. MIT의 줄리우스 레벡은 자가재생산 능력을 가진 분자를 합성하였다. CNRS의 프란시스 가르니에는 유연한 판으로 플라스틱 트랜지스터를 개발하였다. 콜레주 드 프랑스의 노벨상 수상자 장 마리 렌은 초분자화학의 선구자이다. 그는 마음대로 전류를 멈출 수 있는 분자섬유를 만들었다. 섬유 속에 장치된 분자차단기는 자외선으로 비추면 전자의 흐름을 통과시키고, 반대로 적외선을 비추면 흐름을 차단한다. 이 분야에 대한 연구가 세계적으로 증가 추세에 있다. 미국과 일본은 초정밀공학이나 분자전자학을 이용하는 생산개발연구소에 엄청난 투자를 하고 있다.

미래의 재료산업은 이 책에서 다루는 네 가지 분야가 합쳐져서 탄생하고 있다. 생물공학·인공생명(혹은 신생물학)·분자전자학(바이오틱을 포함)·초정밀공학이다. 화학과 정밀전자산업의 연장이며, 학문 간의 교류 분야인 재료공학은 의료·컴퓨터·로봇공학·통신·식품가공·광산업·에너지 개발과 공급에 관계된다. 이는 특히 바이오로봇과 바이오컴퓨터의 개발에 그 길을 열 것이다. 이것들은 미래산업 가동에 필요한 신생물학적 혼성기계이자 사이바이온트의 기초적 구성 요소이다.

다중성의 승리 : 병렬처리와 벨크로 효과

내가 보기에 미래사업의 또 다른 가장 큰 흐름은 병렬처리방식을 모든 층위의 조직에 체계적으로 적용하는 것이다. 산업생산에 있어 중앙집중식이고, 테일러식이고, 선형적이며, 순차적인 시각은 작업의 동시진행을 금하고 있었다. 그것은 부분적으로는 고전적 위계질서인 피라미드식 조직보에서와 같은 엄격한 통제를 할 수 없기 때문이다. 그러나 자연 속에서 일어나는 대부분의 대사작용이나 정보처리는 우리가 개미나 꿀벌의 예에서 보았듯이 동시에 일어난다. 유사한 형태의 조직은 많은 동물사회에서 찾아볼 수 있다. 시장 혹은 더 일반적으로 말해서 경제와 같은 인간사회에 있어서, 자기 보존과 자기 번식 기능이 근거로 삼고 있는 자발적인 교환 시스템의 특성은 대량병발적이라는 것이다. 미래는 병발과 대량의 세계이다. 이는 인간이 자신이 만든 기계들에 대해 부분적으로 조정을 포기할 수도 있다는 뜻이다.

세 가지 예가 이런 방향으로 나아가는 것을 증명해 준다. 병렬처리 컴퓨터, 조합화학과 마이크로로봇 군단이 그 예이다.

병렬처리 컴퓨터는 직렬식 컴퓨터를 대체하게 될 것이다. 형태와 얼굴·필적·음성을 인식하는 상호연결된 멀티프로세서가 뉴런 네트워크의 모델을 구성하게 된다. 병렬처리 컴퓨터의 데이터 베이스는 동시에, 그리고 사용자의 요구에 따라 비디오 영화·게임, 혹은 뉴스 장면을 수백만의 사람들에게 제공할 것이다.

분자전자학은 병렬기능의 세포로 된 자동인형을 탄생시킨다. 현대 컴퓨터 발명가인 존 본 노이만은 두 가지 방식의 정보처리를 예고했다. 하나는 순차적 처리이고, 다른 하나는 세포로 된 자동인형이었다. 전자의 경우는 전자공학의 발달로 이루어졌다. 바이오칩과 바이오컴퓨터의 생산으로 후자의 경우로 나아가게 되었는데, 이는 컴퓨터공학을 생물학에 접근시키게 한다. 프로그래밍은 더 이상 인간에 의해 엄격하게 제어되지 않고, 많은 부분이 발생연산에 의해 자동화될 것이다. 생물학적 진화와 마찬가지로 계속되는 변이·선택·모색과정에 의해 이 프로그램들은 복잡한 문제들을 해결할 것이고, 그렇게 해서 문제 해결능력이 인간의 그것을 추월하게 될 것이다. 이것은 통신이나 항공술과 같은 실시간 작업에서 사용되는 수백만 줄의 코드로 이루어진 프로그램들의 경우이다. 미래의 병렬처리 컴퓨터는 이 초복잡 프로그램을 적용하고, 작동하고, 관리할 수 있게 해줄 것이다. 세상의 어느 컴퓨터 프로그래머도 이 컴퓨터가 적절한 답을 찾아낸 과정을 알지 못할 것이며, 어떻게 그 프로그램이 작동하는지도 알지 못할 것이다. 그러나 병렬처리와 인공진화는 수백만 사람들의 생활이 걸려 있는 시스템에 물리적인 안정성을 보장해 줄 것이다. 인간 대 컴퓨터의 공생은 복합성의 공동운영으로 이어질 것이다.

병렬처리는 화학 분야에서도 성공을 거두게 될 것이다. 오늘날 제약업계에서 가치 있는 분자 한 개를 만들기 위해서는 1만 개 정도를 합성·분석·시험·선별해야 한다. 이렇게 해서 마침내 한 개를 개발하여 비싼 가격에 시장에 내놓게 된다. 이 작업은 순차적이고, 분야간의 의사소통은 불확실하며, 개발과 실험기간은 10여 년이 걸리는 등 유난히 길다.

조합화학은 이 과정을 혁신적으로 바꾸어 놓는다. 고전적인 화학과는 달리 합성은 병렬로 이루어지고, '서로 다른' 수천 개의 분자를 동시에 생산한다. 이를 위해서 전자칩 생산기술과 유사한 기술로 만들어진 화학칩을 사용한다.

분자 L과 단단히 결합될 수 있는 분자 M을 생화학적 반응을 억제하여 약제로 쓰기 위해 연구한다고 가정해 보자. 일단은 화학칩의 표면에 분자의 첫 세대를 고정시켜야 한다(예를 들면 아미노산 결합물인 펩티드, 또는 DNA나 RNA 핵산 단편). 이렇게 채워진 표면은 각 부분의 위치를 쉽게 파악할 수 있는 작은 사각형의 행렬과 같다. 몇 가지 화학반응 그룹을 보호하는 마스크 적용을 계속하면서, 선별적인 방법으로 기존의 분자에 구성 블럭을 가한다. 같은 종류끼리, 같은 구역끼리 분류된 각기 다른 수천 개의 M분자로 구성된 집단이 이렇게 점차적으로 형성된다. 그 다음에는 이 종 전체가 동시에 L분자들과 결합할 수 있는지 시험하게 된다. 이를 위해서는 화학칩 표면에 이 분자들을 용해한 액체를 흘린다. 이 분자 테스트마다 레이저로 판독 가능한 화학적 꼬리표로 표시를 한다. 이렇게 하면 L분자가 붙은 칸을 쉽게 찾을 수 있고, 거기에 결합된 M분자를 증가시킬 수 있다.

조합화학의 병렬처리작업은 엄청난 시간 절약을 가져온다. 약학적인 가치가 있는 분자 하나를 찾는 데 몇 년이 아니라 며칠이면 된다. 애피맥스(Affymax)생물기술학회의 창시자이자, 이 기술의 선구자인 스테판 퍼더는 학파를 조직했다. 15개의 첨단기술기업이 이 기술을 적용하기 위해 생겨났다. 몇몇 화학 혹은 제약업체는 변화에 적응을 하든지 도태될 것이다. 왜냐하면 병렬합성기술은 시간과 경비를 절감하면서 업계를 빠른 속도로 정복할 것이기 때문이다.

생물학자들도 특정 성질을 가진 분자를 찾기 위한, 시험관 테스트에 분자진화 실험형태의 병렬처리기술을 사용한다. 100쪽에서 예를 들었다. 이 방법은 앞서 설명한 발생연산에서 사용한 원리 및 다원적 생물진화의 원리와 유사한 원리에 기초하고 있다. 이를 위해서는 조합화학의 경우와 마찬가지로, 전통적인 화학생물학 기업의 전반적인 구조 변경이 필요할 것이다.

마이크로로봇 군단도 병렬기능의 한 예를 보여 준다. 로드니 브룩스가 만든 로봇은 곤충과 흡사한데, 미래의 소형 작동로봇의 선조격이다. 이 새로운 세대는 분자전자학, 생물공학, 바이오틱스에서 나온 기술이 한데 모여 만들게 될 것이다. 이 미래 로봇으로 해서 인공생명, 혹은 신생물학은 크게 진보하게 될 것이다. 서로 의사소통하면서 단순하고 한정된 작업을 하는 개미들처럼 이 마이크로로봇 군단은 오염제거, 채집, 추출, 구축, 조립, 해체작업을 하게 될 것이다. NASA는 화성 정복에 이 마이크로로봇 군단을 파견할 것도 고려하고 있다.

생물학과 환경학에서도, 힘과 정보에서 병렬처리 원리가 존재한다. 협력 효과는 미약하기는 하나, 시너지가 큰 수많은 결합에서 나온다. DNA 이중나선 구조나 단백질 구조를 고정시키는 수소 결합의 경우이다. 우리 수준에서는 벨크로야말로 미약하고 국부적인 효과에서 강력하고 포괄적인 결과가 나올 수 있음을 보여 주는 예이다. 서로 얽혀 있는 각 오라기를 떼어내는 힘은 아주 미약하다. 그러나 전체 접착 밴드에 가해지는 합력은 한 사람의 몸무게를 지탱한다. 이 벨크로 효과는 사회가 전체적으로 기능을 다하기 위해서는 구성원의 결속이 중요하다는 것을 보여 주는 예가 될 것이다. 즉 같은 특성의 다른 행동에 발맞춘 한 개인의 행동을 말한다.

중앙집중식, 순차적 테일러식 모드에 있어서도 작업의 병렬처리 경향은 더 강화될 것이다. 그러나 에너지 생산·정보통신, 또는 재정관리에서 제도적인 독점에 관계된 문제가 제기될 것이며, 따라서 각자 자신의 중앙통제력을 유지하고자 할 것이다. 그래서 증가일로의 개별 위성방송 수신 안테나, 개인 휴대폰, 통신용 소형 컴퓨터, 하이퍼네트 워크와 같은 통신 분야, 태양열 집적판, 풍력, 개별식 에너지 생산의 시스템 같은 재활용 에너지 분야에서, 사회의 병렬화가 자치적으로 운영될 수 있을지에 대한 염려가 벌써부터 나타나고 있다. 사회의 생산과 정보 시스템의 병렬화는 공생적 인간의 도래에 필수적인 요소이다.

거시계획과 거시조절

미래공학의 또 다른 길은 거시공학(macro-ingeneering)이다.

모든 인공지능 시스템의 제어는 양의 피드백과 음의 피드백 사슬에 달려 있다. 역학적 안정성과 발전은 이렇게 보장된다. 생물학과 환경학을 지배하는 조절의 법칙과는 달리 우리의 산업사회는 거시조절작용이 없이 열려진 사슬로 작동한다. 생산과 소비의 사슬은 순차적이며, 환경 속에 쌓이는 쓰레기를 배출한다. 최근 환경문제의 대두로 재활용의 원리가 차츰 적용되기 시작했다(닫힌 사슬). 이런 현상이 일반화되고는 있지만, 아직은 산업 분야에서 제한적으로 적용되고 있을 뿐이다.

미래의 산업계는 생태계처럼 작동되어야 한다. 산업환경학은 단지 환경산업만을 말하는 것만이 아니라 산업체가 생각하는 환경보호 노력을 의미한다. 단지 녹색상품이나 쓰레기의 부분적 재활용이 아니다. 그것은 산업 생산과정의 전면적인 '재설정'을 의미한다. 에너지, 원자재, 상품 유통의 조절에서부터 쓰레기의 합리적인 재활용까지 재설정하여야 한다. 산업환경학은 사이바이온트의 범세계적 대사작용에 대한 생물학적 성격을 인지하는 것이다. 생태계의 먹이사슬의 법칙을 재발견하여 적용하여야 한다. 한 생명체의 생성물과 쓰레기는 다른 생명체의 원자재가 된다. 모든 것은 인공지능의 전반적 거시사슬(생물지리화학적 사이클)에 재사용되고, 재활용되고 닫혀 있다. 이렇게 가이아는 작동한다.

산업환경학은 내가 《거시경》에서 환경공학이라고 부르는 것의 기초가 된다.

환경공학은 새로운 방법(환경에너지학적)으로 생태계의 에너지 회로를 의식 있게 운영하는 방법을 인간에게 제공하여 인간과 자연에 이로움을 줄 것이다. 생체조직 내부에서 작업하는 의사처럼, 우리는 자연의 경제가 토대로 하고 있는 보상과 강화의 거대한 사슬을 다시 세울 수 있을 것이다. 또한 영양분을 생성하고 쓰레기를 제거하는 것처럼 사회경제학적 시스템의 네트워크와 사슬을 다시 닫고, 다시 연결하고 자연화시키기까지 할 수 있을 것이다. (《거시경》, 166쪽)

열린 사슬을 우리의 생산과 경제 시스템으로 닫는 것, 이것이 산업환경학 혹은 환경공학의 거대한 도전 목표이다. 인간사회가 공생관계의 새로운 단계에 도달하도록 사이바이온트의 대사에 필요한 거시조절장치를 설정하는 것이다. 생물학에서 아이디어를 얻어 온 산업환경학은 전통적인 제조산업만큼이나 중요한 '해체' 산업을 탄생시킬 것이다. 자동차에서 항공산업까지, 생산되는 모든 상품과 구조물은 설계 단계에서부터 쉽게 분해하고 재활용하는 것을 고려하게 될 것이다.

환경공학과 거시조절장치는 미래산업에 다른 분야도 열어 줄 것이다. 가이아가 어떻게 작동하고 있는지를 더 잘 알게 되면, 그 대사 사이클에 마이크로엔지니어들이 개입하여 에너지를 생산하든지 환경을 수정하든지 할 수 있을 것이다.

광합성과 알베도(albédo)는, 가이아가 자신의 온도를 조절하는 두 메커니즘이다. 알베도는 지구상의 눈이다. 눈으로 덮인 곳이나 밝은 지역에서 태양광선을 반사하는 것을 말한다. 산림은 태양열을 흡수하거나 수증기를 배출하면서 자동 온도조절기와 같이 작동한다. 해수면에 살면서 광합성을 하는 해조류도 역시 조절기 역할을 한다. 이런 여러 가지 요소들이 인간이 개입할 수 있는 확대점이 된다. 인간은 기후를 조절하기 위해 합리적으로 움직일 것이다. 이미 지구의 온실효과나 오존층의 구멍 확장을 막기 위한 조치들이 지구의 거시 조절장치의 초안을 보여 주고 있다. 그러나 이는 어디까지나 통계학적 효과에 의거한 조치일 뿐, 예를 들면 생물공학과 같은 합리적인 처방은 아니다. 거시조절장치는 직접 산림(산림보호, 식수)이나 해양의 일정 지역에 파종을 하여 식물성 플랑크톤을 증식시키거나 농업 경작면의 구획을 재정리(어두운 지역과 밝은 지역으로)한다. 또한 사막에 태양열 반사지역을 조성하거나, 거대한 태양열 '분산' 발전소의 건설과 같은 조치가 그것이다.

광합성의 이용이 다음 세기의 가장 큰 과제가 될 것이다. 태양 에너지를 옮겨오는 작업의 성패가 인간과 사회, 가이아와 사이바이온트 사이의 공생의 성공을 결정짓는 조건 중의 하나이다. 생명체는 자신들의 생활공간 속에 쌓인 유기체에서 영양을 취하는 원시생명체들과, 광합성으로 자신의 영양분을 조달할 수 있는 생명체 사이의 공생관계를 설정할 때 비교적 큰 어려움을 겪었다. 공생은 오늘날 동물과 식물의 상호보완적인 관계의 기초이다. 태양열 전이도 마찬가지 성격의 것이다. 이 작업은 인류와 생물권 전체에 관련된 일이다. 이것은 생태 자본에서 재활용이 불가능한 자원을 끌어내거나, 자연에 위배되는 에너지 형태로 단기적인 이익을 취하는 '프로메테우스적' 문명에서, 주변환경과 공생하는 '가이아적' 문명으로의 이행을 말한다.

광합성의 이용은 생물자원, 또는 새로운 물질의 생성과 관계된다. 그리고 이를 위해 고안된 센서에 의한 에너지 생성과 관련이 있다.

지난 20년 동안 이들 분야에 있어 놀라운 발전이 있었다. 광합성의 기본적인 메커니즘에 대한 이론뿐만 아니라, 광합성 색소를 이용한 고성능 태양전지나 고감도 태양열 센서의 개발과 같은 실용 분야에서도 상당한 발전이 있었다. 우리가 '태양'이라는 단어를 붙이는 분야들의 발전이 가속화될 것이다. 이들은 다섯 가지 형태의 직간접적인 태양 에너지를 포함한다(태양전지, 열감지기, 바람, 생물자원, 수력전기). 태양 에너지 산업은 넓은 의미로는 다음 반세기의 경제 발전의 추진기가 될 것이다. 그러나 이런 발전은 에너지 생산과 소비의 새로운 조직을 필요로 하게 될 것이다. 그것은 인간과 자연의 공생적 특성에 적응된 망상(網狀)형 병렬분산된 구조이다. 태양 에너지 구조는 석유와 전기를 생산·공급하는 중앙집중식 기관으로 대표되는 기존의 인프라 구조와 대비되는 구조가 될 것이다.

태양 에너지에 대한 거시계획은 빛을 볼 것이다. 예를 들면 거대한 태양열 집적기와 집적판을 사막지역이나 대양 위에 떠 있는 섬에 설치하는 것, 물의 전기분해로 발생한 전기를 수소로 변형하여 이 수소를 소비지역(자동차 엔진, 화력발전소)으로 운반하기 위해 액화하는 것, 건물에 태양열 지붕을 설치하거나 창문에 태양열 블라인드를 다는 것, 확 트인 바다 위에 수 메가와트짜리 풍차벽을 만드는 것, 도시 지역 기지에서 전기와 온수를 동시생산하는 것과 같은 사업이다. 이런 사업을 통해서 우리는 유독가스 발생을 줄이고, 에너지 효율을 높이고, 사용자들의 책임의식을 심어 줄 수가 있다.

환경공학의 거시계획 가운데는 인공위성을 통한 측정과 감시기구의 설치도 들어 있다. 즉 지구에 감각기관을 설치하자는 것이다. 이미 진화는 시작되었다. 가이아와 공생학적 진화를 하면서, 사이바이온트는 세계적 거시 조절장치의 기본 센서인 감각기관을 차츰 갖게 된다. 그러나 환경공학이 인간복지에 해가 되는 사업의 위험을 줄이기 위해 생물윤리학에 자문을 구해야 할 필요가 있었듯이, 생태계의 무절제한 남용의 위험을 줄이기 위해서는 환경윤리학에 기초를 두어야 할 것이다.

여기서 21세기 기업에 대한 이 엇갈린 시각과 관련하여, 21세기 중에 나타날 가능성이 있는 몇몇 기술적 혁신을 실제상황과 같이 놓아볼 필요가 있다. 그 충격을 강조하기 위해서 여기 주요 통신사들의 가상보도 시리즈를 상상해 보았다.

미래의 특종 기사 : 다음 세기의 혁신

1999년 2월 6일 16:17 뉴욕발 로이터 통신
소음방지 워크맨
소음방지 귀마개와 이중창은 더 이상 필요 없다. 워크맨처럼 사용이 간편한 개인용 소음방지기구가 여러 분야에서 센세이션을 일으키고 있다. 이 기구는 여러 소리의 파장을 상쇄시키는 음파를 발산한다. 그 결과 조용해진다. 제거하기를 원하는 소리의 주파수를 텔레비전에서 선택하기만 하면 된다. 개 짖는 소리, 피아노 소리, 드릴 소리, 망치질 소리, 비행기 소리, 코고는 소리와 같은 여러 가지 소리를 메모리할 수 있다. 새로운 용량의 전자칩으로 불쾌한 소음을 즉석에서 처리, 제거할 수 있다. 멀티미디어 대화용 텔레비전의 홈쇼핑을 통한 판촉활동이 있었다. 그후 그것들은 각각 다른 사용법을 가지고 있는데, 미국과 일본 상품(NCT의 Noise Buster, 혹은 후지쓰의 Sound Cracker와 같은)이 뽑혔다. 그뿐만 아니라 자동차 소리를 제거해 주는 침실용 콤팩트형, 불쾌한 소음을 선별적으로 제거하는 이어폰형의 소형 휴대용, 자동차나 비행기의 엔진 소음 대신에 디지털 음향의 모차르트를 들을 수 있는 여행용도 있다.

2001년 3월 14일 17:45 파리발 AFP

가정용 평면 스크린상의 걸작품

아르트로닉스 갤러리는 오늘 50번째 디지털 그림 전시회를 가정과 기업에서 가졌다. 이는 벽에 부착된 플라스마 화면에 오리지널 칼라로 디지털 처리된 인상파와 초현실주의 작품 전시회이다. 기자회견에서 아르트로닉스 사장인 산드린 코플러는 2천 개가 넘는 자신의 분점 화랑의 시설을 위해 AGE 보험회사와 계약을 체결했다고 말했다. 전자그림은 대각선이 1미터 80센티미터에 달하는 일본제 평면화면을 사용한다. 전시회는 가입회원들의 요청에 따라 화랑의 정보처리 사무국에서 기획하고 추진한다. 압축처리된 디지털 그림들은 프랑스 텔레콤의 ATM 네트워크를 통해 전송된다. 지난 한 달 동안 마티스 전시회, 상트 페테르부르크 미술관 걸작전, 파올로 우첼로 작품전을 가입회원 한 사람의 저택에서 연속적으로 개최하였다. 그러나 이들 중 몇 작품의 디지털화와 그 공급에 대한 법적 공방이 맹렬히 진행되고 있다.

2002년 5월 16일 18:55 파리발 AFP

휴대용 화상전화

국제적인 주요 텔레커뮤니케이션 기업들은 표준 유니트콤(UnitCom)에 대해 협정을 체결하였다. 유니트콤은 개인용 통신장치에 프랙탈 압축방식으로 전화, 화상전화, 컴퓨터 통신을 하는 것이다. 인공위성을 통한 세계적 네트워크 덕분에 지구촌 어디서나 화상전화통신이 가능하게 되었다. 소니의 유니트콤은 전자칩을 이용하여 비디오 메시지를 녹화 전달하기 위한 별도의 부품을 추가하지 않고 비디오와 캠코더를 통합하였다.

2003년 11월 28일 14:20 파리발 AFP

프랑스에서 고소당한 사이버 의술

의사회와 약사회는 어제 파리에 모여 라에 법정에 불법 의료시술에 대한 고소장을 제출하였다. 이는 미국 애틀랜타의 사이버닥(CyberDoc)이라는 회사를 겨냥한 것이다. 세계적으로 1백만 명에 가까운 가입자를 가진 이 기업은, 정보고속도로를 통해 접속할 수 있는 트랜스넷 네트워크에 의학정보·원격처방·무료 의료서비스를 제공해 왔다. 컴퓨터 텔레비전이나 개인용 멀티미디어 소형 컴퓨터로 가입자는 멀티미디어 의학 백과사전을 참조하거나, 대화용 화상통신으로 그들의 구체적인 질문에 대한 답을 들을 수 있다. 대중용 미니터미널의 형태로 된 검사기구도 가정에서 사용할 수 있다. 사이버닥의 방계회사인 인터바이오테크사에서 판매한 이 기구로 즉석에서 피 한 방울로 진찰을 받거나 전자심전도나 검안도 받을 수가 있다.

2004년 7월 15일 18:15 베를린발 UPI
자가 에너지를 위한 능동형 건물
베를린의 신시가지는 이제 에너지의 자체 공급이 가능해진다. 건물이 소비하는 에너지를 생산하고 조절하는 '능동형' 건물이 그 모습을 드러냈기 때문이다. 이 건물이 기본적으로 필요로 하는 것은 생산 모듈의 조합으로 해결되었다. 즉 생활쓰레기의 소각으로 수증기와 전기를 동시생산한다. 지붕과 벽에는 태양열 센서를 설치한다. 고층건물에 보이지 않는 풍력 터빈을 부착한다. 이 건물의 에너지 소비량은 컴퓨터 기술을 이용해 에너지를 효율적으로 사용함으로써 현저히 줄었다. 이 자립 건물의 에너지 효율은, 멀리서 전기를 끌어와야 하는 이 지역 밖 구시가의 35퍼센트에 비해 90퍼센트에 달한다.

2004년 1월 3일 보스턴발 UPI
개인용 전자신문
일렉트로닉 데이터 코오퍼레이션사는 《인디비듀얼 데일리》지를 발간한다고 발표했다. 이 신문은 세계적인 텔레매틱 네트워크를 통한 개인용 신문이다. 구독자가 그들의 관심 분야를 미리 제출해 놓으면, 컴퓨터 속의 에이전트가 주요 신문과 잡지에서 기사를 읽고 포맷해서 보내 준다. 이 전자신문은 영상이나 음향으로 받아 볼 수 있다.

2004년 3월 12일 16:46 런던발 UPI

전자마약 밀매조직 소탕

경찰은 오늘 아침 인간두뇌의 일정 부분을 자극하는 프로그램을 담은 레이저 미니디스크의 국제적 밀매 네트워크의 일당 14명을 체포했다. 관자놀이에 부착하는 패취로 두뇌와 연결되는 바이오피드백 기구를 사용하는 이 프로그램은 두뇌의 쾌락 영역을 자극한다. 시각·청각·후각 영역에 작용하여 움직이는 그림과 색깔이 나타나고, 소리가 들리고 기분이 흥분되어 이 마약복용자는 금세 식욕을 잃게 된다. 수십만 명의 유럽 청소년이 이 새로운 재앙의 희생물이 될 것으로 보인다.

2005년 4월 15일 14:45 뉴욕발 로이터

화상전화 응답기

AT & T사는 인공지능 화상전화 응답기를 발매한다고 발표했다. 디지털 네트워크에 접속하면, 이 응답기는 전화를 건 사람의 화면에 전화를 받는 가입자의 '화상 복제인간'이 나타나게 한다. 음성인식 기능과 뉴런 네트워크가 장착되어 있어 음성의 지시사항을 이해한다. 이 복제인간은 실시간 속에서 상대방과 통화를 한다. 응답기의 소프트웨어 속에 살고 있는 인공지능 에이전트가 서류를 찾는다든가 디지털 비디오나 칼라 팩스, 전자우편을 보내는 일과 같은 업무를 처리해 준다.

2005년 3월 18일 9:28 취리히발 스위스테크

무선 전자제품 인기

취리히에서 열린 일렉트로미디어 전시회에서는 최근 몇 년 간의 흐름이 간파되었다. 그것은 바로 전기를 사용하는 모든 기구의 전기코드와 연결코드가 없어지고 있다는 점이다. 소형 컴퓨터·모뎀·램프·레이저·복사기·텔레비전이 정보교환이나 배터리 충전을 위해 이제는 줄을 사용하지 않고, 인덕션·마이크로파·적외선 혹은 헤르츠파를 사용한다는 것이다.

2008년 10월 10일 8:36 파리발 AFP

푸조 자동차가 하이브리드 자동차 시리즈를 시판하다

하이브리드 엔진 자동차가 다음 파리 모터쇼에서 선보일 것이다. 이 무공해 자동차는 전기모터를 가동시키는 가스 터빈을 사용한다. 시내 주행시에는 나트륨/유황 배터리를 사용한다. 고속도로에서의 최고속도는 1백60킬로미터이고, 한 번의 충전으로 6백 킬로미터를 달릴 수 있다.

2009년 9월 8일 17:30 파리발 AFP

소프트 플라스틱 배터리

액사텔 계열사인 유로색트사는 하이드로닉스라는 오래 쓰는 배터리 시판을 발표했다. 이 배터리는 금속성 수소 화합물로 작동한다. 미국의 오보닉스사와 공동개발한 이 배터리는 5분 동안 충전하여 모델에 따라 12에서 40시간까지 사용할 수 있다. 그리고 이 배터리는 노트북 컴퓨터나 전화기용의 소형(키보드의 키 한 개 정도의 크기)과 전기 자동차용의 대형 하이팩(책 한 권 크기)이 있다. 이 하이드로닉스 배터리로는 시속 1백30킬로미터의 속도로 2백50킬로미터를 달릴 수 있다.

2012년 2월 18일 20:41 오사카발 일본 뉴스

전자종이 화면

캐논·후지쓰·리코 등 일본 기업 컨소시엄은 컴퓨터 통신을 혁신할 전자종이를 시판한다고 발표했다. 이것은 바로 종이처럼 부드럽고 판판한 컴퓨터 화면을 말한다. 특수 펜으로 그 위에 쓸 수도 있다. 지면에는 종이 블럭에 내장된 소형 컴퓨터의 모든 정보가 게시된다. 음성 인식 시스템이 내장되어 있으므로 우리가 하는 말을 받아쓰게 할 수도 있다. 이 혁명적인 화면은 1994년 프린트 기술로 생산된 플라스틱 트랜지스터를 개발한 프랑스 CNRS 연구팀의 연구를 응용한 것이다.

2014년 9월 24일 17:24 보스턴발 로이터

입체 홀로그램 영사

가정용 홀로그램 극장에서 실물 크기의 실험에 참여하고 있는 미국의 가정은 수십만에 이른다. MIT 미디어 랩에서 개발한 3차원 칼라 홀로프로젝션 기술로 인하여, 관객들은 그들의 거실에서 완벽한 그래픽 영상으로 움직이는 인물과 만날 수 있다. 이런 영사기술은 이미 일반화된 편재기술과 원격이동기능에도 널리 사용된다. 유비쿼텔(Ubiquitel)이라는 캡슐 속으로 들어가서 자신을 디지털화된 가상의 복제인간으로 복제할 수 있다. 그래서 이 압축된 형태를 전자고속도로 네트워크를 통해 고속으로 전송한다. 이것이 바로 원격이동이다. 이 압축된 복제인간은 MIT 홀로프로젝션의 시스템에 의해 3차원으로 재생된다. 그리고는 현실 속에서 활동한다. 이것이 편재기술이다. 이렇게 해서 서로 수천 킬로미터 떨어진 세 군데 장소에, 한 명의 복제된 주제 발표자가 참석할 수 있다.

2014년 2월 7일 로스앤젤레스발 UPI

사막의 스터링 모터

1816년 로버트 스터링 신부가 발명한 모터가, 캘리포니아 지역에 36퍼센트의 공급률을 기록하면서 전기를 생산하였다. 태양의 운행을 추적하는 거대한 파라볼라 안테나는, 모자비 사막에 모여 있는 82개의 스터링 모터 각각의 특정한 점에 에너지를 집적한다. 이 첫 태양열 발전소가 성공적이면 다른 발전소가 미국의 사막에 설립될 것이다. 미국 전역에 전기를 공급하기 위해서는 사막 2백70평방킬로미터의 면적이면 충분하리라고 추정된다.

2019년 10월 4일 9:32 스톡홀름발 스웬스카 뉴스트리트
건강계기판
스웨덴 보건부에 따르면, 이제 개인용 건강계기판(TBSP)이 전세계적으로 1천 4백만 대가 보급될 것이라고 한다. 웁살라대학교에서 개발되고 세계적으로 22개 제약회사에서 라이센스 계약을 체결한 TSBP는, 피부와 접촉되게 팔찌나 벨트로 찰 수 있다. 효소 바이오센서가 중요한 건강파라미터를 체크한다. 이 데이터는 일시적으로는 휴대용 개인 보조장치의 메모리에 저장되었다가 정기적으로 헤르츠 모뎀에 의해 자동 건강진단센터로 전송된다. 환자는 화상전화로 대화용 비디오서버에 접속하여 처방과 그외 부가적인 정보를 제공받을 수 있다.

2026년 11월 21일 10:22 도쿄발 AFP
컴퓨터를 통한 사고 전달
ATR사는 인간두뇌에서 나오는 정보를 직접 컴퓨터에 입력하는 시스템인 '사이버 헬멧'을 판매한다. 1990년대 후지쓰에 의해 개발된 '사이런트 스피치(silent speech)' 원리를 이용한 사이버 헬멧은 두뇌에서 나온 영상을 직접 화면에 띄울 수 있다. 반대로 시청각 영역의 시뮬레이션 기능으로 사이버 헬멧은 컴퓨터에서 오는 영상과 음향을 직접 화면에 보여 줄 수 있다.

2032년 10월 26일 11:23 파리발 AFP

자동차가 없는 파리

파리 중심가의 재개발과 파리 거리에서의 마지막 승용차의 축출을 축하하는 축제와 시위가 1주일간 계속되었다. 이렇게 파리 시장 프랑수아 다루엥이 발표했다. 2017년 시민투표의 결과로 시작된 도시재개발사업이 오늘에야 끝나게 되었다. 대중교통수단에는 무소음 무공해의 하이브리드 엔진(터빈과 전기)을 장착한 버스 노선이 포함되어 있다. 이 버스의 내부는 승객이 정보수신을 할 수 있고, 상설교육을 받을 수 있게 설계되어 있다. 한꺼번에 여러 명을 태울 수 있는 미니버스-택시는 이동통신이나 고정통신 터미널에 의해 전달되는 개인의 운행 요구에 따라 컴퓨터로 유도된다. 고속지하철이 시를 관통하고, 열엔진차량과 화물차량을 위한 지하고속도로도 시를 관통한다. 시내운행을 위해서는, 모든 승용차 — 전기 자동차든지 아니든지 — 는 지나는 길의 면적만큼에 해당하는 통과료를 내야 한다. 대부분의 파리 시내에는 — 중심가에는 — 보행자·자전거·전기자전거만이 다닐 수 있다. 공원·시장·광장·놀이 휴식 공간이 최근 15년 동안 급격히 늘어났다.

2038년 12월 3일 19:02 파리발 로이터

사막과 해양의 태양열 발전소

예전의 CEA에서 탄생한 솔라메르사는 어제 자동차 운행을 위한 수소를 생산하기 위해 태양열 발전소를 가동시켰다. 두 단위의 생산기지는 일본의 스미모토와 중국의 아쿠아셀사와 기술제휴로 지어졌다. 한 기지는 태평양 위의 뗏목 위에 떠 있는 수십만 개의 태양열 집적판으로 이루어져 있다. 투아모투 군도의 우아구누 산호초 부근에 있는 이 인공섬은 직경이 5.4킬로미터에 달한다. 컴퓨터로 파도의 움직임을 감지하여 이 판들의 태양을 향한 각도를 유지한다. 한 기지는

9백40메가와트, 즉 1990년대의 원자력발전소 한 곳의 생산량과 맞먹는 전기를 생산한다. 에너지는 물의 전기분해와 수소 생산을 위해 쓰여진다. 수소는 액화과정을 거친 후에, 파이프라인이나 수송선으로 수소 자동차의 연료 충전 카트리지 생산기지로 옮겨진다. 이와 유사하지만 규모는 작은 (직경 2.5킬로미터) 발전소가 사하라 사막에 건설되었다. 솔라메르사는 해양, 혹은 사막에 건설된 30여 개의 태양열 발전소에서 30기가와트의 에너지를 생산하리라고 예상하고 있다.

2058년 12월 2일 7:42 도쿄발 일본 테크넷

농장에 투입될 농업 바이오로봇

농업 마이크로로봇이 프로그램된 정밀기계에 의해 처음으로 생산되었다고 트랜스테크넷 정보 하이퍼네트워크에 발표되었다. 두 개의 유럽 기업도 참가한 미-일 컨소시엄이 가재 한 마리 크기의 마이크로로봇 생산에 성공하였다고 발표했다. 이 로봇은 2만 대로 한 단위를 이루어 인간이 접근하기 어려운 농장에서 유전적으로 개조된 약용작물을 수확하는 데 투입될 것이다. 이 마이크로로봇의 특징은 그 생산 방법에 있다. 이 마이크로로봇은 주로 키틴질(곤충 껍질을 구성하는 성분)과 나무의 리그닌질 — 이 두 물질은 내구력이 뛰어나다 — 과 같은 생물학적 재질로 되어 있다. 분자정밀기계(자동식 조립기, 증폭기, 정열기)가 우선 기본 요소로 자체 조직되는 모듈을 구성하였다. 그리고 마이크로조립기가 분자전자장치, 센서, 마이크로로엔진, 이동과 채집장치 같은 조립의 마지막 단계를 처리하였다. 이 로봇 생산자들은 이들이 번식의 방법을 발견하여, 그들의 창조자의 통제를 벗어난 번식을 하지 않을까 염려하고 있다.

이 몇 가지 미래에 대한 시나리오는 매우 이상하고 불안한 세상의 전조를 보여 준다. 우리가 준비하는 세상은 물론 과학과 기술이 진보

된 세상이다. 그러나 공생적 인간에게 꼭 필요한 것은 기술적 진보만
은 아니다. 그것은 인간의 잠재력을 증대시키는 것이다. 미래를 건설
하기 위해서 우리는 전통적인 정치와 경제제도를 뛰어넘는 새로운 가
치 위에 서야 한다. 그것은 또한 개인과 집단의 창조와 시간을 재발
견하기 위한 문화적 가치, 교육적 가치, 여성의 가치인 것이다.

7

원하는 것 : 새로운 세상을 위한 가치와 문화

세상을 만드는 여성적 가치들

경제적 가치만이 미래세계를 건설하는 가치는 아니다. 인간적·도덕적·정신적인 가치의 중요성이 기본적인 것이다. 공생적 인간은 여러 가치가 균등하게 존중되는 가운데에서 태어난다. 그러나 오늘날 높이 평가되고 있는 가치는 서로 제휴하기보다는 대립하고 있다. 사회경제 발전의 주요 요소들은 경쟁과 시합이다. 생존을 위한 투쟁과 다윈적 진화법칙의 범주에서는 용인되었지만, 미래 인류 발전에는 별로 도움이 되지 못하는 가치들이다.

수천 년 동안 인간은 농업생산을 통해 태양 에너지를 이용하면서 생존을 유지해 왔다. 사회진화에 있어서 이 단계는 공생적 성격의 가치를 생성·발전시켰다. 그것은 보완성·균형·자원의 절약과 같은 가치들이다. 화석 연료의 채굴에 박차를 가한 최근 몇 세기 동안에 걸친 산업경제의 정복시대에는, 경쟁·정복·지배·확장과 같은 '남성적인' 가치가 지배하였다. 이제 인류가 겪게 될 변환기는 후기산업 사회적이거나 생환경적인 조절시기라고 할 수 있고, 정보와 통신의 사회라고도 할 수 있다. 이 시기에는 연대의식·보완작용·균형과 같은 인류가 '여성적' 가치로 되돌아가야 할 필요가 있다. '남성적' 가치와 '여성적' 가치를 단순히 대치시키기만 한다면, 그것은 다소 의미를 축소시키는 결과가 될 것이다. 그러나 이 두 범주의 가치들의 '상호보완성'을 찾아보면 흥미로울 것이다.

인류가 출현한 이래로 남성적인 행동은 사냥, 전쟁, 영토의 정복과 방어 등에서 두각을 드러냈다. 여성적인 행동은 정리정돈과 가정 '운영,' 생활양식과 지식의 전승에서 나타났다. 오늘날 환경위기, 생물학의 위험한 권력 남용, 교육의 위기는 큰 사회적 이슈에 대한 논의에서 여성적 가치의 영향력을 부각시켜 준다. 여성의 가치 상승은 단지 여성해방운동이라든가, 정계나 경제계에서 여성이 책임 있는 자리에 오른다든가, 남녀 사이의 동등한 권력분배의 필요성만을 이야기하는 것이 아니다. 새로운 시각으로 세상을 보는 것, 경쟁보다는 협력의 원리에 기초를 두고 세상을 이끌어가는 것을 말한다. 이런 시각을 가진 남성들이 점점 많아지고 있다.

남성은 힘과 이성과 권력으로 지배권을 확보한다. 여성들은 직관과 확신과 감응에 의존한다. 남자들의 논리는 여성들의 감정이나 감성과 대립한다. 물론 행동양식은 딱 잘라서 말할 수 있는 것이 아니며, 남성적 요소와 여성적 요소가 배합되어 있고 그 비율 또한 미묘하다. 그러나 행동의 큰 특성은 존재하며, 또한 행동에서 검증된다. 남성적 가치들은 팽창하는 산업사회의 전형적인 모델인 경쟁과 정복의 기술적 세계에서 우위를 점한다. 그러나 공생적 사회로의 전이는 생물학적·환경학적 개념과 통신, 횡적 관계, 네트워크 등의 개념에 의존한다. 이런 흐름은 새로운 여성적 가치의 필요성을 발견케 한다. 미래사회의 핵심 분야(생물학, 환경문제, 교육, 건강)에서 여성의 역할과 사고의 영향력이 세계적 규모로 확산되고 있는 것을 보면 알 수 있다. 생물윤리위원회에서 환경보호운동에 이르기까지, 소비자 단체에서 학부모 모임에 이르기까지, 노인 공경활동에서 반전운동에 이르기까지 여

성들의 행동은 사회적 기구의 공생적 모델의 여러 가지 방향을 제시
한다. 연대의식, 보완작용, 다양성 인정, 조직적 행동, 장기적 안목, 검소
함과 같은 것이 이 모델이 지향하는 행동양식이다. 이런 가치와 특질
은 인간과 그가 일하고 있는 기관, 인간과 그가 살고 있는 사회 사이
의 공생적 메커니즘을 이루고 작동시키는 것이다. 검소한 태도는 물
자가 넘쳐나는 미래세계에서 살기 위해 꼭 갖추어야 할 특질이다. 그
래서 다이어트는 자신의 생을 균형 있게 살게 하는 데 도움을 주듯이
산업사회도 정보 다이어트를 해야 하고(정보의 오염을 막기 위해), 에
너지 다이어트(에너지 낭비를 없애기 위해)를 해야 한다. 검소한 생활
은 궁핍을 뜻하는 것이 아니다. 이것은 범세계적인 연대의식으로 이
어지는 합리적인 생활양식의 선택이다.

몇 해 전, 나는 생활을 운영하는 방법을 '생경제학, 바이오노미(bio-
nomy)'라고 부르자고 한 적이 있다. 〔조엘 드 로스네, 《신체의 지혜》,
1979년 9월 21일자, 《렉스빵씨옹》, 129쪽; 《라 말부프》, 파리 오르방/쇠
이유출판사, 1979년 127쪽.〕 생경제학은 개인의 생활뿐만 아니라, 우리
가 조직원이 되어 살고 있는 사회조직의 집단적인 생활의 운영도 말
한다. 공생경제학(symbionomy)은, 이런 법칙을 사이바이온트(거대 유
기체)와 범세계적 두뇌(지능)가 나타나게 되는 복합화 진화에 적용시
킨 것이다. 가족적·사회적 생활에서는 검소하다는 것은 한 가지 장
점을 가진 것으로 간주된다. 미래사회에서 성공하기 위해서는, 이제
우리는 생경제적(bionomical)이 되는 것을 배워야 한다. 이것은 여성
적인 감각을 가지고, 인간사회의 진화 속에 조화롭게 통합되는 생활
양식을 말한다.

내가 여성적이라고 표현한 새로운 가치의 부각은, 정의롭고 평등하
고 평화롭고 함께 하는 세계를 향해 나아가기 위해 꼭 필요하다고 여
겨진다. 이 가치들은 자연과 사회에 대한 또 다른 시각을 의미하며,
여성의 사고와 행동에만 있는 지식전달과 통제와 행동방식을 말한다.

나는 이런 가치들이 미래사회를 건설하고, 지구의 장래를 보장하는 데 있어 필요불가결하다고 말하고 싶다.

남성들이 창조해 놓은 권력과 투쟁의 세계에 여성적 가치를 융화시키면, 정치적 사고를 근본적으로 쇄신하게 될 것이다. 여성적 가치는 정치적 리더십을 바로 이 리더십이 기반으로 삼고 있는 권력과 부의 집중으로부터 벗어나게 할 것이다. 그리고 정치적 권력은 그 권위를 과시하기 위해 폭력을 쓰지 않아도 될 것이다. 또한 권력은 파괴적·기술적·군사적 수단을 쓰지 않아도 될 것이다. 여성적 가치는 네트워크를 통한 자기 표현에 적합하다. 그래서 정부의 행동방침이나 중앙집권적 결정방식, 관료주의적 체제의 균형을 찾아 주는 데 기여할 것이다. 이 여성적 가치는 미래를 준비하는 새로운 논리와 새로운 문화를 가져온다.

남성적 가치와 여성적 가치의 '상호보완작용'이야말로 진정한 사회적 공생관계의 조건이다. 그리고 새로운 복합적 문화를 향한 첫걸음이다.

공생적 인간의 프랙탈 지식

오늘날 교양이 있다는 것은 융화할 줄 안다는 것이다. 예전에는 교양이란 지식을 늘어 놓는 것이었다. 특권을 가진 사람, 즉 교양 있는 엘리트는 예술·문학·역사·기술 등 여러 가지 주제에 대해 백과사전적인 지식을 가지고 있었다. 교양 있는 사람들의 지식이란 모든 것에 대해 조금씩 아는 것이고, 전문가의 지식은 아무것도 아닌 것에 대해 전부를 다 아는 것이었다. 오늘날 지식은 분산된 요소와 사실을 자신의 생활이나 행동 속에 융화시킬 수 있는 하나의 논리로 통합하는 능력이다. 이렇게 하여 그 지식에 의미를 주는 것이다. 미래에는 지식의 필요성이 더욱 커질 것이다. 그것은 사이바이온트의 사고와 집단생명에 관한 것이다. 지식의 도구는 더 이상 책이나 미디어나 공연뿐만이 아니라 우리 두뇌의 보철기구(컴퓨터·통신기기), 네트워크와 전자 집단기억장치들도 포함될 것이다. 이런 도구들은 프랙탈하고 하이퍼텍스트의 지식으로의 문을 열 것이다. 왜 프랙탈한가 하면, 각자는 그가 가진 지식의 밀도에 따라 전체 지식의 근원이 될 것이기 때문이다. 왜 하이퍼텍스트인가 하면, 이런 형태의 지식은 다른 각도의 프랙탈한 지식에 무한히 연결된 접속성을 가지고 있기 때문이다. 개성화된 동시에 포괄적이고, 개별적이면서 집단적이고, 각 개인의 일시적인 밀도나 다양성을 존중하는 바로 이런 형태의 지식이 공생적 인간과 거대사회 유기체와의 공생관계의 기초이다. 교양 있는 신사의 백과사전적 지식은 공생적 인간의 프랙탈 지식으로 대체될 것이다.

데카르트저인 방법이 지식을 서로 단절된 수많은 학문영역으로 세분화시켰다. 서구 산업국가에서는 이 단절이 학문간의 분열을 가져왔다. 프랑스와 같은 몇몇 나라에서는 문학과 과학의 공조는 생각할 수도 없는 일이었다. 본성과 인위 사이를 구별지으면서 문화와 기술을 대립적 개념으로 두었다. 이런 프랙쳐, 본성(인간)과 인위(기계)의 분열은, 우리에게 이들을 가장 잘 관리하고 발전시키는 방법은 인간은 법률에 잘 맞는 인간으로, 기계는 공식에 잘 맞는 기계로 만드는 것이라고 생각케 하였다. 인간은 법의 규칙과 기계를 수학과 관련지었던 것이다. 인간과 기계의 관리·통제방법은 이렇게 복합성 분석방법을 분열시킨 형태에서 형성되었다. 즉 법과 수학이다. 프랑스와 같은 나라의 경우 행정 분야에서는 행정대학과 같은 고등행정교육기관이, 기술경영에서는 고등기술교육기관이 정치적·기술관료적으로 주도적인 역할을 하는 것이 이러한 방법을 잘 설명하고 있다.
　오늘날 인간사회를 실시간으로 통제하고 경영하는 것과, 진화를 조정하는 데에는 복합적인 새로운 지식을 요구한다. 물론 생물학과 환경학은 일부 이런 지식을 가져다 준다. 즉 조직의 수준·피드백·조절·적응·네트워크·사이클과 같은 것이다. 그러나 이 책에서 내가 강조하고 있는 시스템적 지식, 보다 일반적으로는 공생학적 지식의 필요성이 점점 더 강하게 느껴질 것이다. 복합 시스템의 역학과 자체 조직 작용의 원리, 본성과 인위의 혼합, 생물적인 것의 '기계화'와 기계의 '생물화'는 이런 필요성을 채워 주고 또한 더 크게 만드는 흐름이다.

생물학과 역학·컴퓨터공학의 수렴, 더 나아가서 합병은 과학기술의 단순한 진보가 아니다. 이같은 현상은 공생적 지식의 기초가 된다. 과학기술 분야에서의 이러한 합병은, 벌써 앞에서 내가 언급하였듯이 바이오틱스나 분자전자공학·초정밀공학·산업환경공학·환경공학·인공생명·뉴런 네트워크와 같은 새로운 학문의 출현으로 그 결과가 나타나기 시작하였다. 조직 내에서도 공생학적·시스템공학적 지식이 도입된다. 20년 동안에 시스템 이론은 기업경영과 도시계획과 거대한 네트워크 구축, 환경과 의학에서 특허증을 획득했다. 기업 재통합, 그물 같은 조직망, 위계질서의 축소, '다세포,' '인텔리전트,' '가상' 기업의 출현은 우리가 겪고 있는 패러다임의 변화를 나타내 준다. 이 변화는 새로운 정보통신기술과 19세기로부터 물려받은 기계론적 시작에서 유래한 구조들 속으로 생물학적·환경학적 지식이 유입됨으로써 촉진되었다.

새로운 복합적 지식이 공생적 가치와 통합된다. 이 지식은 다양성을 존중하면서도 상이한 점들의 통합을 추진한다. 이 지식은 자연과 문화의 확대된 시각 속에서 본성과 인위를 연결한다. 사이바이온트와 공생적 인간은 이런 합병에 대해 생각케 만드는 모델이다. 그러나 이 새로운 지식은 시간과 공간에 새로운 관계를 설정한다. 수정란이 완전한 생명체의 시작이듯이, 프랙탈한 지식은 포괄적 지식의 시작이다. 각 개인은 자신의 시간적 공간 속에서 별개의 프랙탈 지식을 향유할 수 있다. 그러나 그 지식의 수준이나 밀도가 어떻든지간에 각 민족은 다른 민족에게 지배될 수 있는 하위문화나 문화의 일부분만을 가진 것이 아니라, 포괄적인 한 문화를 가지고 있는 것이다. 하이퍼텍스트의 한 문화는 우리의 눈앞에서 구성되고 있는 범세계적 뉴런 네트워크의 다른 노드나 링크로 반송된다. 영속불변의 기준시간에 대해 점점 더 빠른 속도로 발전하는 네트워크는, 그 복합화로 인하여 시간의 밀도를 높인다. 공생적 인간의 새로운 지식은 미래의 촉매들 중 하나이다.

레이스 · 모자이크 · 대성당 : 프랙탈 커뮤니케이션

이 문화적 혁명은 우리의 유형적 · 무형적 환경을 표현하는 데에, 그리고 사회조직의 형태에 큰 충격을 줄 것이다.

물리학에서 유래한 세계의 선형적이고 규율적이고 인과율을 따르는 시각은, 직선 · 표준 곡선 · 정사각형 · 구 · 삼각형으로 표현된 공간을 선호하게 만들었다. 우리는 직선과 단순하고 조절가능한 형태에 사로잡혀 있는 것 같다. 이런 형태는 고속도로나 TGV, 흔히 볼 수 있는 고압선에서나 상품 디자인이나 규칙적인 도시 건축물에서 볼 수 있는 형태이다. 속도와 효율에 종속된 문화는 직선적, 혹은 평면적 형태를 우선으로 삼아서 결국에는 단조로움을 낳았다. 그러나 역사 속에서 인간이 아직 시간이 있었을 때 만든 프랙탈 구조는, 공간과 문양 · 예술품에 대해 구조적으로, 그리고 개념적으로 거대한 복합성을 탄생시켰다. 보는 이의 두뇌와 눈과 수수께끼 게임을 하는 뒤얽힌 문양, 여러 가지 색으로 구성된 작은 점들이 모인 하모니 덩어리를 창조하였다. 이렇게 해서 만다라와 태피스트리 · 레이스 · 페르시아의 양탄자 · 모자이크 문양과, 대성당을 만들게 한 다양성이 생겨났다. 르네상스 시대의 인상파, 큐비즘 화가들의 다양성 역시 이렇게 해서 생겨

났다. 자연형태의 무한한 다양성과 복합성은 이성보다는 감성으로 느
낄 수 있다. 곤충과 동물의 화려한 외양은 정원이나 화단 그림, 풍성
한 울타리와 숲, 마을과 산의 모양, 바위나 해안, 구름의 꾸불꾸불한
윤곽과 같이 중복된 프랙탈 형태로 이루어져 있다. 그들을 모방하거
나 그대로 옮겨 놓으면서, 인간들은 공생적 방법으로 자연과 자신을
연결시켜 주는 커뮤니케이션 형태를 발견할 수 있었다.

언젠가 프랙탈 구조의 아버지 브누아 만델브로는 오페라 가르니에
〔건축가 가르니에가 1875년 완성한 파리의 오페라 하우스〕의 예를 나에
게 분석한 적이 있다. 이를 위해 건축가는 어떠한 관찰거리에서도 균
형잡힌 상태를 유지하는 프랙탈 형태를 만드는 데 성공하였다. 멀리
서 볼 때 느껴지는 전체적 조화가 더 가까이 다가가서 볼 수 있는 둥
근 천장이나 문, 문의 문양이나 문의 손잡이에까지 유지된다. 각각 서
로 조화를 유지하는 이러한 연속적 단계로 끼워맞춰져 우리를 현혹시
키고, 작품과 자연에 우리를 이어 준다. 의미 있게 끼워맞춰진 문양
속에 우리의 개인적인 세계 지각능력과 마찰이 없는 아름다운 풍경의
비밀, 성공적인 심포니나 그림의 비밀이 존재하는 것이 아닐는지 모
르겠다.

스위스의 엔지니어인 케니스 휴는 바흐와 모차르트의 작품을 컴퓨
터로 분석한 결과, 이들 음악가의 독특한 '프랙탈 시그니처(fractal
signature)'를 발견하였다. 한 작품의 몇몇 음정에 의해 음악과 템포
의 '형태'가 멜로디 구조에 농축됨으로써, 누가 작곡하였는지를 금방
알아차릴 수 있게 된다. 어떤 비결이나 어떤 방법으로 어떤 영감이
이 음악의 음표와 박자의 배열 속에 이런 창조적인 조직을 주었단 말
인가? 인상파 화가들에게도 마찬가지의 의문이 생긴다. 우표 크기만
한 면적 위에 구성의 기초와 색상의 조화, 물질의 배합이 프랙탈한
방법으로 나타나 있다. 그리고는 점점 작품 전체로 확산되어 간다. 그
것은 단순히 화폭을 '채우려고' '확산시키는' 방법이 아니라, 화폭의

크기에 상관 없이 전체적인 일관성을 가진 형태적 '재구성'을 하는 것이다. 세잔·고호·코로·르누아르·뷔야르의 그림은 자연의 프랙탈화의 생생한 예이며, 눈으로, 그리고 감동으로 자연의 심오한 구조와 균형에 접속시켜 준다. 파티니르·브뢰헬·우첼로·카르파초·클림트·샤갈의 작품도 마찬가지이다. 시간과 공간을 통하여 우리는 항상 같은 탐구를 발견한다. 보는 사람에게 각자 그림을 재창조하도록 매번 숨겨진 형태와 색상과 구조를 재발견하도록 하는 것이다. 이런 능동적인 참여로 우리는 집에 늘 복사본을 가지고 있음에도 불구하고, 미술관에 가서 원본을 감격하며 여러 번 다시 보게 되는 것이다.

　예술가들은 세상의 여러 가지 비전을 제시하는 사람들이다. 우리가 자연을 그림이나 음향으로 프랙탈화하는 것은 강력한 '능동적' 커뮤니케이션 방법이며, 커뮤니케이션의 일반적인 방법과 교육을 위해 본받아야 할 점이다.

　'프랙탈 커뮤니케이션'은 사상과 개념을 전달하는 가장 효과적인 수단의 하나이며, 전통적인 선형적이고 순차적인 커뮤니케이션을 대체하게 될 것이다. 서론·본론·결론의 형식을 강조하는 기나긴 담론보다는, 화제가 서로 연결된 모듈들로 조화롭게 조립되어야 한다. 어휘, 그림, 모델, 유추법에 나타나는 '군살'을 보자. 하나의 상수가 프랙탈 구조를 따라다닌다. 화제는 캐치프레이즈(정치가들의 '구호')의 형태가 될 수 있다. 이 문장은 다단식 서랍장처럼 중복되어 연속적인 모듈로 강화되면서 반복된다. 이렇게 하면 화제는 그 의도의 강도나 정보의 양을 줄이지 않고 재단될 수 있다. 화제는 그것을 받아들이는 사람에 의해 재생될 수 있다. 미래의 광고는 시청률이 높은 시간대에 반복적으로 내보내어, 그 메시지가 평범해지거나 시청자가 식상하지 않도록 하려면 이런 방식을 받아들여야 한다.

　전시회도 프랙탈식 표현양식을 받아들여야 한다. 전시회는 텍스트

와 시청각, 게임, 모형, 상호작용 프로그램으로 대변되는 하이퍼미디어
이다. 관람객은 그들 특유의 리듬에 따라 지식과 정보를 얻는다. 전시
회의 각 요소는 전체에 리턴되어야 하고, 전체는 각 요소에 걸린다.
프랙탈 전시회는 가장 높은 레벨에서 이해될 수 있다. 그리고 상호작
용하는 각각의 작동을 통하여 일관성 있게 세분화될 수 있다. 현대
전시회는 '하이퍼미디어' 속에서 항해하는 것이다. 포괄적인 메시지
로 연속적인 근접성에 의해 일관성 있게 이루어질 수 있다. 인간의
지식 습득을 도와 주는 인간지능공학이 이렇게 창조된다.

　이런 커뮤니케이션 형태(나의 대중 저서와 이 책에서 내가 적용하려
고 하는)를 점차적으로 미래의 프랙탈 교육에 적용하여야 한다. 이런
형태에 의해 전달된 지식의 싹은, 학생들 고유의 접근방법이나 수단
에 의해 재구성된 자각으로 변할 것이다.

장시간 · 단시간 : 교육과 텔레비전

　교육은 모든 미래 건설전략의 중심에 있다. 이것은 세계적인 문제
이고, 21세기 큰 도전 중의 하나이다. 인류의 생존과 적응 · 진화의 우
선적인 과정이다. 이 과정은 인간의 다양성과 자유를 존중하면서 진
행하여야 한다. 교육 없이는 미래사회를 재판하는 데에 책임 있고 의
식 있는 참여를 기대할 수 없다. 변화와 조절을 담당하는 데 필요한
적절한 정보 없이는 효과적인 사회적 피드백은 불가능하다. 그렇기
때문에 우리를 해방시키는 공생도 불가능해진다.

　세분화된 지식은 세분화된 교육으로 이어진다. 각 영역으로 구분하
기 위해 지식을 임의로 절단한다면 테일러식 교육과정이 된다. 교육
프로그램은 한정된 시간 속에서 진행되고, 교육과목은 서로 연결되지
않은 분야로 나누어진다. 지식의 전달은 순차적 리듬에 맞추어지고,

전체는 시험으로 검증된 사이클을 이룬다. 고전적 교육의 시간은 선형이다. 이런 교육형태는 시간의 여러 가지 밀도, 호흡, 한가한 시기, 혹은 강도 높은 시기를 고려하지 않는다.

우리가 겪고 있는 패러다임(분석학적 방법에서 시스템적 방법으로의)의 변화는 다른 교육방법을 필요로 한다. 데이터베이스와 초보적인 추론방법을 습득하던 교육은 지식을 '통합'하는 방법으로 보완되어야 한다. 정보를 기계적으로 습득하는 백과사전적 방법보다는 새로운 지식을 재통합하고, 상대적 가치를 인정할 수 있는 시스템적인 방법을 써야 한다. 공부하는 방법을 배운다는 것은 지식이 발아하고 꽃필 수 있는 비옥한 토양을 마련하는 것일 뿐만 아니라, 이미 알고 있는 것을 운영하고 가치 단계를 매겨서 그 지식이 실용화되고 자신의 행위에 의미를 부여할 수 있도록 하는 것이다.

이 방법은 교육할 분야를 미리 세분화시켜 몇몇 사람만이 이를 통제하고 모든 사람이 모방할 수 있도록 하는 것이 아니라, 지식의 싹부터 시작해서 지식을 '재구성'하는 것이다. 단순한 방정식에서 출발하여 연속적인 조작의 반복에 의해 점차 프랙탈 영상이 이루어지는 것과 마찬가지로, 새로운 교육도 각각의 사람에게 여러 다른 층위의 지식들간의 관계를 재구축하도록 도움을 주는 것이어야 한다. 미래의 공생적 교육은 프랙탈한 동시에 종합적인 것이어야 한다. 인생의 다양한 시기에 나이에 걸맞는 상호의존적인 지식의 모듈을 창조하고, 프로그램의 선형성을 깨뜨리기 위해서는 프랙탈하여야 한다. 그리고 인생과 세상에 대한 사고를 풍성하게 하는 개인별 구조로 이 모듈을 조합하기 위해서는 종합적이어야 한다.

프랙탈 교육은 가볍고, 개방적이고, 책임의식을 불러일으키는 것이다. 그 기간이 고정되어 있어야 할 필요는 없으며, 진도와 경험과 면학의 동기에 따라 상대적이다. 기간은 정보에 대한 개인적 접근방법과 수단의 습득, 창조력 개발, 추론에 필요한 과정 습득, 지식 통합의 시스템적 실용능력에 따라 정해진다. 프랙탈 교육은 복합화를 위한 싹·모듈·열쇠·연산자를 제공한다. 이 교육은 학교 외의 다른 장소에서도 이루어질 수 있다. 이 교육은 각 개인에게 늘어 놓은 지식의 공간을 획득케 하는 대신에, 개인적인 지식세계를 건설 또는 재건설하도록 해준다.

프랙탈 교육은 정보통신의 처리기술을 이용하여, 어디에나 있는 감성적 미디어인 텔레비전을 보완한다. 텔레비전은 전통적·선형적 교육의 중요한 경쟁자이다. 텔레비전에 의한 아이디어와 생활방식·행동양식의 빠른 전달속도로 인해, 그 관습 속에 경직된 학교가 부각되었다. 교육의 긴 시간과 현실의 짧은 시간 사이의 갈등이 크게 부각되었다. 미디어 세계의 문화는, 그 짧은 시간 속에서 일시적인 것이지만 의식의 기억 속에서 지속된다. 각각의 새로운 사건은 더 강한 감동으로 그 전의 사건을 밀어낸다. 같은 배경구조(재앙, 테러, 화재, 홍수, 사임, 추문)를 가진, 수백 번 다시 본 단조로운 장면은 같은 불행을 당했거나 문제가 된 인물들의 개인적 감정에만 의미 있는 것이 된다.

텔레비전을 통해 얻을 수 있는 유익한 커뮤니케이션의 기본 요소는 이성이 아니라 감동이다. 이렇게 텔레비전은 점차 텔레모션(télémotion)이 되었다. 그러나 주제에 대한 접근은 종종 피상적인 것이 되었고, 배경은 무시하고 형태만 강조되었다. 재핑은 시청자에게 의식적으로 선택을 한다는 착각을 가져다 주지만, 그것은 대개 일시적 지루함에 대한 반사작용일 뿐이다. 어린이를 대상으로 연구한 결과가 재핑 비디오 클립·광고·'돌려감기' 행위는 시간의 길고 짧음에 대한 개념이나, 그 가역 또는 비가역성에 대한 개념 형성에 지대한 영향을 미친다고 밝혀졌다. 처음으로 책을 읽을 때 어린이의 눈은 문장 한 줄 한 줄을 따라가는 것이 아니라, 그 페이지 전체를 (비디오 카메라와 같이) '촬영'해 버린다. 녹음기나 전자오락기의 돌려감기 기능에 의해 그들은 순식간에 죽은 사람을 살려내기도 하고 무너진 집을 다시 짓기도 하며, 부서진 자동차를 다시 복구할 수도 있다. 이러한 조작은 그들을 마치 조물주와 같이 변신시켜 주기도 하지만, 실제 세상이라는 것은 '재핑'으로 건너뛸 수도, 이렇게 조작할 수도 없는 것이다. 이것이 바로 시간을 초월하여 마음대로 세상을 조절하는 데 익숙해진 젊은이들이, 비가역적 시간으로 구속된 실제 세상 속에서 책임감을 갖고 살아가는 데 부딪히게 되는 어려움인 것이다.

세상을 반영하는 텔레비전은 정보의 근원인 동시에 정보의 거울이다. 생활양식·관습·행동양식의 놀라운 촉매이다. 이런 의미에서 텔레비전은 사회의 결속력을 높이고 분할시키는 관습·법률·요소 들을 통한 문화 전달의 유력한 도구임을 증명하였다. 텔레비전은 학교나 책, 전통적인 언론매체보다 더 밀도 높은 시간에 작용한다. 한 사건, 한 가지 생각, 한 가지 태도는 증폭하거나 내버려진 카오스적 진동을 발생시킨다. 이 진동은 예측할 수 없는 현상(발산하거나 수렴하는)을 일으킬 수 있다. 텔레비전은 행위를 유발하고 확대시키는 무형의 감동수단이다. 최대의 감동, 그것은 죽음이다. 다시 말하면 다른 사람들의 죽음은 자신의 죽음에 대한 공포를 없애 준다. 석간신문에 사진이 실려 있다면, 그것은 바로 죽음에 관한 기사일 것이다. 우리는 텔레타나토필(telethanatophile), 멀리서 타인의 죽음을 즐기는 사람이 되었다.

캘리포니아대학교의 래리 카힐과 제임스 맥가이의 최근 연구에 의하면, 어떤 영상이나 어떤 상황에 대한 기억력은 공포나 번민으로 인한 스트레스에 의해 강해진다고 한다. 장면이 위험하고 무서울수록 관객은 더 잘 기억한다. 이를 증명하기 위해 같은 이야기에 대해 서로 다른 해석을 보여 주는 두 가지 시퀀스를 자원 관객들에게 관람시켰다. 하나는 중성의 장면으로, 다른 해석판에는 극적이고 피를 흘리며 괴로운 장면으로 되어 있다. 자원자들 중 일부에게 스트레스 호르몬인 아드레날린(adrenaline)과 노라드레날린(noradrenaline) 작용을 억제하는 프로파노롤(propanolol)을 투약하였다. 한 달 후, 그들의 기억력을 테스트하기 위해서 자세한 설문지를 돌렸다. 감동이 기억력을 강화시킨 놀라운 결과가 나타났다. 약을 복용한 그룹은 대체로 중성적 상황을 기억하고 있었지만, 다른 그룹은 모든 극적인 시퀀스를 훨씬 잘 기억하고 있었다.

이 신경생물학적 특성은 동물세계의 생존조건 중 하나인 것으로 보인다. 어떤 생물이 그가 처했던 위험한 상황을 기억하고 있다면, 그의 생존확률은 더 높아진다. 텔레비전 방송의 어떤 형태들은 점진적으로 이런 생물학적 특질 위에 그 시청자층을 만든 것으로 보인다. 강화의 사슬은 점점 높은 감동경쟁을 하면서, 제작자와 관객 사이에서 시작된다. 감동을 위한 영상 게재는 이렇게 극적이고, 그와 유사한 시퀀스에 대한 기억을 강화시키기 위해 사용된다. 이런 시퀀스가 연속되면 단조로워져서 시청자에게 싫증나게 만들 수 있는 것이기 때문이다. 나쁜 소식이 좋은 소식보다 더 잘 기억된다. 이런 생물학적 실험을 모르는 마샬 맥루안은 무소식이 희소식이라고 말했다.

이 연구 결과는 텔레비전 폭력장면의 효과에 대한 논쟁에 특별한 의미를 던져 주었다. 청소년 시청자에게는 스트레스 호르몬 생성으로 인해, 중성화면보다 폭력장면이 더 쉽게 기억될 것이다. 이렇게 해서 폭력문화가 자리잡고 인간의 행동에 깊이, 또 무의식적으로 영향을 주게 될 것이다.

극적인 장면의 기억과 그것의 잔류 효과로 인하여, 텔레비전은 해체되기 시작한 이 세계의 영상을 담아내고 있다. 재앙과 죽음을 담은 영상의 반복적 성격은 절망의 느낌을 불러일으킬 수 있다. 이렇게 텔레비전이 보지 못하는 이 세계의 이면이 존재한다. 텔레비전에 클로즈업된 얼굴과 감동적이고 위급한 화면이 없다면 뉴스가 없을 것이다. 텔레비전으로 방송되기 좋은 소재는, 사건이 있었던 시간에 그 장소에서 촬영한 충격영상과 함께 증인과 책임자를 등장시킨 휴먼드라마이다. 고전극과 같이 장소의 일치, 시간의 일치, 행위의 일치가 이루어진 것이다. 그 내용에는 분명히 과정과 구조·조직·네트워크·계획·설명·논의는 보이지 않는다. 이런 것들은 이 세계의 숨겨진 부분에 속한다. 텔레비전 카메라의 눈은 맹점을 가지고 있다. 세상은 이렇게 그 영원한 드라마 속에 있는 것처럼 보인다. 모든 진보는 불가능한 것처럼 보인다. 모든 개선도 의심스럽고, 모든 건설을 위한 모든 노력은 실패로 끝나고, 모든 접근과 시도는 소용이 없는 것으로 보인다. 그러나 텔레비전으로 전달되는 것도 역시 미래의 문화이다. 상황을 움직이고 변화시키려는 의지를 불러일으킬 수 있는 문화이다. 왜냐하면 우리는 할 수 있기 때문이다. 그리고 내가 이런 확신을 하는 것은 불굴의 낙천주의 때문만은 아니다. 그것은 인간과 인간의 적응력에 대한 믿음이다. 솔직하게 말해서, 일반적으로 사람들이 별로 낙천적이지 못하다고 생각한다는 사실에 나는 지쳤다. 마치 고칠 수 없는 결함처럼 말이다. 물론 나는 세상만사는 저절로 잘 해결될 것이고, 좋은 방향으로 결말이 나리라는 식의 수동적인 낙천주의에는 반대한다. 나의 낙천주의는 다른 사람과 협력하여 상황을 바꿀 수 있으리라는 느낌에서 나온 것이다. 낙천주의는 미래의 지능이다.

프랙탈 교육은 변화의 싹을 창조하고 키운다. 이 교육은 각자에게 자신의 능력에 맞는 책임을 준다. 세상의 숨겨진 면은 보지 못하는, 그 흔한 감동의 텔레비전을 보완하는 프랙탈 교육은 미래에 대한 낙관적 건설의 합리적 기초를 닦는다.

전자오락 : 대화식 하이퍼미디어

전자오락은 대화식 교육의 또 다른 형태이다. 우리는 지금 그 매출

액이 8백80억 프랑, 1억 5천만 대의 조작기가 사용되는 엄청난 사회 현상과 직면하고 있다. 미국에서 전자오락 시장은 영화 시장의 매출액을 능가했고, 현재 레코드 시장을 따라잡고 있다. 프랑스에서는 35퍼센트의 가정이 오락기를 소유하고 있고, 8세에서 15세 사이의 아동들 중 75퍼센트가 오락기 한 대씩을 가지고 있다. 이러한 수치는 논란의 대상이 되는 이 문제가 단순히 어떤 유행의 파급 효과의 차원은 이미 아니라는 것을 말해 준다. 더 이상 이를 무시하려고만 할 것이 아니라, 이를 교육적 목적에 사용할 수 있는가를 알아보아야 할 것이다. 오늘날 교육자들의 관심사는 '심심풀이' 오락을 '지적능력의 향상'을 위한 오락으로 자연스럽게 옮기는 일이다. 이것이 한창 도약하고 있는 바로 '오락-교육' 분야이다. 이 정책의 성공은 전자오락의 전문가임과 동시에, 새로운 형태의 교육도구를 만드는 데 뛰어난 창조력을 발휘할 수 있는 세대의 지적 능력에 달려 있다. 이제 우리는 학생들의 손으로 쓰고 만들어진 교과서와 교구를 보게 되는 역설적 상황에 직면하게 될 것이다.

전자오락을 즐기는 청소년들은, 새로운 형태의 대화식 복합성 문화를 만들어 내고 있는 중인지도 모른다. 이 문화는 최소한 아직 원초적인 상태에 있다. 이 문화는 수동적이고 부실한 일종의 습관으로 끝나 버릴 수도 있고, 지식을 향한 새로운 길을 제시하는 희망의 문이 될 수도 있다. 전자오락에 있어 '문자-순차적인' 접근방법과, '하이퍼텍스트-포괄적' 접근방법 사이의 간극은 커져 가기만 한다. 우리 사회의 문화전통은 무엇보다도 문자적이다. 텍스트는 모든 것의 기본이다. 수학조차도 문제를 문장으로 풀어내야 하고, 법은 법조문에 근거를 두고 있다. 우리는 알파벳, 읽기, 쓰기, 동사의 어미변화, 논술을 배웠다. 우리의 사고방식은 저절로 문장으로, 문과 장을 따라가면서 첫 페이지에서 마지막 페이지까지 전개되는 것이다. 이 전통적 방법은 분석적이고, 선형적이며, 순차적이다. 텔레비전과 영화로 인한 영상의 침입으로 이성은 감성으로 대체되었고, 엄격한 분석은 피상적인 느낌으로 대체되었다. 점점 포괄적이고, 감성적이고, 감각적이 되어가는 것이다. 사물의 유형적인 세계에서 파장과 신호와 기호의 무형적인 세계로 옮겨가면서 우리는 세계에 대처하는 능력을 잃었다. 텔레비전 앞에 앉아 있기만 하면 되는 수동성은, 때로는 거리나 고속도로에서 집단적으로 행하는 난폭한 행동으로 보상받고자 하기도 한다.

무형세계의 중심에 자리하고 있는 비디오 게임은 '대화성'을 그 기본 원칙으로 삼고 있다. 이 게임 속의 상상의 세계는 모든 종류의 궤도 수정이나 전략 수립, 일탈행위를 할 수 있게 한다. 오락기에 손을 얹고 있으면 세계를 조종하고 있는 것 같은 착각을 한다. 미리 배우지 않고도, 조종규칙 없이도, 세계의 수백만 어린이는 전자 대화방식을 발견하고, 멀티미디어 · 하이퍼미디어 세계 속으로 개인 항해법을 만들어 낸다. 새로운 기회가 전자생명이 끝나는 순간까지 이어지는 세계에서, 매번 선택할 때마다 게임의 법칙에 따라 벌을 받기도 하고 보상을 받기도 한다. 오락을 하는 사람이 피지배자인 동시에 지배자가 되는 이원론적 시각이 생겨난다. 반대로 하이퍼미디어에서의 (더 크게 말하자면 복합적 다차원적 지식의 하이퍼스페이스에서의) 항해는, 이제 중심이 된 개념의 이면에 숨어 있는 것을 이해하여야만 한다.

하이퍼미디어 속을 항해하는 전자오락 사용자는, 게임의 법칙에 대한 자기 자신의 법칙을 발명하여야 한다. 그러나 종종 이 일상적인 경험은 그 자체로 그칠 뿐 사용자에게 다른 곳으로의 항해, 즉 지식의 공간으로의 항해를 부추기지는 않는다. 그는 이 항해를 위해 어떤 항로도 선택하지 않았다. 나침반이나 항해에 필요한 지도도 가지고 있지 않으며, 어떤 경표나 등대의 인도도 받지 않는다. 만일 이런 대화식 시스템이 개발되고 완성되면, 교육자나 게임 프로그래머의 역할은 분명히 미래의 항해에 필요한 도구를 제공하는 일일 것이다. 우리의 책임은 크다. 우리는 이 발전의 방향을 유도할 수도 있고, 아니면 화면과 음향으로 계속해서 속일 수도 있다. 예전에는 믿는다는 것은 곧 보는 것이었다. 오늘날 우리는 보는 것을 믿을 수가 없다. 디지털 화상을 그래픽 색조로 바꾸는 일은 매우 쉬운 일이다. 자신도 모르게 화상복제로 한 사람을 복제하여, 이론적으로는 어떤 형태의 상황 속으로든지 '오려두기/붙이기'를 할 수 있다. 이 영상 조절기술과 청소년들의 가상세계의 탐험을 즐기는 성향이, 우리에게 '아이콘화'와 그림으로 하는 교육의 기초를 닦도록 한다. 하이퍼미디어 항해사들이 무턱대고 뛰어들, 전화선으로 가정까지 연결되는 5백 개 채널의 대화식 멀티미디어 텔레비전의 등장으로 이런 교육과 작동법은 더욱더 필요하게 되었다. 우리가 이 기회를 놓치면, 한 세대의 항해사들이 항구를 떠나 피상적인 하이퍼스페이스 속에서 물결치는 대로 표류하게 될 것이다.

미래사회의 교육은 이렇게 전통적 교육, 필기도구, 전자교구, 자료수집, 시사정보, 스펙터클, 텔레비전, 전자오락, 네트워크와 같은 여러 가지 채널과 커뮤니케이션 방법을 통하여 이루어진다. 이 모두가 관계를 형성하고, 절차를 만들고, 사고방식을 생겨나게 하고, 행동에 영향을 미치고, 집단기억을 구축한다. 바로 이것이 교육의 속성이다. 그러나 공생학적 교육의 창발은 학교나 사회조직, 창조의 시간과 행동의 시간에 중요한 의미를 갖는다.

학교교육의 재편성

학교는 미디어 변형(커뮤니케이션 수단의 폭발적 증가)과, 분석적 방법과 시스템적 방법 사이의 패러다임 변화에 의해 큰 타격을 입고 있다. 시급히 학교교육을 다시 바로잡아야 하는 것은 바로 이런 이유에서이다. 새로운 환경 속에서 학급이나 교구, 교육방법, 교사의 역할에 대해 다시 한 번 생각해 봐야 할 것이다. 그렇지 않고서는 앞으로 20년 후 학교는 더 이상 유지할 수 없게 될 것이다. 마샬 맥루안의 예언('어린이들이 자기들의 학교를 불태울 것이다……')이 불행하게도 실현될 것이다. 어떤 의미에서는 교내폭력이나 교사에 대한 공격적 태도나 교칙 무시 등으로 이미 증명되고 있는 듯하다. 교사에게 더 이상 지식의 전달자인 동시에 교육 프로그램 관리자, 학급 분위기 조성자, 규율과 질서의 수호자가 되라고 할 수는 없다. 텔레비전과 뮤직비디오·비디오테이프 덕분에 청소년들이 익숙해져 버린 미디어와 스펙터클의 세계와 경쟁하기는 너무 힘들다. 모든 사람이 다 재미있고, 카리스마적이고, 커뮤니케이션 능력이 뛰어나고, 자신의 분야에서 유능할 수는 없다. 게다가 기술문명과의 경쟁은 더욱더 어려워질 것이다. CD-rom, 시뮬레이션과 네트워크 접속이 가능한 컴퓨터, 오락-교육적 기능을 가진 전자오락은 중급 수준의 강의만한 교육 내용을 충분히 제공한다. 그렇다고 프로그램된 기계가 교사를 대신할 수 있는가? 교육공간을 단명할 기술의 쇠붙이로 가득 채워야 하는가? 한 가지 모드에서 다른 모드(A/V시스템, 컴퓨터공학, 그래픽디스크, 네트워크……)로 건너뛰어야 하는가? 아니면 반대로 학교를 이런 기계의 침입으로부터 지키고, 사색의 항구로, 평정의 오아시스로 만들어 종이와 칠판과 지도와 시험지를 써서 여전히 추론과 논리와 엄격함을 진보시키도록 해야 하는가? 그리고 이런 사실로부터, 알렝 핑켈크로트가 도전적인 방법으로 제안한 '특별한 학교'를 세울 것인가?

우리들이 유형의 육체를 가지고 '지금' '여기'에 살고 있는 한 가상의 학교란 없다. 물론 보충교육으로, 주로 대화식 멀티미디어 텔레비전에 의한 네트워크상의 유선교육이나 레이저 CD의 무선교육이 이루어질 수는 있다. 미래의 하이퍼네트워크상에는 어떤 형태의 보편적 전자학교(어떤 졸업장을 줄까?)가 등장할 것이다. 그러나 교실은 오랫동안 교육의 기본 모듈로 남아 있을 것이다. 교실을 통해서만이 교육 당사자들간의 실제적인 만남이 이루어질 수 있고, 즉각적인 정보교환이 이루어지고, 교사에 의한 집단교육이 가능하다. 이런 형태의 구조는 보존되어야 한다. 이는 네트워크를 통한 교육과 상호보완적이다. 미래는 가상학교와 실제학교 사이에서 평형을 이루어야 한다.

교육과정의 재편성이 필요하기는 하다. 이는 첨단기술의 적절한 사용과 지식 전달의 보충적인 형식에 의존하면서 이루어지는 것이다.

미래의 교실은 어떤 것일까? 우선 교실은 누구에게나 열려진 공간일 것이다. 여러 채널을 통해 영상을 전달할 수 있고, 대화식 컴퓨터 시설을 갖추고 있으므로 시사문제·미래 예측 등이 논의되고, 프로그램에 통합될 것이다. 컴퓨터는 폭넓게, 그러나 '투명한' 방법으로 사용될 것이다. 기계 그 자체나 프로그램보다는, 주로 '접속용'으로 다른 학급과 네트워크를 통해서 함께 공부하고 정보의 베이스에 접근하기 위해 사용할 것이다. 그리고 실험, 진전상황, 다양한 현상들, 빨라지거나 느려진 진화과정 등을 모사하는 거시경으로, 학급에서 항상 필요로 하는 다양한 정보기억과 멀티미디어의 표현도구로써 사용될 것이다. 컴퓨터는 또한 필기·계산·정리와 같이 고전적으로도 사용될 것이다. 프랙탈한 교육은 각자의 동기나 방법, 리듬과 필요에 따라 더 복잡하게 만들 수 있는 지식의 싹을 전달하는 교육의 기본이다. 교사는 매개자, 촉매자, 활기를 북돋아 주는 사람이다. 교사의 역할은 소크라테스식이다. 즉 지식에 접근하는 길을 제시하고 예를 들어 준다. 그는 지적 자원뿐만 아니라 인적 자원의 중심이다. 이렇게 재편성된 학급은 중계국이 될 것이다. 지식에의 접근과 문화 전달의 다른 보충형태를 포함하는 더 광대한 네트워크의 노드, 즉 과학, 전시, 대화식 멀티미디어 텔레비전, CD, 전자오락, 책, 스펙터클의 천국이 되는 것이다. 누구도 교육을 독점해서는 안 된다. 미래의 프랙탈 교육은 여러 가지 시스템과 네트워크 사이의 공생의 결과일 것이다.

라마르크식 문화 전달

새로운 문화의 전승은 여러 세대에 걸쳐 이루어질 것이다. 이 새로운 문화는 여러 가지 길을 통해 이미 인간사회에 서서히 스며들기 시작했다. 이 문화의 보급은 학교 외에도 가정, 전통, 생활양식과 관습, 서적, 스펙터클, 문화적 환경, 미디어를 통해 이루어진다. 그리고 이제는 전자미디어, 컴퓨터, 네트워크도 있다.

문화 전달은 획득형질의 유전과 유사한 현상이다. 그러나 그것은 유전자나 DNA가 없는 사회적 유전이다. 이 유전은 책, 계획 속, 코드 속, 관습, 집단기억과 심상 속에 있다. 학교와 가정교육, 단체나 집단교육에 의해 반복되고 텔레비전 중계국에 의해 증폭된(억제된) 유전……획득 형질의 라마르크식 전달이다. 다윈의 생물학적 진화론의 의하면 놀랄 만한 속도의 진화이다.

생물학적 진화는 다음 세 가지 원칙하에 이루어진다. 그것은 바로 변이, 경쟁, 선택이다. 생물의 프로그램(DNA) 속에서 우연한 변이들이 발생한다. 여러 종들이 경쟁하고 있는 환경 속에서, 그 환경에 비교적 잘 적응한 새로운 종들이 생겨난다. 가장 잘 적응한 종은 살아남고, 선택되고(보다 정확히 말하면 자율선택된다), 그 후손에게 생존력과 경쟁력 있는 유전형질(새로이 변형된 유전자)을 물려 준다. 이 과정은 한정된 자원을 놓고 경쟁관계에 있는 수많은 개체들의 DNA 속에서 동시에 반복해서 이루어진다. 생물학적 진화는 우리가 이미 보았듯이, 문제에 대한 답을 탐색하며 최상의 답을 습득하고 기억하는, 동시 처리기능의 거대한 멀티프로세서에 비교할 만하다. 이렇게 해서 생명계의 다양성, 생물의 다양성이 이룩되는 것이다.

라마르크(프랑스의 선구적 생물학자. 획득형질의 유전을 주장한 그의 학설을 라마르크설이라고 하는데, 이 설은 다윈에게 반박을 받았다)는,

동물의 행동으로 나타나는 생에 대한 압력이 기관의 수정이라는 적응으로 다음 세대에 전달된다는 가설을 내놓았었다. 기린의 긴 목이 그 유명한 예이다. 키가 큰 나무의 잎을 먹으려는 동물은 그 노력으로 목이 길어졌다. 그 결과 그 종은 살아남았으리라는 것이다. 다윈의 이론과는 달리, 이 이론은 진화에 목적원인론을 도입하였다. 생명은 어디를 향해서 가고 있는지를 전체적으로는 '알고' 있을 것이다. 진화론 주변에는 전지전능한 창조주의 망령이 떠나지 않는 듯하다. 물론 이런 이론은 과학적인 방법이 되지 못한다. 게다가 라마르크 학설은 복잡한 생물학적 메커니즘을 필요로 한다. 한 생명체가 획득한 정보를 태아의 성장을 이용하여 전달하기 위해서는 그 정보를 해석할 수 있어야 하고, 이를 위해서는 DNA 코드를 재프로그램하여야 하는데…… 생물학적 진화로 보존하는 데는 너무나도 많은 정보와 에너지가 필요하다.

반면 문화적 진화의 경우에는 라마르크식 이론이 대두된다. 불, 바퀴, 문자, 자동차, 전화, 텔레비전의 발명, 그리고 이 모든 것들을 사용하는 인간사회 조직의 코드를 재프로그램하는 컴퓨터의 발명 등. 이러한 발명은 또다시 다른 발명, 수정, 적용으로 이어진다. 문화와 기술은 하나가 될 수밖에 없다. 이 두 가지는 같은 현상의 다른 양상일 뿐이다. 진화·습득·집단기억은 문화의 기초를 이룬다. 원시인들이 다듬은 부싯돌은 문화적인 동시에 기술적인 도구였다. 정보의 문화적 전달은 곤충사회에도 이미 존재하고 있다. 개미는 집단문화를 발명하였다. 한 세대에서 다음 세대로 전승된 것은 공간적·시간적 구조(보금자리, 도구, 사회조직, 군집생활, 노동의 시간적 분배)였다. 개인적 차원에서의 기억이나 문화학습은 없으나, 집단적 차원에서의 정보전승은 있다. 기억은 서식지의 물리적 환경 속에 새겨져 있다. 각각의 통로는 역사를 가지고 있고, 각각의 개미에 의해 재발견된다. 그 네트워크는 영속되는 외적 기억장치이다. 이 과정은 라마르크적이고, 집단에 의해 획득된 형질의 전승이다. 마찬가지로 우리 사회에서도 역사는 한 민족의 결속을 강화시키는 촉매이다. 교육, 학습, 적용, 기구, 교신, 진화는 한 문화를 구성하고 전달하는 요소들이다.

문화적 환경과 기술적 환경은 인류 역사상 공동진화해 왔다. 다윈식 메커니즘──변이·경쟁·선택──은, 기술적·사회적 진화 속에서 다른 메커니즘──발명·경쟁·시장──으로 대체되었다. 그러나 원칙은 마찬가지이다. 즉 다양한 세대(변이·발명), 종의 경합(생물·아이디어·상품·기업·조직·사회), 적자생존(자연선택, 경쟁적 배제, 일시적 거품 속의 고립)이다. 이런 형태의 진화들간의 차이점은 그 속도에 있다. 도구의 무형화, 작업의 동시처리와 네트워크화는 시간의 밀도를 높인다. 생물학은 한 '발명품'을 강화시키든지 제거하든지 하기 위해, 유기체와 태어나고 죽는 존재들 및 여러 세대를 필요로 한다. 이는 무겁고 느린 과정이다. 기술적·사회적 진화에서 인간은 특허증을 고치고 기계를 조절하며, 그 기계를 대량생산하다. 소프트웨어는 코드화된 기구이자 컴퓨터 안에서 그 기구를 작동하는 행위이다. 명령문 하나가 전체 과정을 바꾸어 놓는다.

생물학적 진화는 유전자와 유기체로 이루어지고, 기술적·사회적 진화는 발명과 기계와 조직으로 이루어진다. 이 두 진화는 서로 중첩된 층을 형성한다. 이 진화는 무형화되면 될수록 더 빨라진다('외부의' 기준시간과 비교하면). 오늘날 새로운 층이 형성되기 시작했다. 보다 정확히 말하면, 이미 존재하고 있는 층(시간적 밀도가 점점 더 강해지는 층) '내부'에 생성되는 구심적인 층이며, 밖에서 안으로 들어갈수록 전통적인 기준시간으로 측정된 그 진화가 더 가속되는 듯한 잘 짜맞추어진 구(球)의 세계이다.

이렇게 미디어 세계의 문화적 진화가 이루어진다. 서적은 지식을 시간적·공간적 구속으로부터 벗어나게 하였다. 인간의 행동양식을 반영하는 언론과 텔레비전은, 문화('문화를 향유하는 사람들의 문화'라는 의미가 아니라 환경적인 의미에서의 문화)적 정보를 얻을 수 있는 원천이자 정보의 거울이다. 기술적·사회적 진화 메커니즘(발명, 경합, 시장)은, 다른 메커니즘으로 대체되었다. 그것은 바로 사건·감동·여론·행동양식의 변화이다. 이는 라마르크식 문화전달이기는 하지만 이번에는 몇 달, 몇 주, 때로는 며칠, 몇 시간 주기인 훨씬 짧은 주기로 이루어진다. 그래서 텔레비전 매체는 영상을 동원한 강한 감동의 사건을 그렇게 좋아하는 것이다. 이러한 방송은 역사가 우리가 지켜보는 가운데 이루어지고, 대중매체가 거기에 매우 중요한 역할을 .하고 있는 것처럼 느껴지게 한다.

위에서 보았듯이 텔레비전은 라마르크적 진화의 촉매이다. 텔레비전에 사로잡힌 시청자가 일시적으로 많이 있어서 증폭된 일상적 사고와 사건은 행동양식을 변화시킨다. 텔레비전 매체에 의한 전달은 카오스적 메커니즘에 해당한다. 예측하지 못한 어떤 사건은 초기 충격과는 어떤 공통점도 없는 총체적 반응이 생겨나게 한다. 이 증폭 효과는 미래의 행동양식을 결정짓는 집단기억 속에 지속된다. 예를 들면 선거전에서 패배한 경우나, 보다 일상적인 경우는 시장에서 단순히 물건을 살 때와 같은 경우이다.

개인의 두뇌기능을 증폭시키는 기구(개인용 컴퓨터나 하이퍼네트워크)의 등장으로 문화전달은 더욱 가속화될 것이다. 인터넷상에 나타나는 반응 ——개인적·집단적 피드백——은, 앙케트 조사나 미디어에 의해 측정된 '여론'보다 더 빠르다. 이런 현상은 대중의 정보고속도로 접근이 일반화될수록 더 강화될 수밖에 없다. 장차 인간두뇌와 네트워크가 직접 연결이 되면 새로이 팽창된 공간과 구심적이며, 전례 없이 밀도 높은 시간적 공간이 만들어질 것이다. 그 공간이 바로 정보권이다. 그리고 완전히 새로운 방법으로 시간에 대한 오래 된 의문을 제기할 것이다.

창발, 변이, 혁명

　인간과 공동진화하고 있는 인간사회와 인간이 만든 기계(기계식이든 전자식이든), 인간이 구축한 인프라와 정보망은, 커뮤니케이션 네트워크와 조절의 사슬로 이어져 있어 떼어 놓을 수 없이 얽힌 일련의 시스템을 형성한다. 사이바이온트는 새로운 세계적 생물이다. 그러나 사실 이 생물은 서로 다른 속도와 리듬으로 발전하고, 경쟁상태에 있는 하위 시스템으로 이루어져 있다. 균형잡힌 진화를 하기 위해서는 이 리듬을 감지하는 것이 꼭 필요하다.

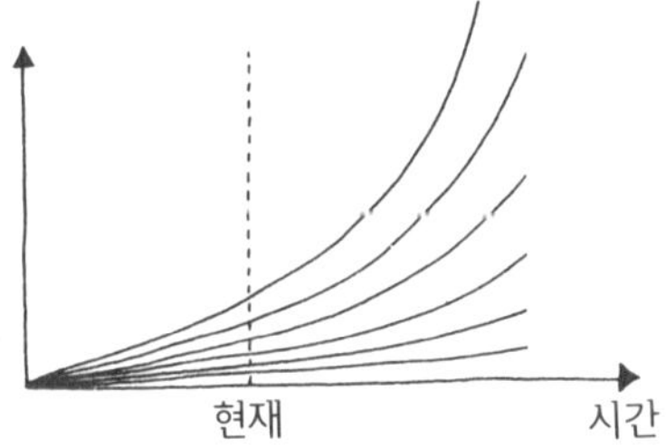

　복합 시스템과 카오스적·팽창적 진화를 보는 우리의 시간에 대한 시각은 아직 선형적이고 1차원적이다. 우리는 진화현상과 과정이 텅 빈, 순수하고 완벽한 공간에서 이 공간 속의 시스템의 진화에 직접적인 영향이 없이 일어난다고 생각하는 경향이 있다. 사실상 사이바이온트 하위 시스템의 진화는 비선형적 현상을 묘사하는 곡선군으로 나타낼 수 있다. 이 곡선의 만곡부는 진화의 속도에 따라 더 휘기도 덜 휘기도 한다. 어느 특정한 날에 모든 점은 현재로 절단한 면 속에 공존한다. 그러나 물론 서로 다른 진화의 잠재성을 간직하고 있다.

　정보의 밀도, 일종의 정보 임계질량이 고유의 진화상수를 가진 일시적 '기포'를 만드는 듯하다. 한 별의 질량이 시간-공간을 '휘게' 하 듯이(일반 상대성원리가 보여 주듯이), 초고밀도의 정보 임계질량 이—다중 상호작용과 병행처리와 여러 갈래의 통신망의 결과로 생 긴—시간을 응축시킨다. 그러므로 진화과정은 '시간의 기포들' 속에 서 나타내어질 수 있다. 이 기포들은 한순간에는 공존하지만 내적으 로는 다른 기포의 진화, 자체 선택, 경쟁적 배제의 잠재력과는 매우 다른 잠재력과 속도를 지니고 있다. 이 표현은 복합적 진화현상을 평 가하는 데 또 하나의 차원을 도입시킨다. 따라서 진화의 잠재력을 식 별할 수 있는 직관(베르그송에 의하면 변화하는 것에 대한 감각)이, 진 화하는 기포의 정보적 밀도에 대해 무지한 분석적 방법보다는 상황을 더 잘 예측할 수 있을 것이다.

또 다른 이미지는 화산이다. 아이디어, 정보, 혁신적 세대가 하나 혹 은 여러 개의 분화구에서 뜨거운 용암이 치솟아오르듯이 인간사회에 서 솟아나왔다. 게다가 또 다른 비탈에서도 용암은 다른 분화구에서 천천히 솟아올라 연속적인 여러 층을 형성하면서 천천히 흘러내린다. 어떤 것은 아직 뜨겁고 물렁물렁하고, 좀더 딱딱해진 어떤 것은 영원 히 굳어 버린다. 흐르는 속도, 축적의 속도량이 존재한다. 그러나 화산 은 전체적으로 모든 구성 요소들이 한순간에 공존하는 총체이다. 마 찬가지로 기술·경제·사회에는 사고방식과 같은 다양한 리듬으로 진화과정에 있는 계층이 공존한다. 인간들 가운데에는, 이미 형성된 층 속에 굳어진 사람은 뜨겁고 흐르는 용암의 분출이 가져온 변화의 싹을 알아보지 못한다. 그것은 아이디어, 이니셔티브, 행동, 미래세계 를 건설하는 계획과 같은 것이다.

이 새로운 시간에 대한 접근은 공생학적인 진화의 한가운데에 있는 것처럼 보인다. 자체 조직의 법칙과 인간 책임 실천의 조합은 특수한 시간-공간을 창조하는데, 그 '밀도'는 오늘날 우리들의 시간의 흐름 이나 기간에 대한 전통적인 개념에 대해 다시 생각하게 한다.

진화과정을 묘사하기 위해 나는 가속화, 자가촉매, 자체 조직, 창발…… 그리고 더 널리 사용되는 혁명, 변이, 위기, 단절이라는 어휘를 종종 사용한다. 이런 어휘들은 시간이나 기간과의 관계를 상정하게 한다. 이들은 추가적인 시간적 차원이 스며들어 있는 듯하다. 기간에 대한 보이지 않는 불변의 기준은 시계의 전통적 시간과 대립적인 듯이 보인다. 이것은 '시간으로' 측정된, 그러나 '시간과' 상반되는 현상이다. 초·분·시간·일·월·년은, 이 기본적인 개념의 심오한 성질을 이해하기에는 너무 좁고 너무 엄격한 형식이다. 불변의 시간의 바다에 준하여 새로운 속성이 '창발하고,' 불가능한 구조가 '자가촉매현상을 일으키고,' '자체 선택하고,' 혹은 진화가 '가속화된다'고 말한다. 생물학이나 카오스 이론에서 사용되는 이러한 표현들은, 이런 현상 각각의 고유한 역학이 시간의 함수로 나타내는 것처럼 시사하는 바가 있다. 시간 그 자체는 왜 바뀌지 않는단 말인가? 기준 단위는 '내부로부터' 확장되기도, '외부로부터' 수축되기도 한다. 생물학과 컴퓨터과학의 실험을 통해서 시간의 새로운 상대성이 탄생할 수도 있다.

정보 : 잠재적 시간?

새로운 길은 분명히 시간과 정보간의 관계를 연구하는 것일 터이다. 시간이 흐르는 속도(감지된)는 정보생산의 속도와 연관이 있지 않을까 하고 생각해 볼 수 있다.

나는 정보를 잠재적 시간, 시간의 저장소로 생각한다. 우리가 잠재적 시간을 창조하면 할수록 우리는 보편적 시간의 흐름을 간접적으로 보상하는 것이다. 이런 입장을 정당화하기 위해서는 《거시경》(202-224쪽)에서 내가 분석한 내용을 참조할 수밖에 없기 때문에 여기에 간단히 요약하고자 한다.

우리는 지금 내가 '시간 중심주의'라고 부르는, 즉 시간의 감옥 속에 갇혀 있다. 우리는 원인과 결과로밖에는 세상을 설명할 수 없다. 우리는 이렇게 원인은 항상 결과를 선행한다는 선형적인 우연성과 연대학(年代學)을 경합하였다. 예를 들면 빅뱅의 경우, 초기의 원인으로부터 물질의 덩어리가 발생하여 다양한 폭발 속으로 분산되는 진화를 계속한다. 이러한 세계관은 원인으로 설명하는 시각이며, 분석학으로 복합성을 축소하는 시각이다. 이는 고전적 과학방법이다.

그러나 사이버네틱스가 새로운 방법을 개척하였다. 피드백의 사슬 속에서 인과관계는 순환적이다. 시간의 화살은 마치 뱀이 자신의 꼬리를 물듯이 그 자체 속에 갇힌다. 결과가 원인을 선행할 수도 있다. 앞/뒤의 의미가 뒤집어지고, 연대기는 푸대접을 받는다. 궁극성과 목적론이 자율조절된 시스템의 양식에서 나온다. 목적원인론적 방법은 모든 지능적 행위에서 나온 방법과 같이 수렴적 진화를 우선으로 삼는다. 이 수렴은 한계에 이르면, 무형화된 정신의 최후의 농도를 의미하는 오메가 점(테야르 드 샤르댕)에 다다를 것이다.

설명과 암시, 아는 것과 느끼는 것, 인과율과 종극목적론, 결정론과 종극목적론, 유물론과 유심론, 시간문제에 관계된 타협할 수 없는 양자택일적 개념이 얼마나 많은가? 이들을 서로 타협할 수 없게 만드는 것은 시간의 흐름을 한 방향에만 기준하기 때문이다. 시계로 측정된 시간은 한 방향으로 가고, 열역학 제2법칙에 의한 삼라만상은 무질서한 방향으로 간다. 증가하는 엔트로피 시간은 한 방향으로 향한다. 죽음을 향하는 우리의 인생의 일방성도 세상의 진화시간과 일치한다.

그러나 겉으로 보기에 반대된 진화도 있다. 생물학적 진화와 기술-사회적 진화에서 우리가 말한 독창적인 정보 창조와 복합성의 진화, '물체가 미끄러져 내려오는 비탈을 거슬러 오르는 것'(베르그송)처럼 보이는 진화, 증가하는 방향으로 복합 시스템을 지향하는 물질의 자율조직, 즉 내가 여기서 사용하는 표현을 빌리자면 '공생학적 법칙'은 그 유명한 열열학 법칙에 반대된다고 볼 수도 있다.

생물학적 진화는 유전자 속에 새겨진 정보로 인하여 잠재적 시간을 생산했다. 인간은 그후 정보를 매개로 하여 생물학적 진화를 중계하면서, 오늘날과 미래세대가 사용할 수 있는 시간-자본을 창조하였다. 과학저서, 계획서, 도서관, 데이터 베이스, 문화 혹은 예술품은 잠재적 시간의 저장소에 비교될 수 있다. 시간-자본은 진화과정의 자가촉매로 가속이 되면서 시간의 형태로 '이익'을 창출한다. 하나의 원본을 창조하는데는 시간이 걸리지만, 그것을 복사하는 것은 거의 순간적이다. 창조행위는 역사적인 것이지만, 복사행위는 평범한 것이다. 첫번째는 시간을 자본화하지만, 두번째는 이미 축적된 자산을 현실화하기만 하면 된다.

수렴적 진화와 분산적 진화의 이분법적 시각을 극복하기 위해, 나는 시간 보존원칙의 범주 안에서 이 두 가지 진화의 상호보완성을 강조하는 방식으로 두 가지를 중첩시키는 것을 제안하였다.

세상이 무질서한 방향으로 진화하는 속도와, 질서 있는 방향으로 진화하는 속도 사이에서 평형을 유지함으로써 시간을 보존하게 된다. 진화 초기에는 엔트로피적인 붕괴의 화살표가 우세하다. 그후에는 인간의 행위를 통한 점점 더 강렬한 정보 창조의 흐름이 이와 맞선다. (《거시경》, 221쪽)

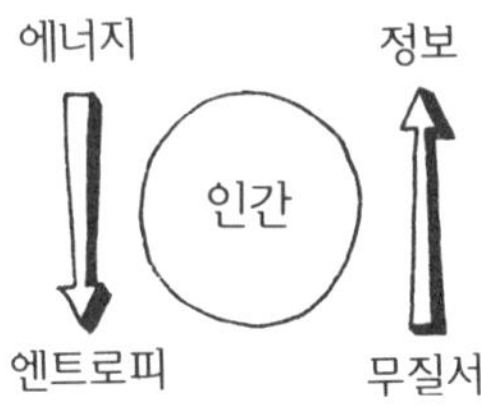

인간이 초기 정보로부터 생산해 내는 속도에 의해 새로운 상황이 만들어진다. 이 정보는 복합성을 증가시키고, 복합성은 잠재적인 시간

을 생성한다. 이 정보는 시간에 시간을 더한다. 시간 '속에' 시간을 창조하는 것이다. 고도의 복합성을 지닌 시스템은 (살아 있는 세포나 정보 네트워크처럼) 시간을 고립시킨다. 폐쇄로 인하여 이 시스템은 고유한 시간기포를 만들고, 그 기포는 시스템의 진화환경이 된다.

지금까지는 복합성과 정보 생성속도가 엔트로피적인 무질서화 속도를 보충하거나 평형을 이루기에는 부족하였다. 시계의 시간이 우선이었기 때문이다. 오늘날 정보학의 득세, 거대한 네트워크와 대중 기억장치의 구축으로 시간의 밀도가 바뀌고 있다. 사이바이온트는 정보권의 고밀도 시간 속에서 '생각하고' 있다.

시간의 밀도 증가를 가시화시키기 위해서 '시간 입자'를 존재케 하는 것을 생각해 본다. 빛의 입자인 광자, 전기 입자인 전자, 중력장에 관계된 입자인 중자와 같이 시간의 입자인 '시간자(chronon)'의 존재를 (고찰을 위해) 제안한다. 빛이 전자파나 입자(광자)의 발현이듯 시간도 파장(기간)이나 입자(시간자)의 형태로 존재할 것이다. 그래서 우리는 순간순간들의 흐름 '혹은' 병렬형태로 시간을 생각하거나 살 수밖에 없다. 이렇게 해서 일종의 시간의 배타원리〔파울리의 금제원리(禁制原理) : 동일 전자상태에 2개 이상의 전자가 개입할 수 없다는 원리〕가 존재한다. 물리의 배타원리에 따르면, 광자(혹은 전자)의 위치는 알 수 있지만 그 에너지는 알 수 없다. 반대로 그 에너지에 대한 정보는, 공간에서의 그 위치를 정확히 측정할 수 없게 만든다. 파장과 입자 중 선택해야 한다. 시간을 나타내는 데도 마찬가지로 흐름과 순간 중 선택해야 한다.

시간자의 흐름이 다양한 강도로 표시될 수 있을까? 한 도선 속의 전자의 흐름이 전류이다. 전압(시간당 전자의 양)은 회로의 양끝 사이의 전위차(電位差)에 비례한다. 즉 전류 생성력의 포텐셜 생산 에너지 보유량에 비례한다. 제수판으로 저수지에 연결된 관 속 물의 유량도 마찬가지이다. 유량(시간당 물의 리터 수)은 저수지 속에 담긴 물의 양과 그 높이에 비례한다.

이미 말했듯이 정보의 저장소도 잠재적 시간과 유사하다. 제안된 그림을 따라 이 저장소는 저장된 정보의 질과 양에 비례하는 시간자의 흐름을 생산한다. 이 흐름의 강도는 관습적인 시간단위로 측정되지만, 오늘날은 정보생산의 가속화로 시간당 시간자의 흐름이 빨라지고 있다. 그 강도와 밀도가 증가하고 있다. 시간-자본은 시간자의 흐름을 그 임계질량에 비례하여 생산한다. 오늘날 한 개의 '무거운' 시간자는 중세의 1천 개의 시간자에 해당될 것이다! 그럼에도 불구하고 우리는 아직도 같은 보편적 측정단위를 사용하고 있다. 이제부터는 시간단위의 정보의 양을 말해야 할까, 아니면 창조된 정보단위의 잠재시간의 양을 말해야 할까? 초당 비트를 말해야 할까, 아니면 비트당 시간자를 말해야 할까?

순차적인 시간의 병렬처리도 시간의 밀도를 높이는 데 기여한다. 병렬처리 컴퓨터, 뉴런 네트워크, 개미집, 시장, 증권시장과 텔레매틱 네트워크는 순차적인 시간을 병렬적인 시간으로 바꿔 놓는 멀티프로세서이다. 뉴런당 비트로 측정할 수 있고, 두뇌 보철기구에 의해 처리되는 개개인의 가용 정보의 양은 기하급수적으로 진보한다. 시간의 강도(시간자 유량)는 증가한다. 시간적 기포가 형성되고, 자체의 역학 속에서 진보한다. 초기 정보의 창조, 정보망 구축과 병렬처리, 데이터 베이스 안에 저장이 어떤 웅덩이, 혹은 어떤 인력을 만들면서 공간 '시간을 휘게' 한다.

프랙탈 시간

잠재적 시간의 창조는 카오스 이론의 범주 속에 재정리되어야 한다. 카오스적 시스템 속에는 많은 요소들이 동시에 정보를 생산하고 배급

한다. 이들이 만들어 내는 복합 시스템은 동시에 진화하는 그만큼의 시간기포를 만든다. 인터넷과 같은 하이퍼네트워크에서 각각의 사용자는 내부 시간의 밀도를 높인다. 이렇게 해서 사이버 공간은 팽창일로로 접어든다. 즉 이 자본으로 생산된 이익은 누적되는 방법으로 재투자하게 된다. 사이버 공간을 이용한다는 것은, 이 시간-자본 속으로 정보를 재투자하여 정보의 가치를 창출하는 것이다. 하이퍼스페이스 창안자들은 정보로 봉급을 받는다. 우리가 사용하면 엔트로피에 의해 비가역적 변화를 일으키며 소모되는 열역학 (에너지) 자본과는 달리, 공생학적 (정보) 자본은 사용되어서 가치를 창조한다. 이 자본은 항상 더 많은 이익을 낳는다. 즉 시간자를 '퍼뜨린다'고 말할 수 있다.

프랑스의 천체물리학자인 크리스티앙 노탈은, 우주를 프랙탈 구조로 재현해 보기를 제안하였다. 그에 따르면 빅뱅의 폭발 첫 순간들과, 퀘이사(準星)들의 수십억 광년은 같은 수학적 이론과 방정식을 적용할 수 없다는 것이다. 우주는 일련의 프랙탈식 기반으로 이루어져 있으며, 각 기반은 각자 특수한 계산과 추론방법을 필요로 한다.

복합 시스템(생물, 사회, 사이바이온트)에 의해 만들어진 각각의 시간기포는, 내가 느끼기에는 '프랙탈한' 시간기포를 이룬다. 이 기포는 거시와 미시의 재현이다. 모든 프랙탈 구조가 그렇듯이 이 기포도 전체 구조의 싹을 품고 있다. 공생학적 시간은 선적인 것이 아니라 프랙탈한 것이다. 복합 시스템에 의해 만들어진 각각의 시간기포는 각각 다른 시간의 밀도를 나타낸다. 이 기포들의 진화가 동일한 보편적 시간에 의해 측정되었으므로 이 시간들은 공존한다. 그래서 인터넷의 사이버 항해사는 페루의 농부와 동시대인이다. 월스트리트의 인기인이 폴리네시아의 어부와 동시대인이고, TF1 방송국의 앵커가 아프리카 한 부족의 무당과 동시대인이다. 그렇지만 이 사람들은 각자 다른 밀도의 프랙탈한 시간기포 속에서 살고 진화한다.

진화하는 시간기포로 이루어진 세상에 대한 공생학적 시각은, 엘레

아학파의 철학자 제논의 사선 위를 날아가는 화살처럼 기준세계 속을 자신의 움직임으로 쫓아가는 선형적 진화의 전통적 개념을 근본적으로 바꾸어 놓는다. 이러한 고전적 시각은 아리스토텔레스 시대(시간은 움직임의 회수이다)나 뉴턴 시대(보편적 시간과 절대적 공간이 있다)에 맞는 것이다. 이 시각은 열역학(변화의 불가역성 시간)과 상대성원리(상대적 시간-공간)로 더욱 풍부해졌다. 그러나 이 시각은 엔트로피적 시간과 공생학적 시간의 상호보완성을 고려하지 않는다. 인간의 창조력은 엔트로피에 의한 에너지의 감소로 양육되지만, 정보의 거대한 저장소에 시간을 '보존한다.' 공생학적 진화는 엔트로피적인 시간의 흐름을 보완한다. 두 흐름은 서로 반대 방향으로 평형을 이룬다.

우리는 이렇게 시간에 관련된 개념들(창발, 자율선택, 자가촉매, 진화적 가속화, 일시적 록인 반응)에 의해 생겨난 패러독스를 보다 더 잘 이해할 수 있는 열쇠를 가지고 있다. 내가 제안하는 공생학적 방법에는 모든 생명체에 공통된 하나의 시간-공간이 있는 것이 아니라, 독립된 프랙탈한 시간기포들의 공동진화가 있는 것이다. 그리고 진화의 가속화(생명이 나타나기까지 수십억 년, 인간이 나타나기까지 수백만 년, 문화가 있기까지 수천 년, 컴퓨터공학이 있기까지 50년 등등)는 없을 것이다. 그러나 시간기포의 밀도가 높아지고, 그 중의 어떤 기포들로 해서 기준시간의 흐름이 '우회되는' 일이 일어날 것이다. 여기서 독립적으로 보이는 창발, 자가촉매, 자율선택 현상들의 패러독스가 생겨난다. 아니면 한 기간의 이 끝에서 저 끝으로 끊임없이 가속되며, 선형적이고 순차적으로 진화하는 패러독스로부터 생겨난다. 앞으로 생명 이전의 단계, 생물의 단계, 기술-사회적 단계를 모두 포함하는 총괄적인 과정의 조종자가 될 인간이라는 '화살'로 오늘날 절정에 달한 진화에서 생겨난다.

음속의 장벽을 뛰어넘는 그림을 이용하여 이 점을 설명할 수 있을 것이다. 멈춰 서 있는 상태에서의 비행기는 초속 3백40미터의 음파를 발원지에서부터 발산한다. 마치 조용한 수면에 돌을 던졌을 때 생기는 것과 같은 파장이 생성된다. 그러나 소리의 경우는 발원지에서 퍼져 나가는 구(球)와 같다. 비행기가 움직여 음속에 근접한 속도에 이르게 되면, 음파는 비행기의 바로 코앞을 필두로 서로 겹쳐진다. 이것이 바로 음속의 장벽이다. 비행기의 속도가 음속을 능가하게 되면, 이 벽을 넘게 되고 비행기의 항적(航跡) 속에 음파기포가 형성된다.

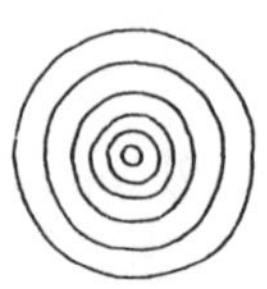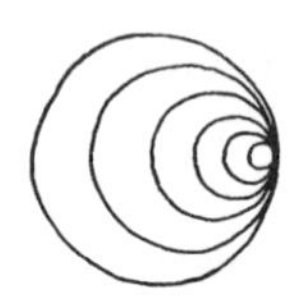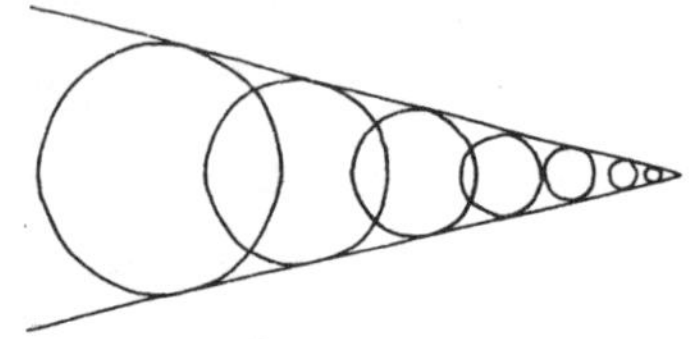

내가 말하는 시간기포는 음파의 이 기포와 비슷하다. 이 기포들은 시간적 밀도에 따라 위계적으로 조직된, 그리고 동시대에 존재하는 집합을 이룬다. 이미 존재하고 있는 기포 내부에서 새로운 프랙탈기포가 만들어지는 것은 '창발' 현상에 해당한다. 약한 밀도의 기포 안에서 이 기포들이 강한 시간적 밀도를 갑자기 드러낼 때, 우리는 변이 또는 폭발에 대해서 말한다. 우리가 '기술혁신(산업혁명·생물학혁명·디지털혁명),' '한 분야의 자체 폭발,' 혹은 '결정적 변화'라고 부르는 것들이 우리의 기준세계 안에서 한 시간기포가 탄생(부화·발아)한 것을 나타내는 것이다. 진화의 속도가 붙은 복합 시스템이 존재한다는 것을 갑자기 집단적으로 인식한다. 정보 임계질량의 생성에 따른 우리에게 친숙한 시간-공간에 특수한 만곡이 있다는 것과, 시간의 밀도가 더 높아졌음을 인식한다. 혁명이니, 변화니, 폭발이니 하는 표현들은 현상의 비선형적인 면과 그 기하급수적인 가속, 그리고 효용순환을 이용한 한 분야의 록인 현상의 전조를 의미한다.

통신의 '폭발'의 경우가 그러하다. 네트워크, 컴퓨터 기술, 멀티미디어 매체의 농도는 시간을 농축시켜 분야 전체를 자율선택하고, 보다 낮은 밀도의 배경으로부터 배경의 잡음과 구별되는 신호처럼 창발한다. 생명의 기원에 있어서 자가촉매 네트워크를 형성하는 분자들 전체의 창발도 같은 현상에서 비롯된다. 첫 생명의 시스템은 '원시 혼돈상태'의 미분화된 배경의 잡음으로부터 구별되는 시간기포 속에 갇혀지고, 더 높은 밀도의 다른 기포의 내부 생성에 의해 진화한다.

시간-자본의 이익을 즐기는 것

기초과학의 연구와 패러다임의 변화는 이런 각도에서 검토될 수 있다. 과학적 연구는 한 발원지(발견)에서 하구(산업적 적용)를 향해 가는 강처럼 선형적이고 순차적인 과정이 아니다. 과학적 연구는 프랙탈한 과정이다. 경우에 따라 빠르게 또는 느리게 팽창하며, 이미 존재하고 있는 지식들(정보자본, 시간-자본)의 영역에서 독특한 점 하나가 나타나는 것이다. 새로운 생각이나, 한 실험의 결과나, 새로운 이론의 기초와 같은 것들이다. 이 프랙탈한 점은 매우 작아 거의 보이지 않는 영역이다. 새로운 지식의 잠재적 공간이다. 그러나 이 공간은 점차 정보로 채워지고 실험 결과로 풍성해지며, 새로운 의문 제기의 기반을 구축한다. 이 영역은 확대되고 시간기포가 창발한다. 모든 프랙탈화 과정처럼 현상이 여러 다양한 차원에서 반복된다. 기포는 내부에서부터 밀집되고, 팽창되기 시작한다. 처음에는 보이지 않던 새로운 연구 분야는, 응용 연구와 산업적 적용의 새로운 기틀을 제공하고 저술과 연구를 풍성케 한다. 기초 연구는 그 테두리 안에서 새로운 지식의 공간을 만들어 냈다.

이렇게 패러다임은 생겨나고 없어진다. 공인된 지식의 영역에서 새로운 세계관의 프랙탈한 점이 나타난다. 이 점은 공인된 패러다임의 사고에 실제적인 영향은 미치지 않으면서, 거의 보이지 않는 취약한 영역 안에서 커진다. 현재 통용되는 사고의 내적 압력은 이 점을 없애려고 한다. 그러나 과학적 연구에서처럼 새로운 패러다임의 기포는 안에서부터 밀도를 더해 간다. 이 기포는 새로운 요소들로 속을 채우면서 점점 부피를 늘려, 마침내 공인된 패러다임 영역의 모든 공간을 점령한다. 이제 낡은 패러다임은 죽었다.

  공생학적 진화는 이익을 창출하는 시간-자본을 생산한다. 이 원리는 우리의 개인생활의 시간관리에도 적용시킬 수 있다. 우리는 자신의 시간을 운영하는 데 어려움을 겪고 있다. 할 일이 너무 많아 힘겨워하며 우리는 시간의 뒤를 따라가고 있다. 사용가능한 시간을 늘릴 수는 없으므로 새로운 일이 생길 때마다 이전에 하고 있던 일은 그만두어야 한다. 책임자의 위치에 있는 사람들에게 여유 있는 시간을 갖는다는 것은 실현불가능한 꿈이다. 그 이유 중 하나는 선형적인 시간을 특수한 시퀀스로 자르기 때문이다. 즉 분, 시, 일, 주중, 주말, 월, 년, 휴가, 교육기간, 직장생활, 퇴직…… 등으로 말이다. 이런 시간은 압축할 수도 확장시킬 수도 없다. 반대로 우리가 자신의 시간에 비선형적인 운영체제를 도입한다면, 다른 활동을 줄이지 않고서도 새로운 활동의 기틀을 만들 수가 있다. 이를 위해서는 이익을 관리하는 자본인 시간-자본(도서관, 마이크로컴퓨터, 파일관리 시스템, 텔레매틱 네트워크, 예술작품……)을 만드는 데 시간을 투자하여야 한다. 예를 들면 개인서류를 기억하는 파일을 이용함으로써 시간을 절약한다. 시간은 사용하기에 따라 압축시키기도 하고 팽창시키기기도 하면서 시간을 절약할 수 있다. 이렇게 하여 얻어진 시간은 새로운 확장 기반을 만들기도 하고, 약간의 시간 투자로 초기 자본의 가치를 높이며 다른 기반과의 시너지 효과를 낸다. 시간-자본이 가치 있게 쓰여지고 이익을 내면, 이 자본이 생산한 이익이 있기에 시간 소득으로 살 수가 있다. 더 이상 우리의 생명-자본이나, 우리가 속해 있는 사회나 기업에 의해 외부로부터 합성되고 시퀀스로 나누어진 선적인 시간에 의존하지 않게 된다. 개인용 컴퓨터 사용이나 텔레매틱 네트워크 접속은, 각자의 시간-자본의 창출과 운영에 매우 효과적인 촉매 역할을 한다. 이것은 자신의 시간을 관리하기를 원하는 사람에게는 필수적인 도구들이다. 물론 자신의 활동을 효과적으로 하기 위해서이며, 무엇보다도 자신의 인생에 더 많은 의미를 부여하기 위해서이다.

생물권과 기술권·경제권·환경권, 그리고 정보권 사이에서 이루어지는 범세계적 공동진화는 각기 다른 속도로 겹쳐진 진화층 안에서, 그리고 점점 무형화되는 각각의 영역 안에서 이루어진다. 그래서 인간사회 내부의 시간차의 확대 효과와 상황의 다양성을 고려해 보는 일이 꼭 필요하다. 세계적 차원에서, 고도로 발전된 사회가 자체의 고밀도기포 속에 고립되는 것은 배제의 문제를 제기한다. 서로 다른 밀도의 시간기포들 사이의 경쟁은 밀도가 낮은 기포를 제거하게 되는데, 이를 진화 리듬의 시간차라고 일컫는다. 자원이 한정된 세상에서 원기왕성한 몇몇이 소유를 점차적으로 진행시키면, 다른 사람들을 경쟁에서 점차적으로 제거하게 된다. 어떻게 분할된 세계에서 에너지, 식량, 재정, 혹은 문화자원을 개인의 자유와 문화적 다양성을 존중하면서 나누어 가질 수 있단 말인가? 다양한 프랙탈기포 속에서 산다는 것은 시간의 경계선을 넘어서 사는 것이다. 시간 유속의 밀도는 서로의 물물교환을 하려는 두 사람—한 사람은 TGV를 타고 있고, 다른 한 사람은 자전거를 타고 있다—처럼 상호배타적이다. 그러나 사회·민족·국가간의 경쟁적 배제의 불가역적 과정을 피하려면 이런 나눔을 꼭 실천하여야 한다.

사이바이온트는 초가속되는 시간기포 속에서 발전하고 진화하기 시작했다. 인류의 미래에 해로운 불균형을 만들지 않도록 피하는 일은 인간의 몫이다.

사이바이온트와 21세기 인간

  인류를 인류보다 큰 어떤 존재 속으로 통합시키고 더 뛰어난 조직체 수준의 범세계적 존재를 창조하는 일, 인간의 행동으로부터 창발하지만 인간을 만드는 존재를 창조하고, 생의 새로운 기원에 의식적으로 참여하는 일, 이것은 바로 인류의 미래에 대한 가장 큰 도전 중의 하나가 될 것이다.

  그러나 '우리보다 위대한 존재'를 받아들인다는 것은 고사하고 생각해 내는 일조차도 어렵다. 이 존재는 천성적으로 비정치적이고 비종교적이며, 우리가 갇혀 있는 유일한 고전적 대안이다. 인간이 생명체를 창조하겠다는 모든 계획에는 프랑켄슈타인의 신화가 등장한다. 우리는 우리를 능가할 수 있는 물체를 생산하였을 때의 결과에 대해 잠재적으로 두려워한다. 그러나 오늘날 인간은 이미 그 길에 들어섰다. 사이바이온트는 거시생물학과 공생학적 진화의 조건에 맞는 거시경적인 생물이다. 즉 물리적·유기적·자연적 존재이다. 사이바이온트는 태어나지만 만들어진다. 사이바이온트는 살아 있지만, 그 기능을 조절하는 인간이라는 세포에 의해 안으로부터 생명을 얻는다. 그러나 이 기능은 점점 인간의 통제를 벗어난다. 이 기능은 지엽적으로 완전히 자립하기 위해 거시 통제기능을 일부 잃게 되는 일을 받아들인다. 이 책을 통해 내내 제기된 중요한 문제는, 자율조직의 일반 법칙의 범주 안에서 인간의 자유를 어떻게 보존할 것인가 하는 것이다. 대답은 내 생각에 인간과 사이바이온트, 사이바이온트와 가이아 사이의 범세계적 공생을 의식적으로 구축하는 것이다. 여기서 이 진화를 부분적으로 결정짓는 자연조건을 이해하는 것이 중요하다는 결과가 나온다.

  생물권·기술권·인지권·정보권은, 이 영역들이 점차적으로 적응하는 물질의 유동성으로 보아 무형화 과정이며, 지속적인 가속화 과정이다. 더 밀집되고 더 깊어지는 시간-공간의 러시아 인형, 겹쳐진 구심적 구(球)들이 이어지는 것처럼 점점 더 밀집된 시간-공간기포가 무한히 다양한 새로운 프랙탈기포 내에서 만들어진다. 인지권이 상호접속의 기술적 구조라면 정보권은 하나의 환경, 심사숙고된 집단적 전(前)의식이다. 21세기의 공생적 인간은 사이바이온트의 범세계적 두뇌에 생물학적으로 접속된 뉴런이다. 그러나 이 뉴런은 부분과 전체를 동시에 생각할 수 있고, 정보권과 자기 자신의 의식을 생각할 수 있다. 이렇게 해서 유연하고 적응력 있고, 늘 재편성이 가능한 두뇌-네트워크가 구성된다. 도날드 O. 허브의 인간두뇌에 대한 관점 (186쪽 참조)은, 사이바이온트의 범세계적 두뇌로 바꾸어 놓을 수 있다.

　이런 재구성은 생물권에서 정보권으로 가는 무형화 과정에서 일어난다. 구심적 층들로 정보는 상위층에 통합된다. 신호는 노하우로, 노하우는 지식으로, 지식은 문화 속으로 통합된다. 이 연속된 층들의 내용 전달은 각기 다른 시간에 이루어진다.

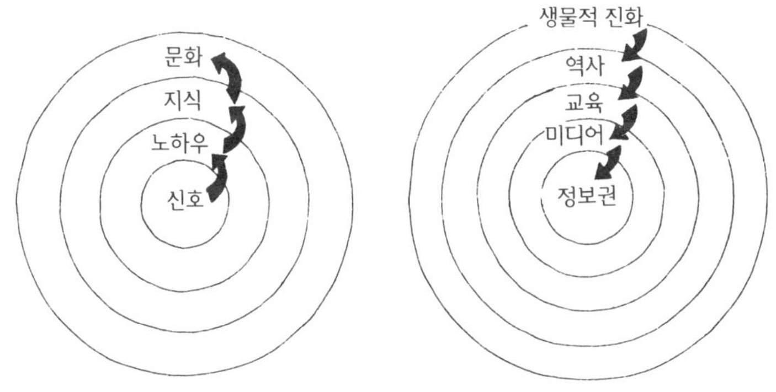

　신호는 유전자 속에 고정되고, 그에 대한 수정도 생물학적 진화기간 억제된다. '종의 문화'의 전달은 수백만 년이 걸린다. 인간행동과 정보는 문화 전달의 중요한 요소인 역사의 시간 속에 새겨져, 인간에게 결속력과 공동운명에 대한 의미를 부여하며 인간에게 영향을 준다. 한 세대의 노하우와 지식은 교육, 저술, 행동의 모방을 통해 다음 세대에 전달된다. 세대에 따라 시간은 단축된다. 라마르크적 성격의 문화 전달인 교육은 두뇌와 두뇌환경을 재구성한다. 미디어의 문화 전달, 텔레비전을 통한 뉴스 전달 시간, 영상의 영향력과 기억을 돕는 감동의 무게는 더욱 빠르다. 빛의 속도로 퍼져 나가는 휘발성 무형문화의 전달로 해서 범세계적 두뇌의 재구성은 더욱 가속될 수 있다. 세계를 잇는 하이퍼네트워크의 뉴런적 회로 연결이 나타나는 밀도 높은 시간 속에서는 더욱 빠르다. 현재는 텍스트·음향·영상의 교환에 그치지만, 이제 만들어지고 있는 바이오틱 인터스페이스에 의한 두뇌에서 두뇌로의 직접 전달에까지 곧 확대될 것이다. 뉴런 통신속도는 심사숙고된 범세계적 의식의 출현에 필요한 여건을 만들게 될 것이다. 사이바이온트는 사고하기 시작할 것이다.

생물학적 진화·역사·교육·미디어·통신 네트워크는, 매순간 사이바이온트의 범세계적 두뇌를 재구성하는 문화전달 형태로 꾸준히 가속화되고 있는 단계이다. 전체를 통제하는 능력은 대부분 정보권 속에 있다. 이 영역은 이 진화의 가장 최근의, 가장 깊은 곳에 있는 층이다. 내부의 기능을 저해하지 않는 보다 포괄적인 기능이 나타난다. 공생은 포섭 위에서 이루어진다. 미래를 지배하는 기술은, 인간의 복지를 위해 포섭될 수 있는 기능을 파악하고 실행에 옮기는 능력이 될 것이다.

이렇게 우리는 사회·인문·과학의 새로운 접근방법이 탄생하는 것을 보았다. 예전에는 신호와 코드와 법칙으로 이루어진 인위적인 세계에 고립되었던 방법이, 이제는 공생학의 통합적인 강한 흐름과 합쳐진다. 생물학이 물리학의 침범으로 무너졌듯이, 인문과학이 복합과학과 생물학의 기여로 재정립되는 과정에 있다. 물리학은 그 방법과 도구로 생명학 분야를 풍부하게 하여 생물학 혁명을 가져왔다. 분자 생물학·유전공학·신경생물학과 같은 결실을 거두었다. 사회과학에서도 마찬가지 규모의 혁명을 기대하여 본다. 복합성 과학의 방법과 도구, 카오스 이론의 영향, 컴퓨터와 시뮬레이션의 대중화, '실리콘칩 속의' 실험은 사회과학을 밝히고 사회과학을 자연과 연결시켜 준다. 이는 사회학을 생물학에 접근시키고 생물학을 인간사회에 수렴시키는 것도, 적용범위가 애매한 '사회생물학'의 법칙을 찾으려고 하는 것도 아니다. 그보다는 기초과학을 도입하여 인문과학을 풍요롭게 하자는 것이다. 경성과학과 연성과학의 경계가 무너진다. 생기를 불어넣는 흐름이 분석과 종합, 두 방향으로 움직인다. 주체와 객체 사이, 자연과 인공, 무형과 유형, 실제와 가상 사이에도 마찬가지이다. 물리학·화학·생물학·사회학·환경학·거시생물학은 각각 여러 다른 관찰 층위에서 본 포괄적인 실체에 대한 프랙탈한 시각이다.

사회적인 인간행위도 이런 맥락 속에서 재연된다. 전통적인 정치는 우리가 앞에서 보았듯이, 복합성의 참여경영이라는 새로운 방법에 자리를 내어 준다. 통치와 포섭원리가 이를 증명한다. 수직적 위계질서와 명령 하달에 의한 통치방법은 점차적으로 '상향적,' 그리고 횡적인 방법으로 대체되었다. 후자는 네트워크로 된 사회의 특징이다. 미국의 새로운 진보주의 사고에서 나온 새로운 자유방임주의가, 이런 상향적 방법을 거의 절대적으로 도와 준다. 단순한 법칙을 따르는 지능적인 요소들이 자율조직될 수 있을 것이다. 그러나 이런 방법은 위험하다. 이 방법은 방향을 결정하는 선택에 있어서 이념·가치관·윤리의식을 고려하지 않는다. 이념간의 경쟁은 상품이나 조직간의 경쟁만큼 중요하다. 시장은 동시에 멀티프로세서이며 조절기이지만 레이더일 수는 없다. 미래의 통치행위는 다양한 형태(상향적·하향적·횡적)의 지휘와 통제를 서로 보완적이 되도록 해야 한다.

인간과 사이바이온트간의 공생은 이런 개념 위에 기초를 두고 있다. 무형의 문화 전달, 범세계적 두뇌의 재편, 새로운 인문과학, 집단지능의 출현과 지배는 공생적 인간의 도래를 알리는 단계이다. 더 높은 밀도의 새로운 시간-공간의 창조적 수렴이다. 인류에게 차후 수십 년을 위한 중대한 선택을 하게 하는 가속화된 흐름이다. 순간의 밀집화 속으로 들어가는 적극적인 정책이고, 다양한 진화적 시간의 조화 속에서의 상호관계이다.

공생의 기본 법칙으로 설명되어질 수 있는 방향이 그만큼 많다.

공생적 인간의 10가지 황금률

이 10가지 규칙은, 이 책을 통하여 설명되어진 기본 원리를 요약 설명하는 것이다. 사람마다 이 규칙을 여러 가지 층위의 사회조직의 행동과 전략과 정책으로 해석할 수 있을 것이다.

1) 집단지능을 창발시켜라.

통신네트워크와 연결되고 단순한 규칙을 따르는 많은 요소들이 복합적인 문제를 집단적으로 해결할 수 있다. 집단지능은 상호연결과 개별적인 창조력, 규칙과 규율의 수용, 전체 프로젝트에 참여, 문화전달로 결집된다.

2) 인간과 시스템 · 네트워크를 공동진화시켜라.

개인과 조직과 기계 사이의 공동진화의 범주에서 이루어진 관계는 구조와 기능의 상호작용을 돕는다. 시스템의 역학에 대한 더 많은 지식을 가지고 작동을 조직화하고 동기(同期)시킴으로써, 진화의 조절과 제어는 공동진화에 유리한 조건을 만들어 낸다.

3) 사회의 다양한 층위의 조직에서 공생이 이루어지도록 하라.

공생의 자연적 메커니즘을 모방하여, 공생관계에 있는 쌍방의 상호이익에 맞게 공생관계의 조화로운 발전과 균형을 도와 주는 조건을 연구하는 것이 적당하다. 예를 들면 능력에 따른 작업분배, 대사작용의 경제적 사용, 통신 네트워크의 공유 등을 이용하는 것이다.

4) 연속적인 기능층으로 시스템과 조직을 구축하라.

생물학적 진화의 기본 법칙 중 하나는 구조와 기능의 층이다. 한 시스템이 정확히 자신의 층위에서 작동하고 조직에 진화상 이익을 가져온다면, 이 시스템은 자연선택에 의해 보존된다. 엔지니어들의 설계도에만 의지하여 인간과 기계와 시스템을 포함하는 복합 시스템을 새로이 구축하기보다는, 상호의존적인 구조와 기능을 축적하여 기존의 시스템을 복합화시키고 증강시키는 것이 마땅하다. 한 하위구조가 만족스러우면, 그 상층은 이 기반 위에 구축된다.

5) 하향 통제(위계질서에 의한 통제)와 상향 통제(민주적 통제)로 복합 시스템을 조절하라.

정돈되지 않은 작은 제안들은 무질서로 이어질 수 있다. 위로부터 강요된 지시는 독재가 될 수 있다. 미래의 통치에 필요한 합의는 하향적 통제와 상향적 통제의 보완성에 기초하고 있다. 전자는 파트너십의 발전·유지와 같은 공생의 큰 방향을 제시하고, 후자는 집단창조력이나 지능을 창발시킨다.

6) 포섭의 원리를 적용하라.

포섭의 원리는 자신의 고유한 개성을 자신보다 큰 존재에 통합시켜 이익을 취하고, 자신의 존재에 의미를 부여하는 데에 있다. 개인과 국가간의 관계를 해치는 개인의 이익(혹은 권리)의 일부를 포기하여야 균형잡힌 공생관계를 만들어 낼 수 있다. 각 개인은 전체로부터 공인된 규칙의 혜택을 누리고, 이를 통하여 높은 수준의 자유와 책임에 다가갈 수 있다.

7) 카오스의 주변상태로 유지시켜라.

복합 시스템의 자율조절작용과 시간 속의 그 진화에 대한 컴퓨터 시뮬레이션을 통하여, 생산력 없는 난동(亂動)과 경직된 질서 사이의 과도기를 보았다. 이러한 시스템을 조종하는 방법은, 조종사가 '카오스의 주변' 상태로 유지하는 것이다. 즉 혼란과 경직의 진퇴양난 사이에서 균형을 잡고 있는 것이다. 이 무너지기 쉽고 불안정한 지역에서 미래세계의 구조·기능·조직이 탄생할 수 있다. 이런 상태의 유지 비결은 안정된 구조와 기능을 유지하면서 변화의 위험을 받아들이는 것이다.

8) 병렬조직을 도모하라.

생물의 세계를 본떠서 창조·생산·조절과정에 있는 작업을 병렬처리하는 것이 적당하다. 19세기에서 물려받은 테일러식 분석방법은, 인간 네트워크가 멀티프로세서처럼 작동하도록 발전하는 것을 억제한다. 고성능 개인용 컴퓨터와 세계적인 통신망의 출현으로 많은 사회적 기능의 동시작동이 가능해졌다. 분야간의 장벽이 무너지고, 한 작업이 중복 실행됨으로써 안전성이 높아진다.

9) 효용순환을 적용하라.

전통적인 경제학은 이윤감소를 규정하는 메커니즘을 집중적으로 분석하였다. 즉 시장의 포화상태, 이윤감소, 경쟁 효과……. 그러나 한 종의 자율선택이나 한 시장의 개척에 이르는 메커니즘은 자가촉매적인 성격에서 오는 것이다. 이것이 효용순환이다. 효용순환이 일어나게 하기 위해서는, 효용순환의 확대에 필요한 발전의 기반과 시너지 효과를 감속시켜 주는 통신 네트워크를 구축하는 것이 필요하다.

10) 노하우를 프랙탈화하라.

통신·교육 등, 현대 문화는 이제 더 이상 지식의 백과사전적이고 선형적인 개념에 의존할 수 없다. 복합적이고 상호의존적인 지식의 생산과 전달에는 정보조직의 하이퍼텍스트적이고 프랙탈한 방법이 필요하다. 이 지식의 프랙탈화는 각각 개별적인 방법에 따라 재정립될 수 있는 지식의 싹을 창조한다.

새로운 인본주의의 가치들

공생과 공동진화는 새로운 가치들을 필요로 한다. 인간이 진화를 책임진다는 것은, 소위 말하는 인공적인 생명형태의 진화까지를 포함하여 권력·경쟁·경제·전통적인 종교와는 다른 기준을 요구한다. 공생을 향한 진화는, 목표에 결코 이르지 못할지라도 끝없이 늘 진보하며 목표에 다가가는 일이다. 공생으로부터 인본주의적 윤리를 유추해낼 수 있다. 하지만 이를 위해서는 우리들의 몇 가지 기득권을 포기해야만 한다. 국가의 경우에는 초국가적 기업에서 다른 국가와 보다 효과적으로 공조하기 위해 주권을 다소 양도하여야만 한다. 정부의 경우에는, 개인의 자발적인 행동과 문제의 단체 해결을 위해 어디나 따라다니는 공권력을 축소하여야 한다. 그리고 개인은 자신의 안전과 복지, 그리고 더 많은 권리를 가져올 더 큰 무언가를 위해 자신의 개인주의의 일부분을 포기하여야 한다.

이런 공동운영이나 공동진화의 범주에서는 기준가치를 참조하는 일이 필요하다. 만일 인간이 자신이 속한 시스템의 복합성 제어의 일부를 컴퓨터나 네트워크에 맡긴다면 어떻게 될까? 또한 정부가 만일 일부 사회기능의 운영을 민간인에게 방치해 버린다면 어떻게 될까? 어느쪽으로 방향을 잡을까? 미래정부의 역할은 크게 경제, 에너지, 사회의 큰 흐름을 잘 조절하는 데에 있다. 그리고 조절기까지도 조절하는 데에 있다. 즉 사이바이온트의 중요한 대사기능을 실시간으로 따라가는 인공지능 메커니즘을 고정하는 것이다. 그러면 공생적 진화에 어떤 의미와 방향을 부여하여야 하는가?

생에 어떤 방향과 의미를 부여한다는 것은 목표와 뜻을 준다는 뜻이다. 정치·과학·예술·종교는 개인적 성향에 따라 인생에 의미를 부여하는 데에 도움이 된다. 행동·지식·감동·신념은, 권력욕이나 돈·명예·창조욕만큼이나 살아가는 데에 강한 동기가 된다. 그러나 정치·종교·과학·세계를 만드는 큰 흐름은 각각 별개의 것이며, 종종 호환될 수 없는 가치를 지닌 분리된 분야이다.

오늘날 정치는 자신의 권력욕과 자기 모순에 빠진 특권층이 독점하고 있다. 이 특권층은 부정부패·타협·과잉통합 등의 옳지 못한 본보기를 보이고 있다. 이 계급은 불신을 받을 수밖에 없기 때문에 인간 상호간의 네트워크에 기반을 둔 횡적인 권력기구가 나타날 때까지, 권력의 일부를 장악할 능력 있고 정보를 가진 시민들로 대표된 대체계급이 필요하다.

지식의 왕도인 과학도 역시 권력의 게임에 말려들어, 그 방법의 통합에 어두운 그림자를 던지고 있다. 지배욕, 이성에 대한 맹신, 상품화의 매력이 때때로 과학적 연구 결과를 왜곡시키고 과학자들의 심리를 조종한다.

세계의 종교들은 직감을 가지고 중요한 가치들을 수렴하였다. 그것은 바로 이웃에 대한 사랑과 존경, 자신보다 더 큰 어떤 존재, 두렵기도 하고 사랑스럽기도 한 이 존재와의 만남, 각자의 행동에 달려 있는 미래에 대한 준비와 같은 것이다. 그러나 의식·교리·종교재판, 그리고 오늘날의 교조주의는 자연스럽고 자발적인 신앙심을 억누르고, 보편적인 법률과 조화를 이루어 종교를 믿을 수 있는 희망을 앗아가 버렸다.

정치·종교·과학은 새로운 형태의 생을 만들어 내고 방향을 제시하는 일로 수렴될 수 있다. 그것은 바로 인류진화의 다음 단계인 범세계적 거대 유기체의 생성이다. 인본주의적 윤리가 아직 드러나지는 않았지만 생겨나는 중이다. 과학에 의해 점차 밝혀지는 자연법칙의 테두리 안에서 인간의 책임을 실천하고, 인간의 자유를 보장할 필요성 위에서 생겨날 것이다. 행동·지식·신념의 전통적 수단인 정치·과학·종교는, 공생적 시각으로 다시 태어나면서 공존할 수 있을 것이다. 그들과 이어 주는 끈은 시간에 대한 새로운 개념이다. 창발하는 내재성의 선험적 천계 종교는, 앞에서 말한 가속화·변이·혁명의 개념과 같은 시간에 대한 우리의 개념과 연관되어 있다. 선형적이고 순차적이며, 반복적으로 공간을 '채우는' 시간은 더 이상 비선형적이고 병렬적이며, 창조적인 사이바이온트의 시간과는 맞지 않는다. 위에서 보았듯이 프랙탈한 시간은 다양한 밀도와 양극화 특성이 있다. 그것은 설명과 암시, 관찰과 행동, 복사와 창조를 동시에 한다. 그러나 그것은 동일한 현실의 두 측면을, 그리고 세계에 대한 상호보완적인 두 시각인 발산적인 시각과 수렴적인 시각을 내포하고 있다. 동일한 프랙탈 시간-공간 속에서는 시작과 결말이 공존한다. 인간의 창조행위는 항상, 그것이 어떤 성질의 것이든지간에 세상을 창조하는 행위이다. 독창적인 작품은 시간을 저장한다. 창조행위는 시간을 구하는 길이다. 이렇게 하여 인본주의적 윤리가 탄생할 수 있다. 독창적인 작품을 장려하고 존중하는 것, 다양성의 가치를 평가하는 것, 다른 사람의 창조력에 열린 태도를 갖는 것, 자신보다 더 큰 존재의 탄생에 기여하는 것 등은, 그것이 사상적이든 종교적이든간에 미래의 인본주의적 윤리의 기본이 되는 초석이라고 볼 수 있다.

결론을 내리기에 앞서 마지막 질문을 던져야만 하겠다. 사이바이온트는 생각을 하기 시작했을까? 만일 그렇다면 그 생각의 중추는 어디에 있을까?

　사이바이온트는 인간이 그 세포가 되고, 인간이 만든 기계와 조직과 네트워크가 피부와 기관, 의사소통과 조절 시스템이 되는 초유기체이다. 그러나 사이바이온트의 범세계적 두뇌는 다른 나머지 사회적 거대 유기체보다 더 밀도 높은 시간 속에서 더 빨리 진화한다. 그래서 나는 이 책에서 사이바이온트의 정신적 영향력과 정보권의 출현, 인간두뇌와 네트워크간의 인터페이스에 대해 강조하였다. 교통과 통신기술 네트워크가 선진국이나 개발도상국의 발전에 큰 영향을 미쳤듯이, 사이바이온트의 범세계적 두뇌는 점진적으로 인간사회 전반의 발전에 결정적인 영향을 미치게 될 것이다.

　그렇다면 범세계적 사고의 ‘본부’는 어디란 말인가? 어느 특정 장소도 아니면서 모든 곳에 동시에 있다. 우리들의 두뇌가 화학이온적 기계이고, 병렬처리 프로세서이고, 계속해서 재편성되는 유연한 네트워크이다. 두뇌 호르몬은 그 조직체에 다른 기관과 조직이 있다. 두뇌는 머릿속에 있으면서도 몸 전체와 공통의 외연(外延)을 갖는다. 두뇌는 각 개인이 자신의 주변에 만드는 통신과 행동의 개인적 기포 속에 확장된다. 각 개인의 두뇌는 컴퓨터와 네트워크에 접속되어 범세계적 두뇌 속에 통합된다.

　그래서 사이바이온트의 사고의 소재는 문제가 되지 않는다. 그보다는 거기서 인간이 끌어낼 수 있는 이익이 어디에 있는가 하는 것이 문제이다. 인간이 이런 문제를 의식하고 있을까? 나의 두뇌의 뉴런은 내가 생각하는 바를 알고 있을까? 내 피나 내 간의 세포가 ‘의식적으로’ 내 몸의 기능에 이바지하고 있을까? 우리는 주저할 것도 없이 아니라고 대답할 수 있다. 개체의 역할이 정확하게 프로그램되어 있는 개미나 꿀벌은, 자신들의 행위가 가져오는 전체적인 효과에 대한 의식이 없다. 집단적 거대 유기조직인 개미사회나 꿀벌사회의 전체 전략은 그들에게는 무의미하다. 공생적 인간에게도 마찬가지일까?

오늘날 이미 여론·집단의식·음극 문화의 공유는, 개인의 두뇌를 이용한 사이바이온트의 (이제 형성되기 시작한) 정신이 지각하고 있음을 말해 주는 전조이다. 미래에는 네트워크를 통한 두뇌들의 상호연결은 초개인적 전체에 대한 소속감을 강화시켜 줄 것이다. 아직은 일부 특수층(예전의 전화나 자동차, 칼라 텔레비전처럼)에만 한정되어 있지만, 개인용 컴퓨터나 네트워크를 통한 범세계적 두뇌에 대한 접속은 일반화될 것이다.

절대로 인식력을 갖지 못할 육체의 세포, 개미나 꿀벌, 아니면 보다 큰 존재의 내부기관과는 달리 공생적 인간은 사이바이온트와 함께 하는 생각을 완전히 알고 있을 것이다. 왜냐하면 사이바이온트의 정신은 인간의 생각으로부터 나오고, 사이바이온트는 전체적인 생각을 지각하여 중계하는 역할을 하기 때문이다.

문제는 시간적 조화이다. 한 문명의 지속기간은 약 5천 년이다. 프랑스의 역사는 2천 년이 안 된다. 사람은 1백 년을 살지 못한다. 사이바이온트의 역사는 한 주 내지는 한 달의 압축된 시간에 이루어진다. 지속적인 가속화는 과거와 미래의 시간단위에 대한 동가(同價) 문제를 제기한다. 이 시간들이 같은 가치를 가지는가? 우리에게는 물론 그렇다. 그렇다면 사이바이온트에게는 어떠할까? 한 사람의 일생이 사이바이온트에게는 1년밖에 되지 않을 수도 있다. 지구의 뉴런이 세기로 살고 있는 기간을, 그 뉴런이 정보를 제공하여 유지하는 범세계적 두뇌는 시간으로 살고 있는지도 모른다. 왜냐하면 그것은 생의 다른 형태이고, 점점 더 높은 밀도의 시간기포 속에 갇혀진 거대 유기체이기 때문이다. 게다가 유사한 과정이 다른 갤럭시에서 상호연결된 범세계적 두뇌로 이루어진 생각하는 우주를 형성하면서, 다른 사이바이온트와 접속을 위해 일어날 수도 있다. 마치 빅뱅이 에너지 폭발(explosion)이 아니라 정보의 내향성 폭발(implosion)에 의해 '거꾸로'

이루어지듯이.

　21세기, 2000년대 속으로의 이 여행의 끝에서 내향성 폭발과 외향성 폭발, 그 끝과 시작은 흘러가는 매순간마다 존재하는 듯하다. 전체와 부분을 담고 있는 프랙탈 구조의 싹에서서처럼 말이다. 지식과 행동의 두 궁극적 실체는 에너지와 정신이다. 에너지가 감소하는 방향으로 연구하여 세계를 설명할 수 있다. 이 방법이 과학의 보편적인 연구방법이다. 이렇게 하여 얻어진 정보는 세계의 혼란이 심해짐으로써 엔트로피로 보상된다. 개별적이고 집단적인 행동과 창조력의 방향으로 연구하면 질서정연한 세계가 드러난다. 과학은 설명을 하는 반면, 행동은 암시를 한다. 잘 배합된 지식과 행동은 세계에 의미를 준다. 인본주의적 윤리와 종교적 신념이 자라날 것이다.

　이렇게 해서 우주는 자체를 깨달으면서 창조되는 하나의 정신처럼 보인다. 에너지와 정신은 동일한 현실의 양면이다. 그리고 이 양면을 나누는 경계선은 바로 시간이다.

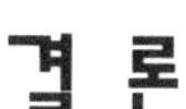

결 론

벌써, 2500년?

우리는 분자와 자연법칙으로부터 출발하여, 21세기의 흐름을 타고 사이바이온트와 공생적 인간의 생의 한가운데에 이르렀다. 1500년이나 2500년은 우리에게 같은 거리에 있다. 1500년에도 상업·은행·운송수단·인쇄술·무기·르네상스 예술이 공동진화하고 있었다. 2500년에는 통신 네트워크와 개인용 컴퓨터, 인간두뇌와 기계의 직접적인 인터페이스는 어떻게 될까? 10년 동안 컴퓨터가 이 정도로 발전하였다면, 5백 년 후에는 어느 수준에 이를까?

내가 위에서 증명하고자 한 진화의 가속화는, 일종의 정지된 보편적인 공간인 중립 시간-공간에서 일어나는 독립적 현상이 아니다. 공생학적 진화는 잠재적 시간을 만들고 시간-공간을 수축시키며, 점점 더 높은 밀도의 시간기포 속에 폐쇄된다. 미래에 대한 이러한 접근방법의 결과를 측정하기 위해서는, 이 책의 기본적인 주제들을 프랙탈한 방법으로 요약하여야 했다. 이렇게 해야 내가 전개해 온 논리에 충실할 수 있기 때문이다.

복합과학은 자연에 대한 통합적 관점에 이른다. 자율조직과 복합시스템역학의 일반 이론인 공생적 진화는, 인간사회가 사이바이온트와 공생적 인간의 출현으로 진화해 가는 과정을 그려 볼 수 있게 해 준다. 범세계적 초유기체의 생과, 거기서 나온 시나리오에서 오늘날 세계에 적용되는 복합성 운영방법과 전략적 선택도 끌어낼 수 있다. 인간의 책임은 자연법칙의 결정론(determinisme)의 범주에서 실행될 수 있다. 지배와 포섭은 이 새로운 공생적 관계의 열쇠이다. 분석적·시스템적·카오스적 방법은, 세계를 민감하고 합리적으로 해석하기 위해 합쳐진다. 인간이 자발적으로 만든 규율·규칙·법률을 이용하여 조직의 다양한 층위에 작용하는 수많은 요소들간의 상호작용은 집단지능을 창발시킨다. 미래를 정치적으로 운영하는 방법, 즉 통치방법은 세계의 큰 흐름을 조절하고 집단지능의 창발을 촉진하며, 복합성을 운영하고 진화를 공동조정하는 것이다.

정보산업·생물산업·환경산업과 같은 미래산업이 생겨나고 있다. 생명공학·바이오틱스·분자전자공학·신생물학·거시생물학·네트워크과학·인지과학·바이오컴퓨터공학·신인문과학과 같은 새로운 학문도 탄생하고 있다. 이 모든 것이 2000년대의 혁명을 위한 방법적·기술적 도구가 된다.

그러나 미래에 대한 큰 도전은 기술의 차원이 아니라 인간의 차원이 될 것이다. 자체의 프랙탈 시간기포 속에 갇혀 지속적으로 가속되고 있는 세계에서, 어떻게 산업사회가 그들의 발전도상에서 후진사회를 내버려두지 않고 발전을 계속할 수 있단 말인가? 어떻게 부유한 소수와 빈곤한 다수 사이의 폭을 넓히는 경쟁적 배제의 메커니즘의 비가역적 작동을 피한단 말인가? 다음 세기에 분명히 하게 될 인류의 중대한 선택은 기득권자들의 전진속도를 늦추고, 인류 전체의 이익을 위해 지구와 사회를 편성하는 것이다. 통치자들의 선택은 성장의 가속화, 경쟁력 강화, 헤게모니와 국력 따위의 것이 아닐 터이다. 그것은 문화와 자유를 존중하면서, 지식과 부를 전세계적으로 나누어 갖는 것이다. 미래의 중요한 선택은 엘리트들이 정한 기준에 따라 시간을 동기시키는 것이 아니라, 시간을 조화시키는 것이다. 프랙탈기포들의 다양한 밀도, 꾸준한 특정의 진화, 적용된 대응시간, 사이바이온트는 다양한 시간들이 공존하는 우리의 조직체처럼 겹쳐진 시간들의 조화 속에서 살게 될 것이다. 다양성을 존중하는 가운데 이루어지는 공유·연대감·시간의 조화는 공생적 인간의 새로운 규칙이며, 새로운 생활방식이 될 것이다.

다섯번째 패러다임

코페르니쿠스적 발상으로 인간은 이전에 갇혀 있었던 지구 중심적 사상에서 벗어나게 되었다. 더 이상 인간이 세계의 중심이 아니었다. 이렇게 하여 첫번째 패러다임이 생겨났다.

데카르트적 발상으로 인간은 이성으로 우주만물에 접근하게 되었다. 분석과 논리의 힘으로 인간은 과학과 기술의 거장이 되었고, 앞으로의 세상을 만드는 장인이 되었다. 이것이 두번째 패러다임이다.

다윈적 발상은 자연 한가운데서 인간의 위치를 찾아 주었다. 덕분에 인간은 인간 중심주의로부터 해방되었고, 이는 세번째 패러다임이 되었다.

시스템공학적 발상은 논리정연한 전체 속으로 지식을 다시 집어넣었다. 그리고 인간에게 우주 속에서의 새로운 위치와 역할을 부여해 주었다. 이는 오늘날 네번째 패러다임을 의미한다.

다섯번째 패러다임이 만들어지고 있다. 복합성 과학과 카오스 이론은 분석학적 방법과 시스템적 방법을 종합하고 있다. 공생학은 조직과 시간의 통합된 방법에 이르고, 인간적·개인적·집단적 행동에 귀착된다. 자연과 인위, 예술과 기술, 문화와 문명은 이제 일관적인 전체 속에 합쳐진다. 슈퍼맨이나 기상천외한 인종이 나타나는 근본적인 생물학적 변이가 없이도, 미래는 인간이 만들어 낸 자연적 기계들과 공생하는 조직화된 인간사회의 것이다. 자연법칙을 보다 더 잘 파악하여 인간에게 이로운 사이바이온트를 고안하고 계획하는 일은, 2000년대를 향한 인류의 새로운 지평을 여는 것이다.

그런데 왜 우주만상의 공간적·시간적 운명에 반드시 연결되어진, 미래에 대한 유일한 시각에 우리를 내맡겨야 하는가? 마치 우리들의 미래가 거기에 이미 씌어져 있는 것처럼……. 이 우주 자체가 나에게는 무관하게 느껴진다. 소립자·쿼크-입자 갤럭시와 블랙 홀은 나의 일상 행동에 동기를 부여하지도 않고, 나를 인도하지도 않는다. 우주의 위대한 오페라는 나에게 어떤 영감도 주지 않는다! 그보다는 이제 생겨나고 있는 사이바이온트의 분주한 생활을 더 좋아한다. 사이바이온트의 지속적인 가속화, 네트워크의 친밀함, 인간들 사이의 범세계적 연대감의 탄생에 대한 기대, 그리고 부와 지식의 공유라는 유토피아적인 희망, 환경보존에 대한 단체 책임감을 더 좋아한다. 공유된 시간의 심연 속으로의 침잠, 실시간, 우리들의 수많은 창조행위로 생성된 프랙탈 시간의 밀도 탐구를 더 좋아한다. 그리고 나에게 주어진 보잘것 없는 상상력과 창조력을 더 좋아한다.

인간에게 개혁할 수 있는 가능성을 주는 모든 것으로 인하여, 인간은 자신의 미래에 있어 주인이 된다. 창조행위는 시간을 보존할 수 있다. 이렇게 보존되어진 시간은 병행으로 놓여져, 일정 시간의 밀도를 높인다. 구원은 내부로부터 팽창된 그 순간에 이루어진다. 차갑고 먼 우주의 작은 점인 미래는 더 이상 항성의 공간에만 속하지 않는다. 미래는 인간의 시간 속에 있다. 점점 더 의미를 더해 가는 고유의 시간에 대한 수렴점이다. 사이바이온트의 시간, 더 깊고 더 밀도 높은 사이바이온트의 시간, 그리고 뒤이어 나타날 초유기체의 시간이다.

우주 팽창의 무한한 시간 속으로의 희석이 아니라 순간의 심연 속으로의 집단적 탈출이다.

**어휘
해설**

가상공간: 통신망에 의해 만들어진 전자적인 시간-공간과 멀티미디어 컴퓨터간의 상관관계.

가상현실: 사용자가 그 안에서 물체를 잡는다든지, 형태를 바꾼다든지, 환경에 영향을 가한다든지 하는 행위가 가능한 합성세계를 만들게 하는 컴퓨터 기술.

가이아: 제임스 러블로크가 지구를 칭한 이름. 가이아는 지구의 운용을 자체 제어하는 기계나, 혹은 살아 있는 유기체의 운용에 근접시키는 은유적인 표현.

거대 유기체: 매우 많은 수의 개체(생체와 기계)로 이루어진 생체 유기체.

거시경: 무한히 복합적인 것을 관찰하는 방법과 도구. 시뮬레이션 능력 덕분에 컴퓨터도 하나의 거시경이 됨.

거시생명: 범세계적인 거대 유기체의 삶.

거시생물학: 거대 유기체들에 대한 생물학.

공동진화: 서로 결합되고 상호간에 영향을 주고받는 생물적·기술적·사회적 시스템들의 공동진화.

공생: 파트너 관계에 있는 종들간에 서로 이익을 주는 결합관계. 나아가서 생명 있는 종들과 기계를 포함한 거시적 생명 시스템이나 조직간의 결합관계도 뜻함.

공생적 진화: 복합 시스템들의 자체 조직과 역학을 통합한 이론. 모든 물질과 생명·인간·사회의 총체를 지향하면서 복합성과 조직화의 성장을 향한 일반적인 진화.

기술권: 사회적 유기체의 생산과 재생산, 유지를 보장하는(기계적이고 전자적인) 도구·기술·기계의 총체.

난동: 시간이 경과함에 따라 진동으로 나타나는 물리적이고 생물적인 크기의 변화.

디지털화: 소리와 영상까지도 숫자로 변환시키는 컴퓨터 기술. 이렇게 숫자로 변환된 정보는, 마치 그것이 일반적인 기계어인 것처럼 컴퓨터가 용이하게 다룰 수 있고 통신망에서 순환될 수 있음.

멀티미디어: 텍스트·소리·영상을 통한 통신기자재와 기술의 집중.

멀티프로세서: 정보를 단지 명령문을 병렬적인 방법으로 처리할 수 있는 전자칩이나 컴퓨터.

모뎀: 컴퓨터로 하여금 전화선을 통해 통신 가능하도록 하는 전자장치.

미래정부: 미래에 있어서의 가능한 정부형태 중의 하나. 이 용어는 적응적이고, 정부의 모든 행위 네트워크에서의 공동관리를 의미함.

바이오피드백: 신체에서 뇌로 가는 정보의 반송고리.

발생연산: 당면한 문제를 해결하기 위해서 생물적 진화와 유사한 원칙(돌연변이, 자연선택, 팽창)을 활용하는 컴퓨터 프로그램 분야.

복합 시스템: 하나의 복합 시스템은 그것을 구성하는 요소의 수와 이 요소들 간의 상호작용적 성격에 의해, 그리고 이 요소들을 연결하는 관계의 수와 다양성에 의해 규정된다. 복합 시스템의 예들로는 세포, 도시, 생태 시스템 등이 있음.

사이바이온트: 현재 조직되고 있는 범세계적인 거대 유기체. 인간, 기계, 네트워크 구조, 사회들을 총망라하는 생물적·기계적·전자적인 혼성의 초유기체. 여러 문헌에서 여러 가지 명칭으로 일컬어진다. 지구에 생존하는 거대 세포, 사회적 경제체제, 거시 생체 등.

생경제학: 생물관리기술.

생명정보학: 생물학과 컴퓨터공학의 결합에서 생겨난 새로운 과학. 인간의 두뇌와 컴퓨터간의 상호접속의 설정에 주로 적용됨.

생물권: 지구에서 삶을 영위하는 모든 것의 총체.

생체모사 혹은 생명의태: 삶을 모방하는 조직체나 기능을 일컬음.

생태권: 자연적인 생태 시스템과 인공적인 생태 시스템의 총체.

생태 시스템: 상호의존관계에 있는 생명체들의 무리를 짓는 시스템. 더 나아가서 상호의존적으로 기능하는 생명체와 기계를 결집하는 시스템.

소산구조: 자체 조직의 과정에서 생겨나는 구조나 기능. 이 유형의 구조는 그것을 흐르는 에너지, 혹은 정보 유속에 의해 시간이 경과함에도 자신의 구조를 보전함.

시스템학: 행위를 더욱 효율적으로 만들기 위하여 지식을 조직화하게 하는 새로운 접근법. 시스템 이론은 시스템에 대한 연구와 시간이 경과함에 따른 그들의 발전에 대한 연구와 밀접한 관계가 있음.

신생물학: 인공생명에 대한 연구에 몰두하는 새로운 과학 분야.

압축: 메시지·영상·음향 등을 메모리에서나 통신망에서 가능한 한 적은 자리를 차지하도록 응축하는 컴퓨터 분야의 기술.

언론 특권: 그 자신의 의도나 태도에 대한 미디어적인 강력한 대응에 의해 건드릴 수 없다는 식으로 통하는 사람이 부여받는 특수한 형태의 보호.

유니미디어: 디지털 미디어의 결합으로 창출된 분야. 미래의 통신을 위한 새로운 전자적 쓰기.

인공생명: 인간이 만든 자생적·독립적인 방식으로 성장할 수 있는 형태의 생명.

인공지능학: 유기체와 기계의 제어에 관한 학문.

인지권: 인간의 인지가 생겨나는 영역을 가리키기 위해서 테야르 드 샤르댕이 제안한 용어. 생물권과 대비하여 인지권은 무형화된 산물의 총체를 뜻함.

인체공학: 인간과 기계 사이의 통제를 최적화하기 위해서 ⊥ 상관판계를 연구하는 학문.

인터넷: 컴퓨터를 통한 개인간 거대 국제통신망. 인터넷은 첫번째 국제 전자 고속도로.

인텔리전트 에이전트: 컴퓨터 사용자에게 도움말을 주는 인격화된 지적 조력자의 형태로 개입하는 소프트웨어.

자가촉매: 스스로 강화되고 증폭되는 반응.

자연적 기계: 인간에 의해서 창조되었지만, 진화의 자연스러운 과정에 놓여 있는 산물이나 구조물.

자체 선택, 혹은 자연선택: 자체의 반응행위에 의한 시스템이나 요소의 선택.

자체 조직: 물질의 자발적인 조직.

전자고속도로: 대량정보의 신속한 순환을 가능케 하는 통신망.

정보고속도로: 전자고속도로를 지칭하는 다른 이름.

정보권: 범세계적인 두뇌의 잠재의식. 통신망에 의해 상호연결된 집단의식의 내재 영역.

제어 적응 발전: '지속적인 개발'의 연장에서 이 표현은 경제와 환경간의 필수적인 공생에 중점을 둔다. 이는 또한 통제의 중요성, 조절과 적응의 메커니즘의 중요성을 부각시킴.

조합화학: 수많은 새로운 분자들을 동시다발적으로 생산가능케 하는 화학의 새로운 분야.

지능형 전화: 컴퓨터와 화상 스크린을 통합한 지능형 전화.

차원 계층: 겹쳐진 계층적 수준을 형성하는 원자·분자·사회 등의 조직 블럭의 연속적인 끼워넣기에 의한 복잡한 시스템들의 구조.

창발: 구조물, 생각, 독창적인 시스템들의 갑작스러운 출현.

초분자: 자생적이든 화학자들에 의해 만들어졌든 조직된 구조를 형성하는 분자들의 결합체(예; 바이러스의 피막 세포의 막).

카오스: 한정적인 법칙에 의해 지배됨에도 불구하고 어떤 시스템들의 예측할 수 없는 움직임.

텔레컴퓨터: 컴퓨터와 텔레비전·전화의 결합으로 생겨나는 텔레비전 컴퓨터.

통신인프라: 기반구조(infrastructure)와의 유사성으로 인해, 통신망의 운용에 필수적인 중구조(heavy structures)를 뜻함.

통신혁명: 멀티미디어 컴퓨터의 위력과 통신망 덕분에 생겨난 통신혁명.

패러다임: 하나의 공동체에서 공유되는 근본 원칙을 가리키는 사고방식. 패러다임의 변화는 새로운 사고방식과 표준의 출현으로부터 결과함.

폐쇄: 자가촉매반응의 설정으로 인한 시스템이나 구역의 폐쇄. 효용순환(증대 이익)은 한 구역의 폐쇄로 귀착될 수 있다. 연후에는 어떠한 다른 발전도 있을 수 없음.

포섭: 포섭하는 행위. (라틴어 sumptio, 즉 sumere(취하다)의 동사형 실사에서 유래.) 포섭한다라는 것은 개체를 전체에 부속된 것으로 간주하는 것을 의미함.

프랙탈: 관찰의 상이한 단계에 나타나는 동일한 동기로 구성된 형태나 구조 이 개념은 이 책의 구조·통신·교육·문화·시간에 적용됨.

프랙탈 교육: 백과사전식 지식의 암기보다는 지식의 습득을 위한 방법·원칙·도구 들을 선호하는 교육형태.

프랙탈 문화: 그 자신의 고유 조직의 싹을 스스로 가지고 있는 문화.

프랙탈 시간: 지속과 순간을 동시에 가지고 있는 시간. 프랙탈 시간의 상이

한 농도가 존재함.

피드백: 그 기능을 제어하기 위해서 어떤 장치나 시스템의 출력 신호를 감지하여 입력으로 되돌려보내는 정보의 회로.

항상성: 희랍어 homeos(동일한)와 stasis(머무르다)에서 파생된 용어. 복합 시스템, 살아 있는 유기체, 혹은 에코 시스템의 역동적 안정성의 특성. 항상성이란 제어의 역할에 의한 평형의 유지를 뜻한다. 현상 유지 시스템은 변화와 동요에 저항함.

하이퍼텍스트: 고전적 텍스트는 선형적이고 순차적인 방식(줄, 문단, 쪽 등)으로 정리된 정보를 포함한다. 하이퍼텍스트는 하나의 정보 요소에서 다른 정보 요소로 이동하게 해주는 결합망이다. 하이퍼텍스트로 된 소프트웨어에서 연결되어 있는 다른 정보에 도달되기 위해서는, 하나의 단어나 하나의 영상에서 '클릭'하는 것으로 족함.

회고전망적 방식: 미래에 대한 시나리오에 입각해서 현재의 경향을 분석하는 예측방식.

회백질 세포: 뉴런을 둘러싸고 있는 뇌세포. 이것들은 특히 필요한 에너지를 뉴런에게 공급함으로써 뉴런의 기능을 도움.

가르니에GARNIER, Francis 275, 302
간디GANDHI, Mohandas Karamchand 194
고댕GAUDIN, Thierry 248
고흐GOGH, Vincent van 303
글라리스GLARIS, Hugo de 131
글랜스도르프GLANSDORFF, Paul 40
네이스비트NAISBITT, John 248
노이만NEUMANN, John Von 277
노탈NOTTALE, Christian 326
뉴턴NEWTON, Isaac 327
니그로폰트NEGROPONTE, Nicolas 123
니콜리스NICOLIS, Grégoire 34,46
다윈DARWIN, Charles 52,62,69,74,93,99,100,
  168,230,279,295,347
데카르트DESCARTES, René 15,34,35,38,203,
  299
도킨스DAWKINS, Richard 159
뒤보스DUBOS, René 112
드뇌부르DENEUBOURG, Jean-Louis 34
드렉슬러DREXLER, Eric 273
드바리DEBARY, Anton 108
라보리LABORIT, Henri 35
라스먼슨RASMUNSSEN, Steen 98
라인골드REINGHOLD, Howard 139
라포포르트RAPPOPORT, Anatol 35
래트너RATNER, R. 128
랭턴LANGTON, Christopher G. 33,58,97
러블로크LOVELOCK, James 112,152,158,159,
  160
레벡REBECK, Julius 275
레벤후크LEEUWENHOEK, Antonie Van 44
레이RAY, Thomas 101
레이놀즈REYNOLDS, Craig 47,48
렌LEHN, Jean-Marie 275
로러ROHRER, Heinrich 131
로렌츠LORENZ, Edward 12,40,45
로뱅ROBIN, Jacques 35
로젠블루스ROSENBLUETH, Arturo 35
르누아르RENOIR, Pierre-Auguste 303
르보프LWOFF, André 77,95
르수른LESOURNE, Jacques 248
만델브로MANDELBROT, Benoît 21,41,46,302
매즐리쉬MAZLISH, Bruce 132
매튜러너MATURANA, Humberto 127
맥가이McGAUGH, James 307
맥루안McLUHAN, Marshall 308,313
머독MURDOCH, Rupert 145
머컬럭McCULLOCH, Warren S. 35,127
머클MERKLE, Ralph 275
모노MONOD, J. 77
모라벡MORAVEC, Hans 133
모랭MORIN, Edgar 35,59
모차르트MOZART, Leopold 302
무어MOORE, Gordon 80
미드MEAD, Margaret 35
바렐라VARELA, Francisco 34, 59

바로BARRAUD, André 128
바이스뷔쉬WEISBUCH, Gérard 34
바흐BACH, Johann Sebastian 302
배런BARAN, Paul 91
베르그송BERGSON, Henri 320,322
베르나드스키VERNADSKY, Vladimir 158
베르나르BERNARD, Noël 111
베이트슨BATESON, Gregory 35
볼턴BOULTON, Mattew 73
부르진BOURGINE, Paul 34
불딩BOULDING, Kenneth 35
뷔야르VUILLARD, Édouard 303
브라운BROWN, John Selly 178
브뢰헬BRUEGEL, Pieter 303
브루넬BRUNEL, Isambard Kingdom 271
브루틀란트BRUTLAND, Gro Harlem 209
브룩스BROOKS, Rodney 102,279
비결로BIGELOW, Julian 35
비니히BINNING, G. 131
상죄CHANGEUX, Jean-Pierre 261
샤갈CHAGALL, Marc 303
샤르댕CHARDIN, Teilhard de 59
세레스SERRES, Michel 35,112
세잔CÉZANNE, Paul 303
슈워제네거SCHWARTZENEGER, Arnold 148
스귀라SEGURA, Jean 139
아리스토텔레스ARISTOTELES 327
아서ARTHUR, Brian 33,46
아탈리ATTALI, Jacques 35
아틀랑ATLAN, Henri 35
앙페르AMPÈRE, André-Marie 199
애슈비ASHBY, Ross 35
액셀로드AXELROD, Robert 215
에번스EVANS, John 145
에이글러EIGLER, Don 274
에이비럼AVIRAM, A. 128
에펠EIFFEL, Gustave 271

와이저WEISER, Mark 177
와트WATT, James 73
요크YORKE, Jim 40
우첼로UCCELLO, Paolo 303
워너WARNER, Dave 124
위너WIENER, Norbert 35,199
자코브JACOB, F. 77
제논ZĒNŌN of Elea 327
주브넬JOUVENEL, Hugues de 248
채플린CHAPLIN, Charlie 73
카르파초CARPACCIO, Vittore 303
카터CARTER, Forrest L. 128
카펜터CARPENTER, Rachel 218
카힐CAHILL, Larry 307
칸KAHN, Herman 248
칸트KANT, Immanuel 196
캐머진CAMAZINE, Scott 54
케오QUÉAU, Philippe 139
코로COROT, Camille 303
코자KOZA, John 52
코프먼KAUFFMAN, Stuart 33,46,98
콜린스COLLINS, Larry 125
클림트KLIMT, Gustav 303
키신저KISSINGER, Henry 220
테야르 드 샤르댕TEILHARD DE CHARDIN,
  Pierre 322,351
토플러TOFLER, Alvin 248
파머FARMER, Doyne 46
파스퇴르PASTEUR, Louis 44,76,77
파울리PAULI, Wolfgang 324
파인먼FEYNMAN, Richard 273
파티니르PATINIR, Joachim 303
팝콘POPCORN, Faith 248
퍼더FODOR, Stephen 278
페럿PERROT, Ross 217
포드FORD, Joseph 40
포퍼POPPER, Karl 159

프랑켄슈타인FRANKENSTEIN 332
프리고지네PRIGOGINE, Ilya 34,40,46
피아제PIAGET, Jean 59
피츠PITTS, Walter 35,127
핑켈크로트FINKIELKRAUT, Alain 313

허브HEBB, Donald O. 186,333
허턴HUTTON, James 158,159
호킹HAWKING, Stephen 101,123
홀런드HOLLAND, John 33,46,98
휴HSÜ, Kenneth 302

문 선
1983년 한양대학교 기계공학과 졸업
1984년 프랑스 스트라스부르 루이파스퇴르대학 공학석사
1989년 동대학 공학박사
현재 대우자동차기술연구소 책임연구원

김덕희
1983년 한국외국어대학교 불어불문학과 졸업
1985년 프랑스 스트라스부르 II대학 문학석사
1995년 동대학 문학박사
현재 한국외국어대학교와 홍익대학교 강사

미래를 원한다

초판발행 : 1998년 7월 30일

지은이 : 조엘 드 로스네
옮긴이 : 김덕희, 문 선
펴낸이 : 辛成大
펴낸곳 : 東文選
제10-64호, 78. 12. 16 등록
서울 종로구 관훈동 74번지
전화 : 737-2795

편집 : 이춘희, 조성희, 김경희

ISBN 89-8038-033-X 04400

기근, 전염병, 폭력, 죽음……, 과연 종말은 오는가?

서기 1000년과 서기 2000년
그 두려움의 흔적들

조르주 뒤비   양영란 [譯]

서기 1000년, 세상의 종말을 앞둔 중세인들은 어떤 두려움에 떨었을까? 그리고 어떻게 행동하였을까? 지금 서기 2000년을 눈앞에 둔 우리 현대인들은 어떤 두려움을 가지고 있는가?

20세기 후반 최고의 중세사가로 꼽히는 역사가 조르주 뒤비가 중세의 두려움과 현대의 두려움을 명쾌하게 파헤친다.

현대인들에게 나날이 봉착하는 어려움에 보다 현명하게 대처케 하고, 그들의 미래에 대한 확신감을 불어넣어 주는 데 도움이 되지 않는다면 두대체 역사라는 것이 무슨 소용이 있겠는가? 과거의 심성을 탐험해 보는 것은, 오늘날의 위험들에 보다 잘 대처하는 데 반드시 도움이 될 것이다.

지금으로부터 800년 혹은 1000년 전에 살았던 사람들도 현재의 우리만큼이나 불안에 떨었다. 생존문제에 고통을 받았고, 사나운 이방인들의 침입에 대한 공포에 사로잡혀 있었으며, 죽음과 친숙한 전염병의 공포 속에서 비참하게 살았다. 즉 기근과 폭력, 역병, 그리고 사후 세계에 대한 두려움 속에서 말이다. 조르주 뒤비가 진보하는 세계 속의 징후군들로 명확하게 나타나는, 현대의 두려움들에 대해 관심을 기울이는 것도 바로 이러한 중세의 두려움에서 출발한다.

그러나 풍부한 교훈을 얻을 수 있는 것은, 반드시 두 시대가 지니고 있는 상이한 성격에서도 아니고, 또한 두 시대의 유사한 성격에서도 아니다. 오늘날처럼 비참함을 동반하는 고독은 1000년경에 살았던 우리 조상들에게는 전혀 알려져 있지 않았으며, 서기 1000년을 맞는 중세인들은 세상의 종말을 결코 의심하지 않았다.

중세인들의 상상력과 두려움들을 보다 구체적으로 설명하기 위해 많은 도판들이 제공된 이 책에서, 조르주 뒤비는 대담이라는 형태 속에서 자신의 견해를 분명하게 밝히고 있다.

【東文選 文藝新書】

1	저주받은 詩人들	앙리 뻬이르 / 최수철·김종호	개정근간
2	민족문화론서설	沈雨晟	40,000원
3	인형극의 기술	A. 훼도토프 / 沈雨晟	8,000원
4	전위연극론	J. 로스 에반스 / 沈雨晟	12,000원
5	남사당패연구	沈雨晟	10,000원
6	현대영미희곡선(전4권)	N. 코워드 外 / 李辰洙	각 4,000원
7	행위예술	L. 골드버그 / 沈雨晟	10,000원
8	문예미학	蔡 儀 / 姜慶鎬	절판
9	神의 起源	何 新 / 洪 熹	10,000원
10	중국예술정신	徐復觀 / 權德周	18,000원
11	中國古代書史	錢存訓 / 金允子	8,000원
12	이미지	J. 버거 / 편집부	12,000원
13	연극의 역사	P. 하트놀 / 沈雨晟	12,000원
14	詩 論	朱光潛 / 鄭相泓	9,000원
15	탄트라	A. 무케르지 / 金龜山	10,000원
16	조선민족무용기본	최승희	절판
17	몽고문화사	D. 마이달 / 金龜山	8,000원
18	신화 미술 제사	張光直 / 李 徹	8,000원
19	아시아 무용의 인류학	宮尾慈良 / 沈雨晟	8,000원
20	아시아 민족음악순례	藤井知昭 / 沈雨晟	5,000원
21	華夏美學	李澤厚 / 權 瑚	10,000원
22	道	張立文 / 權 瑚	18,000원
23	朝鮮의 占卜과 豫言	村山智順 / 金禧慶	15,000원
24	원시미술	L. 아담 / 金仁煥	9,000원
25	朝鮮民俗誌	秋葉隆 / 沈雨晟	12,000원
26	神話의 이미지	J. 캠벨 / 扈承喜	근간
27	原始佛敎	中村元 / 鄭泰爀	8,000원
28	朝鮮女俗考	李能和 / 金尙憶	12,000원
29	朝鮮解語花史	李能和 / 李在崑	15,000원
30	조선창극사	鄭魯湜	7,000원
31	동양회화미학	崔炳植	9,000원
32	性과 결혼의 민족학	和田正平 / 沈雨晟	9,000원
33	農漁俗談辭典	宋在璇	12,000원
34	朝鮮의 鬼神	村山智順 / 金禧慶	12,000원
35	道敎와 中國文化	葛兆光 / 沈揆昊	15,000원
36	禪宗과 中國文化	葛兆光 / 鄭相泓·任炳權	8,000원
37	오페라의 역사	L. 오레이 / 류연희	12,000원
38	인도종교미술	A. 무케르지 / 崔炳植	14,000원
39	힌두교 그림언어	안넬리제 外 / 金在星	9,000원

40	중국고대사회	許進雄 / 洪 熹	22,000원
41	중국문화개론	李宗桂 / 李宰碩	15,000원
42	龍鳳文化源流	王大有 / 林東錫	17,000원
43	甲骨學通論	王宇信 / 李宰錫	근간
44	朝鮮巫俗考	李能和 / 李在崑	12,000원
45	미술과 페미니즘	N. 부루드 外 / 扈承喜	9,000원
46	아프리카미술	P. 윌레뜨 / 崔炳植	10,000원
47	美의 歷程	李澤厚 / 尹壽榮	15,000원
48	曼荼羅의 神들	立川武藏 / 金龜山	10,000원
49	朝鮮歲時記	洪錫謨 外/李錫浩	30,000원
50	河 殤	蘇曉康 外 / 洪 熹	8,000원
51	武藝圖譜通志 實技解題	正 祖 / 沈雨晟 · 金光錫	15,000원
52	古文字學 첫걸음	李學勤 / 河永三	9,000원
53	體育美學	胡小明 / 閔永淑	10,000원
54	아시아 美術의 再發見	崔炳植	9,000원
55	曆과 占의 科學	永田久 / 沈雨晟	8,000원
56	中國小學史	胡奇光 / 李宰碩	20,000원
57	中國甲骨學史	吳浩坤 外 / 梁東淑	근간
58	꿈의 철학	劉文英 / 河永三	15,000원
59	女神들의 인도	立川武藏 / 金龜山	13,000원
60	性의 역사	J. L. 플랑드렝 / 편집부	18,000원
61	쉬르섹슈얼리티	W. 챠드윅 / 편집부	10,000원
62	여성속담사전	宋在璇	18,000원
63	박재서희곡선	朴栽緒	10,000원
64	東北民族源流	孫進己 / 林東錫	13,000원
65	朝鮮巫俗의 硏究 (상 · 하)	赤松智城 · 秋葉隆 / 沈雨晟	28,000원
66	中國文學 속의 孤獨感	斯波六郎 / 尹壽榮	8,000원
67	한국사회주의 연극운동사	李康列	8,000원
68	스포츠 인류학	K. 블랑챠드 外 / 박기동 外	12,000원
69	리조복식도감	리팔찬	10,000원
70	娼 婦	A. 꼬르벵 / 李宗旼	20,000원
71	조선민요연구	高晶玉	30,000원
72	楚文化史	張正明	근간
73	시간 욕망 공포	A. 꼬르벵	근간
74	本國劍	金光錫	40,000원
75	노트와 반노트	E. 이오네스코 / 박형섭	8,000원
76	朝鮮美術史硏究	尹喜淳	7,000원
77	拳法要訣	金光錫	10,000원
78	艸衣選集	艸衣意恂 / 林鍾旭	14,000원
79	漢語音韻學講義	董少文 / 林東錫	10,000원

80 이오네스코 연극미학	C. 위베르 / 박형섭	9,000원
81 中國文字訓詁學辭典	全廣鎭 편역	15,000원
82 상말속담사전	宋在璇	10,000원
83 書法論叢	沈尹默 / 郭魯鳳	8,000원
84 침실의 문화사	P. 디비 / 편집부	9,000원
85 禮의 精神	柳 肅 / 洪 熹	10,000원
86 조선공예개관	日本民芸協會 편 / 沈雨晟	30,000원
87 性愛의 社會史	J. 솔레 / 李宗旼	12,000원
88 러시아 미술사	A. I. 조토프 / 이건수	16,000원
89 中國書藝論文選	郭魯鳳 選譯	18,000원
90 朝鮮美術史	關野貞	근간
91 美術版 탄트라	P. 로슨 / 편집부	8,000원
92 군달리니	A. 무케르지 / 편집부	9,000원
93 카마수트라	바짜야나 / 鄭泰爀	10,000원
94 중국언어학총론	J. 노먼 / 全廣鎭	18,000원
95 運氣學說	任應秋 / 李宰碩	8,000원
96 동물속담사전	宋在璇	20,000원
97 자본주의의 아비투스	P. 부르디외 / 최종철	6,000원
98 宗敎學入門	F. 막스 뮐러 / 金龜山	10,000원
99 변 화	P. 바츨라빅크 外 / 박인철	10,000원
100 우리나라 민속놀이	沈雨晟	15,000원
101 歌 訣	李宰碩 편역	20,000원
102 아니마와 아니무스	A. 융 / 박해순	8,000원
103 나, 너, 우리	L. 이리가라이 / 박정오	10,000원
104 베케트 연극론	M. 푸크레 / 박형섭	8,000원
105 포르노그래피	A. 드워킨 / 유혜련	12,000원
106 셸 링	M. 하이데거 / 최상욱	10,000원
107 프랑수아 비용	宋 勉	18,000원
108 중국서예 80제	郭魯鳳 편역	16,000원
109 性과 미디어	W. B. 키 / 박해순	12,000원
110 中國正史朝鮮列國傳 (전2권)	金聲九 편역	120,000원
111 질병의 기원	T. 매큐언 / 서일 · 박종연	12,000원
112 과학과 젠더	E. F. 켈러 / 민경숙 · 이현주	10,000원
113 물질문명 · 경제 · 자본주의	F. 브로델 / 이문숙 外	절판
114 이탈리아인 태고의 지혜	G. 비코 / 李源斗	8,000원
115 中國武俠史	陳 山 / 姜鳳求	12,000원
116 공포의 권력	J. 크리스테바 / 서민원	근간
117 주색잡기속담사전	宋在璇	15,000원
118 죽음 앞에 선 인간 (상 · 하)	P. 아리에스 / 劉仙子	각권 8,000원
119 철학에 관하여	L. 알튀세르 / 서관모 · 백승욱	10,000원

120 다른 곳	J. 데리다 / 김다은 · 이혜지	8,000원
121 문학비평방법론	D. 베르제 外 / 민혜숙	12,000원
122 자기의 테크놀로지	M. 푸코 / 이희원	12,000원
123 새로운 학문	G. 비코 / 李源斗	22,000원
124 천재와 광기	P. 브르노 / 김웅권	13,000원
125 중국은사문화	馬 華 · 陳正宏 / 강경범 · 천현경	13,000원
126 푸코와 페미니즘	C. 라마자노글루 外 / 최 영 外	16,000원
127 역사주의	P. 해밀턴 / 임옥희	12,000원
128 中國書藝美學	宋 民 / 郭魯鳳	16,000원
129 죽음의 역사	P. 아리에스 / 이종민	13,000원
130 돈속담사전	宋在璇 편	15,000원
131 동양극장과 연극인들	김영무	15,000원
132 生植神과 性巫術	宋兆麟 / 洪 熹	근간
133 미학의 핵심	M. M. 이턴 / 유호전	14,000원
134 전사와 농민	J. 뒤비 / 최생열	근간
135 여성의 상태	나탈리 에니크 / 서민원	근간
136 중세의 지식인	자크 르 코프 / 최애리	근간
137 구조주의의 역사(전4권)	프랑수아 도스 / 이봉지 外	각권 13,000원

【롤랑 바르트 전집】

▨ 현대의 신화	이화여대 기호학 연구소 옮김	15,000원
▨ 모드의 체계	이화여대 기호학 연구소 옮김	18,000원
▨ 텍스트의 즐거움	김희영 옮김	10,000원
▨ 라신에 대하여	남수인 옮김	근간

【東文選 現代新書】

▨ 우리는 무엇을 아는가	T. 나겔 / 오영미	5,000원
▨ 히스테리 사례분석	S. 프로이트 / 태혜숙	7,000원
▨ 에쁘롱	J. 데리다 / 김다은	7,000원
▨ 정치학이란 무엇인가	K. 미노그 / 이정철	6,000원
▨ 사랑의 지혜	A. 핑켈크로트 / 권유현	6,000원

【기 타】

■ 甲骨文合集 (전18권)		60만원
■ 古陶文字徵	高 明 · 葛英會	20,000원
■ 古文字類編	高 明	24,000원
■ 金文編	容 庚	36,000원
■ 隷字編	洪鈞陶	40,000원
■ 古文字學論集 (第一輯)	中國古文字學會 편	12,000원
■ 경제적 공포	V. 포레스테 / 김주경	7,000원

■ 서기 1000년과 서기 2000년   J. 뒤비 / 양영란   8,000원
　그 두려움의 흔적들
■ 미래를 원한다   J. D. 로스네 / 문 선·김덕희   8,500원

【完譯詳註 漢典大系】
　1 說 苑·上   林東錫 譯註   30,000원
　2 說 苑·下   林東錫 譯註   30,000원
　3 韓詩外傳   林東錫 譯註   근간
　4 晏子春秋   林東錫 譯註   30,000원
　5 潛夫論   근간
16 搜神記·上   林東錫 譯註   30,000원
17 搜神記·下   林東錫 譯註   30,000원

【한글고전총서】
　1 설원·상   임동석 옮김   7,000원
　2 설원·중   임동석 옮김   7,000원
　3 설원·하   임동석 옮김   7,000원
　4 안자춘추   임동석 옮김   8,000원
　5 수신기·상   임동석 옮김   8,000원
　6 수신기·하   임동석 옮김   8,000원

【통신판매】 가까운 서점에서 小社의 책을 구입하기 어려운 분은 국민은행(006-21-0567-061 : 신성대)으로 책값을 송금하신 후 전화 또는 우편으로 주소를 알려 주시면 책을 보내 드립니다. (보통등기, 송료 출판사 부담)

보낼곳 : 110-300 서울 종로구 관훈동 74번지
　　　　東文選 고객관리부　(02)733-4901